新编农技员丛书

养鸭配套技术手册

王卫国　主编

中国农业出版社

图书在版编目（CIP）数据

养鸭配套技术手册/王卫国主编．—北京：中国农业出版社，2012.3
（新编农技员丛书）
ISBN 978-7-109-16282-2

Ⅰ.①养…　Ⅱ.①王…　Ⅲ.①鸭－饲养管理－技术手册　Ⅳ.①S834.4-62

中国版本图书馆 CIP 数据核字（2011）第 233481 号

中国农业出版社出版
（北京市朝阳区农展馆北路 2 号）
（邮政编码 100125）
责任编辑　何致莹　黄向阳

中国农业出版社印刷厂印刷　　新华书店北京发行所发行
2012 年 3 月第 1 版　　2012 年 3 月北京第 1 次印刷

开本：850mm×1168mm 1/32　　印张：10.125
字数：256 千字　　印数：1～5 000 册
定价：22.00 元

主　编　王卫国

副主编　房振伟

编　者　徐胜林　高　慧　贾志军
　　　　　牛家华　侯　磊　王　峰
　　　　　唐德宏

前言

近些年来，我国的畜牧业发展迅速，在促进国民经济发展、满足市场需求和改善人民生活等方面发挥了十分重要的作用。作为养殖业重要组成部分的养鸭业，其饲养数量、生产水平和产品质量都有了大幅度提高，成为家禽养殖业中最具发展潜力的产业，同时也使我国成为世界第一养鸭大国。

为了促进养鸭业的健康、持续发展，加快农民致富奔小康的步伐，我们收集国内外有关技术资料，结合各地的实践经验，编写了《养鸭配套技术手册》一书，以满足广大读者尤其是农民朋友的需求。

本书在鸭的品种选育、孵化、饲料营养、饲养管理、鸭场建设、鸭病防制以及鸭产品加工等方面都做了比较详细的介绍，并力求理论联系实际，表述通俗易懂，突出农村科技读物的科学性、技术先进性和实用操作性。可供各地的养鸭场及养鸭专业户使用，也可作为农业技术推广人员的参考书。

编　者

2011 年 8 月

目 录

第一章

鸭的生理特点与特性

第一节　养鸭业概况

养鸭，在我国有着五千多年的悠久历史，在南北各地分布都十分广泛，由于多样化的地理环境和生态条件，经过几千年来劳动人民的驯化和选育，形成了许多优良的地方品种，也积累了丰富的养鸭经验。在过去的 20 年内，养鸭作为家禽业的重要组成部分，发展迅速，其饲养规模、饲养水平、生产能力和产品质量都有了大幅度提高，成为家禽业中最具增长潜力的产业。2007 年全世界鸭的存栏量为 10.96 亿只，中国的鸭存栏量为 7.52 亿只，占世界存栏量的 68.61%，成为世界第一养鸭大国。2008 年，我国鸭的饲养总量(存养量加出栏量)达到 30 多亿只，鸭肉产量达到 250 多万吨，分别占世界总产量的 80%和 80%以上，均居世界首位。

一、我国养鸭业发展特点

1. 鸭品种资源十分丰富　我国地域辽阔，地貌多样，鸭的地方品种资源十分丰富，有 26 个鸭品种列入了《中国家禽品种志》。其中北京鸭、绍兴鸭、金定鸭、高邮鸭、建昌鸭、连城白鸭、莆田黑鸭和攸县麻鸭等 8 个品种列为国家级品种保护名录。当今世界上许多著名的肉鸭新品种，几乎都含有北京鸭的血统。绍兴鸭、金定鸭的高产性能在世界上也享有盛誉。

2. 区域化生产格局比较明显　商品蛋鸭生产主要集中在河北、山东、河南、江苏、浙江、辽宁等省。这些地区的饲料（主要是玉米）资源丰富，气候适宜，交通便利，年产蛋量占到全国的65%左右。肉鸭生产主要集中在我国的华北东部、华东、华中地区，主要有山东、广东、江苏、河北、辽宁、吉林、河南等省，排在前十位的省份肉鸭产量占到全国的75%以上。

3. 工厂化饲养逐渐成为主体 传统的农户散养方式逐年减少，产业化水平迅速提高。尽管我国肉鸭和蛋鸭的现代化生产模式发展较晚，但是借鉴了养猪、养鸡的发展经验，具有起点高的特点。工厂化养鸭，采用笼养方式，具有占地少、管理方便、生产效率高等优点，逐渐成为养鸭的主要生产形式，并促进了规模化饲养的发展。在工厂化养鸭设备方面，鸭笼、孵化器、饮水器、热风炉、换热器、湿帘通风设备等，都有专业化厂家生产配套设备，工艺不断改进，更加实用。在疾病控制方面，包括疫情预报、检疫、检测、诊断、消毒、免疫接种、药物防治等综合配套的生物安全卫生措施不断完善。

4. 鸭的良种繁育体系初具规模 近些年来，我国已建立了一定数量的鸭原种场或育种及制种企业，如北京鸭育种中心、绍兴鸭原种场、四川省原种水禽场、江苏高邮鸭集团、河南华英禽业集团、河北香河正大有限公司等。

5. 鸭产品的综合加工利用不断进步 鸭蛋、鸭肉是我国人民传统的优质食物来源，一些传统的鸭产品，如北京烤鸭、南京板鸭、两广烧鸭、福州卤鸭、四川樟茶鸭等；各种再制蛋，如松花蛋、咸蛋、糟蛋等；还有肥肝、肥肝酱以及羽绒等已成为出口的大宗产品，一些深加工、精加工产品不断出现，鸭产品正稳步向着无公害产品、绿色产品和有机食品方向发展。

二、我国养鸭业存在的主要问题

1. 良种繁育体系不健全 我国虽有丰富的鸭品种资源，但因原种场数量少、规模小，繁育手段比较落后，种群处于自繁自养状态，本品种选育、品系选育和配套系杂交利用落后，个体生

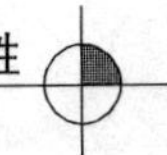

产性能差别较大，遗传潜力尚未完全发挥。总体上看良种率较低，供种不稳定，不能满足生产需要，影响了产业化发展。我国的肉鸭品种主要包括北京鸭、番鸭和一些肉蛋兼用型品种，部分肉鸭品种经过长时间选育，在生长速度、饲料转化率和瘦肉率等方面已接近或达到国外先进水平，但由于脂肪沉积能力强、屠宰率高，不适合制作传统肉鸭食品，造成供需不匹配，降低了经济效益。我国的蛋鸭品种虽具有繁殖性能高的特点，但性成熟相对较晚、抗病力弱，还需要利用系统选育手段进一步改良。

2. 饲养管理条件落后　很多地方的养鸭还沿用传统的水域放牧、半放牧的饲养方式。总的情况看，虽然养鸭业在不断发展进步，逐步转向集约化生产，但大部分饲养方式仍然较粗放，条件简陋，主要采取成本较低的开放式大棚生产模式，饲养环境条件较差，导致鸭病交叉感染，大量使用药物，产品质量、卫生安全仍需进一步改进。

3. 防疫难度大　目前鸭的分散饲养仍然占相当比重，饲养环境不易隔离封闭，很容易造成传染病的相互传播。一方面发生疾病会引起鸭的生产性能下降，减少养殖业的经济效益；另一方面，食品质量安全越来越受到消费者的关注，带有安全隐患的产品缺乏竞争力，不符合可持续发展战略。因此，我们迫切需要建立科学的疾病预防体系，贯彻落实预防为主、防治结合的方针，提高养鸭的生活环境质量、卫生水平、饲料品质和饮水安全，加强对饲养环境和生产设备的定期清洁消毒，把疾病危害控制到最低限度。

4. 深加工产业链不发达　养鸭业除了提供最基本的鸭肉、鸭蛋外，还有价值较高的附加产品，如羽绒、鸭脖、鸭肠、鸭肝等。然而，我国水禽产品屠宰加工工艺和设备比较落后，规模小，跟不上市场的多元化需求，影响了产业化发展。

三、促进养鸭业健康发展的策略

1. 建立良种繁育体系，调整产业结构　养鸭业在畜牧业发展中具有广阔的市场发展空间，但养鸭的育种工作还处于不健全阶段。在今后的发展过程中，应建立健全良种繁育体系，科学利用生产性能测定技术体系，遗传评定新技术、新方法，开展联合育种，培育出主导品种与特色品种，加快品种的更新换代，特别是要开发适销对路的优质产品，获得更好的经济效益。

2. 发展规模化养殖，推动产业化发展 随着养鸭业饲料、人力等成本的增加，利润空间越来越小，规模创造效益已成为发展的必然趋势。养鸭业将由粗放经营向集约化经营转变，由数量第一向质量第一转变。在今后的发展过程中，可以借鉴养鸡业的“公司+农户”的发展模式、合作社生产模式，重点扶持一批大型的外向型养鸭企业，按照规范化的生产和卫生管理要求，统一组织生产，提供各项技术服务，严格控制饲料质量，提高产品质量和科技含量，增强产品的出口竞争力。

3. 发展深加工，延伸产业链 我国是鸭产品生产大国，但目前国内外市场上鸭蛋、鸭肉等产品的结构单一，深加工产品、名牌产品少，而且包装工艺落后，影响了产品风味和保质期，也影响了产品竞争力。应在养鸭业规模化、标准化生产的基础上，重点突破产品深加工，提高产品的附加值，做好特色产品的市场营销和产业链的分散延伸，以利益互补的形式把产前、产中、产后有机连接起来，建立生产、科研、推广相结合的科技增长机制，贸工农一体化的经济运行机制和管理机制，从而实现我国养鸭业的可持续发展。

4. 加强信息体系建设 目前我国养鸭业的信息网络建设不完善，无法实现资源共享和有效利用，许多农户和小规模生产者获得信息的渠道十分有限，难以准确判断市场的供求关系，在一定程度上造成企业生产的盲目性。因此，应建立养鸭行业的信息体系，注重业内的信息收集与交流，帮助生产者了解国内外鸭产品的供求关系，规避养殖风险。

5. 发展生态养殖 生态养殖是近年来在我国大力提倡的一

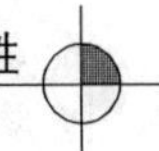

种生产模式，其核心主张就是遵循生态学规律，将生物安全、清洁生产、物质循环、资源的高效利用和可持续发展等融为一体，发展健康养殖，维持生态平衡，降低环境污染，提供安全食品。各地已经探索出多种生态养殖模式，也取得了明显成效，如稻鸭共育模式、果园养鸭模式、林下养鸭模式、养鸭治蝗模式、鱼鸭混养模式等。应结合当地实际情况，选择适宜的发展模式，以获得更好的综合效益。

第二节　鸭的生理特点

一、鸭的外貌部位

家禽在动物分类学上属于鸟纲，具有鸟类一般的生物学特征，但它们绝大多数已失去了飞翔能力，随着生态条件的改变和

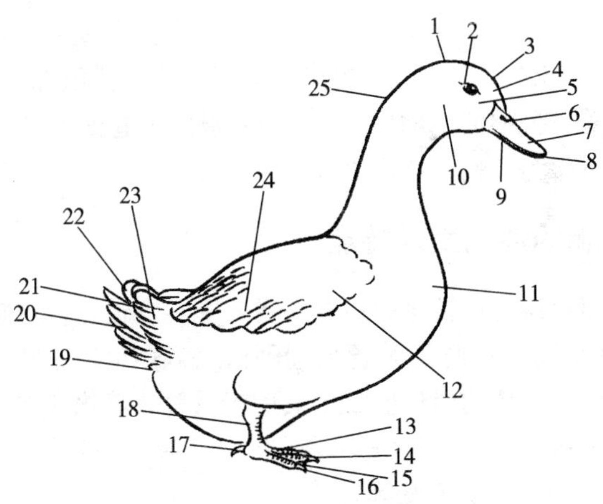

图 1-1　鸭的外貌部位

1. 头　2. 眼　3. 前额　4. 面部　5. 颊部　6. 鼻孔　7. 喙　8. 喙豆　9. 下颌　10. 耳　11. 胸部　12. 主翼羽　13. 内趾　14. 中趾　15. 蹼　16. 外趾　17. 后趾　18. 跖　19. 下尾羽　20. 尾羽　21. 上尾羽　22. 性羽　23. 尾羽　24. 副翼羽　25. 颈部

人类的选育，出现了多种多样的类型。家鸭属于鸟纲的雁形目、鸭科，家鸭类型。鸭的外貌部位名称如图 1-1 所示。

1. 头部 鸭的头部较大，圆形、喙长而扁平。上喙较大，下喙略小，喙缘两侧呈锯齿形，当喙合拢时，形成细隙，在水中觅食时，有排出泥水的作用。上喙尖端有一坚硬角质的豆状突起，色略暗，称为喙豆。喙的颜色，是品种特征之一，不同品种呈不同的颜色。鸭的舌发达，边缘长有尖刺，利于捕食。

2. 颈部 母鸭颈较细，公鸭颈较粗。蛋鸭颈较细，肉鸭颈较粗。有色品种公鸭的颈部和头部羽毛色深，有金属光泽。

3. 体躯 蛋鸭体形较小，体躯细长，胸部前挺提起。肉鸭体躯肥大呈砖块形。兼用型鸭介于二者之间。

4. 四肢 鸭的前肢变为翼，外覆羽毛，称翼羽。前肢主翼羽尖狭，较短小，副翼羽较大。副翼羽上有带绿色的羽斑，称为镜羽。后肢胫部较短，两脚各有 4 趾，前 3 趾间有蹼，便于游水。

5. 尾 鸭的尾缩短为小的肉质突起，位于泄殖腔孔的上方，被尾羽覆盖。公鸭的尾羽中央有 2～4 根向上卷曲的羽毛，称为雄性羽，可作为公鸭的特征之一。

二、鸭的消化生理特点

鸭的消化器官包括喙、口腔、舌、咽、食道、胃（腺胃、肌胃）、肠（小肠、盲肠、大肠）、肝脏、胰腺和泄殖腔，鸭没有唇、齿、软腭。鸭的消化器官主要用于采食、消化食物、吸收营养和排泄废物。

1. 鸭的消化器官及功能

（1）口腔 鸭的口腔无唇，也没有牙齿，只有角质化的比较坚硬的喙，呈扁平形，末端圆形，便于啄食。上下喙边的角质板形成锯齿状的横褶，便于水中采食后将泥水滤出。口腔顶壁为硬腭，无软腭，硬腭向后直接与咽的顶壁连接，合称为“口咽腔”。

口腔有舌，长而软，内有发达的舌内骨，采食时舌参与吞咽，舌上没有味觉乳头，因而鸭的味觉不发达，鸭在觅食时主要依靠视觉和触觉来进行。

（2）咽　鸭的咽部有小而丰富的唾液腺，分泌含淀粉酶的唾液。由于饲料在口腔内被唾液浸湿后随即进入食道，因此咽部并不起多少消化作用。

（3）食管　鸭的食道是一条简单的长形管道，偏于颈部右侧，从咽部开始沿颈部进入胸腔。食管壁从外向内由浆膜、肌层和黏膜构成。黏膜表层角质化，黏膜分布有食管腺，分泌黏液，软化饲料。食道中部形成膨大部，呈纺锤形，起贮存、湿润和软化食物的作用。此外，某些细菌和唾液淀粉酶在此对糖类起消化作用。膨大部的下方有环形括约肌，通过括约肌的放松与收缩，控制食物流入胃中的速度。

（4）胃　鸭的胃分为腺胃和肌胃两部分。

①腺胃　鸭的腺胃体积很小，贮存食物有限，主要功能是分泌胃液。食物在腺胃内与消化液混合后很快进入肌胃。

②肌胃　鸭的肌胃又称为“砂囊”，位于腺胃后方，由4块坚实而发达的肌肉组成，背侧和腹侧为较厚的侧肌。肌胃壁大部分由平滑肌构成，因肌红蛋白特别丰富而呈暗红色。肌胃黏膜内有肌胃腺，其分泌物与脱落的上皮细胞在酸性环境下硬化，形成一层较厚的类角质膜（又称胗皮、鸭内金），主要功能是对食物进行机械性消化。肌胃收缩时，胃内压升高，食物在强大压力下，被粗糙的角质膜在沙砾配合下揉搓磨碎，与来自腺胃的消化液更充分地混合消化。沙砾在肌胃内的作用很重要，若将肌胃内的沙砾移去，消化率将会下降25%～30%。食物在肌胃内停留的时间因饲料的坚硬度而异，细软食物到达十二指肠的时间较短，而坚硬的食物在肌胃停留时间可达数小时之久。

（5）肠　鸭的肠道比较长，成年肉鸭的肠道总长度可达200

多厘米，相当于体长的6倍左右。肠道主要分为小肠和大肠。

①小肠　鸭的小肠约占肠道的90%，分为十二指肠、空肠和回肠。小肠的前段是十二指肠，其前端与肌胃的幽门相通，后端与空肠相通，两者之间以胆管和胰管的开口为界。空肠与回肠无明显差异，一般以卵黄囊室为分界线，向上靠近十二指肠的为空肠，向下与大肠相连的为回肠。食物中营养物质的消化吸收主要在小肠内进行，小肠壁内的肠腺分泌含有消化酶的消化液，小肠黏膜形成无数的皱襞和绒毛状突起，绒毛的长度可达肠壁厚度的5倍，这种特殊的结构使小肠内膜的面积大大增加，这对分泌消化液、促进消化吸收非常重要。

②大肠　鸭的大肠可分为盲肠、结肠和直肠。盲肠位于小肠与大肠的交界处，两侧分叉出两条长约17厘米的盲管，盲肠内壁有发达的淋巴组织，形成所谓的盲肠扁桃体，盲肠能将小肠内未消化的食物和纤维素进一步消化，并吸收水和电解质，但鸭的盲肠对纤维素的分解和吸收作用没有鹅作用强。结肠和直肠无明显界限，结肠上接回肠，下接直肠，直肠后通泄殖腔。

（6）泄殖腔　是排泄和生殖的共同腔道。鸭的泄殖腔是消化道末端的球状腔，消化道、尿道、生殖道和法氏囊都开口于其中。泄殖腔的外口即为肛门，有淋巴结分布。

（7）附属器官　鸭的消化附属器官主要有胰腺、肝脏和胆囊。

①胰腺　又称胰脏，位于十二指肠袢内，形状细长，呈淡黄色或粉红色，质地柔软。胰脏能分泌胰液，内含消化酶，通过胰导管进入十二指肠末端。

②肝脏　鸭的肝脏是鸭体内体积最大、作用最复杂的腺体，呈暗褐色，分左右两叶，分别与胆管和十二指肠末端相通，右叶胆管膨大，形成胆囊。肝脏的功能之一是分泌胆汁，通过胆管排入小肠。胆汁是一种稍黏、味苦、呈黄绿色的液体，其中不含消化酶，但能增强胰脂肪酶的活性，帮助消化脂肪，同时还能刺激

小肠蠕动，增强消化功能。肝脏中可聚存大量脂肪，因而能通过填肥的方法使鸭的肝脏增大到原来的 5 倍，从而生产出鸭肥肝（脂肪肝）。

2. 鸭的消化吸收特点　鸭的消化道是没有细菌辅助消化的特殊区域，饲料的消化只能依靠鸭体内分泌的各种酶。鸭的食道没有嗉囊，但有纺锤形的膨大部，可贮存食物。利用这个特点，可以对鸭进行强制填饲。鸭的消化道比较短，食物在其中停留时间相对较短，因此难以消化粗纤维，对难于溶解的植酸磷的消化吸收能力也较差。

饲料的消化吸收主要是在小肠。小肠黏膜以连续的折叠为特征，肠壁上有很多长而扁平的绒毛，以加大吸收面积。小肠内能吸收单糖、脂肪和氨基酸。盲肠内能吸收水分、含氮物质和少量脂肪。此外，泄殖腔也参与水分的吸收。

三、鸭的生殖生理特点

鸭的生殖生理与其他家禽没有多大差异，但与哺乳动物有着明显的区别。

1. 母鸭的生殖生理　母鸭的生殖器官由卵巢和输卵管组成，位于体躯腹腔的左侧（图 1－2）。

（1）卵巢　鸭的卵巢位于左肾前端，左肺的紧后方，腹腔腰骨下部，正中线偏左侧，呈结节状，由背壁及腹膜的皱襞悬挂于腹腔。另一方面又以腹膜褶与输卵管相连接。卵巢不但是形成卵子的器官，而且还累积卵黄营养物质，以供给胚胎发育时的营养

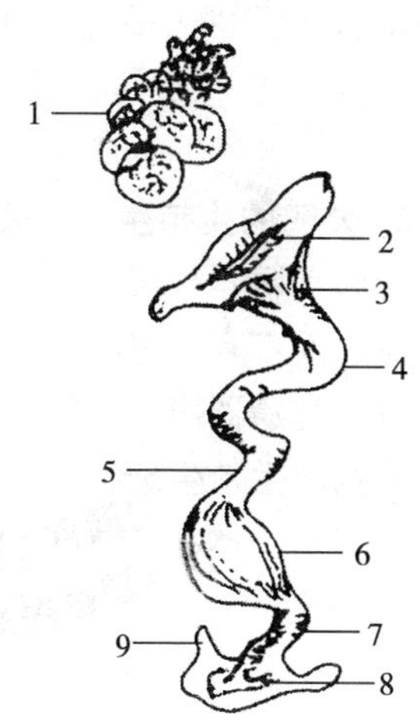

图 1－2　母鸭生殖器官

1. 卵巢　2. 喇叭管口　3. 喇叭管颈　4. 蛋白分泌部　5. 峡部　6. 子宫　7. 阴道　8. 泄殖腔　9. 残留物

需要。刚出壳的雏鸭卵巢体积很小，很轻，只有0.03克左右。母鸭临近性成熟时，卵巢活动剧烈。到性成熟时，卵细胞由于营养物质积累的增加，形成大小不同的卵泡，呈一串葡萄状。卵泡发育及排卵数量受遗传因素影响，也与环境及营养状况有密切关系。

(2) 输卵管　输卵管俗称蛋肠，是形成蛋的器官。鸭的输卵管是一根长而盘曲的导管，前端接近卵巢，后端开口于泄殖腔。在产蛋期间，输卵管十分发达，占据了腹腔相当大的位置，停产期间则萎缩变小。输卵管分为五个部分，按顺序排列为喇叭部（俗称漏斗部）、蛋白分泌部（或称膨大部）、峡部（或管腰部）、子宫部和阴道部。阴道部开口于泄殖腔。

输卵管包含着两个贮存精子部位，一个在输卵管的下部，即子宫阴道连接部，是精子的主要贮存部位，同时还有选择精子的功能，凡受过杂质污染的、功能不全或已经死亡的精子都不能越过子宫进入输卵管深处。另一个部位在漏斗部，除了贮存精子外，更重要的作用是精子在此等候与排出的卵子结合受精。

2. 公鸭的生殖生理　公鸭的生殖器官主要包括睾丸、附睾、输精管和交媾器（阴茎）。公鸭的睾丸和附睾位于体腔内，是精子生成、发育和分泌激素的器官；输精管是贮存精子和运送精子的通道；交媾器属于单纯生殖性器官。

公鸭的生殖生理特点，决定了公母鸭交尾时，公鸭的交媾器必须先伸出，然后插入母鸭的生殖道内。鸭属于水禽，一般喜欢在水中交尾，如果水质较差并且有病菌污染时，鸭的生殖器官就可能由于交尾而受到病菌侵袭，以至发生生殖器官疾病，影响种鸭的繁殖。因此，在种鸭饲养过程中，如果采取水陆结合饲养方式，要求水质必须洁净，最好是流动水或者水源更换方便。

第三节　鸭的生物学特性

一、鸭的生物学特性

1. 新陈代谢旺盛　鸭与其他家禽一样，新陈代谢十分旺盛，正常体温为41.5～43℃，心跳次数每分钟160～210次，呼吸每分钟16～26次，对氧气的需要量大。鸭的活动性强，有发达的肌胃，消化能力强，对饥渴比较敏感，因而需要较多的饲料和频繁的饮水。

2. 保温性强　成年鸭的大部分体表都覆盖着羽毛，能阻碍皮肤表面的蒸发散热，因而具有良好的保温性能。同时由于在腹部具有绒羽毛，所以鸭在寒冷的冬季仍然能下水游泳。

3. 抗热能力差　鸭无汗腺，散热能力较差，比较怕热。在炎热的夏季，鸭子喜欢泡在水里或者在树荫下休息，由于采食时间减少，会导致采食量下降，从而造成产蛋量的下降。鸭虽无汗腺，但有许多气囊，用于加强呼吸过程，从而达到通过呼吸改善散热的目的。鸭除了能通过呼吸散热外，还可进入水中，通过水进行传导散热。

4. 生长快、成熟早　肉用型鸭的生长发育快，如樱桃谷肉鸭在良好的饲养条件下，45日龄体重可达到3 000克，相当于初生重的60倍。蛋用型鸭的成熟早，一般在100～120日龄就能开始产蛋。

5. 繁殖力强，饲料报酬高　鸭的繁殖力强，1只蛋用型公鸭可交配20～25只母鸭，1只蛋用母鸭年产蛋可达300枚左右。由于鸭适合放牧饲养，能觅食大量的天然饲料，因而饲养成本低，饲料的报酬高。

6. 屠宰率高　鸭的屠宰率一般为活重的72%左右，可食部分占屠体的62%以上。经过育肥后，鸭体内和皮下含有比较丰富的脂肪。

二、鸭的生活行为习性

1. 喜水性 鸭属于水禽，喜欢在水中觅食、嬉戏和求偶交配。鸭的蹠、趾和蹼组织致密、坚实，在陆地上每分钟能走45～50米，在水中每分钟能游50～60米。鸭只有在休息和产蛋的时候，才回到陆地上。因此，宽阔的水域和良好的水源是养鸭的重要条件之一。对于采取舍饲方式饲养的种鸭或蛋鸭，也要设置一些人工水池，以便于鸭子的洗浴和交配。

2. 合群性 鸭子在野生情况下，天性喜群居和成群飞行，虽经过驯化但家鸭仍表现出很强的合群性，这种合群性使鸭子适于大群放牧饲养和圈养。

3. 耐寒性 鸭的全身覆盖着羽毛，起着隔热保温的作用，而且皮下脂肪较厚，因此具有较强的抗寒能力。鸭的尾脂腺发达，分泌物中含有脂肪、卵磷脂、高级醇等。鸭在梳理羽毛时，经常用喙压迫尾脂腺，挤出分泌物，再用喙涂擦全身羽毛，来润泽羽毛，使羽毛不至于被水所浸湿，起到防水御寒的作用。所以鸭子在0℃低温下仍能在水中活动，在10℃气温下仍可保持较高的产蛋率。

4. 杂食性 鸭的颌骨已变形，属于平喙型，吃料时多采用铲的方式。当所喂的饲料过细时，鸭在采食后饮水，会造成黏嘴现象，因而必须注意饲料的粒度。鸭子没有牙齿，上下喙边的角质板形成锯齿状的横褶，便于水中采食后将泥水滤出，同时有助于适当磨碎饲料。鸭可利用的饲料范围很广，能采食各种精、粗饲料和青绿饲料，昆虫、蚯蚓、鱼、虾、螺等都可以作为饲料，同时还善于觅食水生植物及浮游生物。鸭比较喜欢吃小鱼等腥味食物，对螺蛳等贝壳类食物具有特殊的消化力，采食后能提高产蛋量。雏鸭对异物和食物没有辨别能力，常常把异物当作饲料吞食，所以对育雏期的饲养管理要求较高。

5. 反应灵敏性 鸭有较强的反应能力，容易训练和调教。

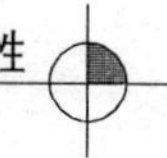

但性情急、胆子小，容易受惊而高声鸣叫和互相挤压。所以在饲养过程中应尽可能保持鸭舍的安静，以免因惊恐而使鸭子互相践踏，造成损失。同时，也要严防猫、狗、老鼠等动物进入鸭舍。

6. 夜间产蛋性　禽类大多数都是白天产蛋，而鸭子则多在夜间产蛋。这一特性为鸭子的白天放牧提供了方便。夜间，鸭子一般不会在产蛋窝内休息，仅在产蛋前半小时左右进入产蛋窝，产蛋后稍歇随即离去。鸭产蛋一般集中在夜间 12:00 至凌晨 3:00，若产蛋窝被占用，有些鸭子就把蛋产于地上，因此鸭舍内的产蛋窝要准备充足，垫草也要勤换。鸭子经过长期的人工选育，大都丧失了抱窝孵化的本能，这样就延长了产蛋时间，提高了总产蛋量。鸭子的孵化和育雏则需要人工进行。

7. 生活节律性　鸭子具有良好的条件反射能力，日常活动表现很有规律性，经过一段时间的调教，在放牧（出栏）、收牧（入栏）、交配、采食、歇息、产蛋等都能在比较固定的时间进行，这种生活节奏一经形成不易改变。所以，在生产过程中，制定好的饲养管理操作日程不宜轻易改变。确实需要调整时，一定要循序渐进，让鸭子有一个适应过程。

第二章 鸭的品种与选育

第一节 鸭的品种类型

鸭的品种类型，是在不同的生态环境和人工培育条件下形成的。按经济用途划分，鸭的品种可分为三种类型，即肉用型、蛋用型和兼用型。肉用型品种的外形特征是：颈粗、腿短，体躯呈长方块形，体形大，体躯宽厚，肌肉丰满，肉质鲜美，性情温柔，行动愚钝。生产性能以产肉为主，一般成年鸭体重在 3.5 千克左右，配套系生产的商品肉鸭 7 周龄体重近 3 千克，料肉比为 2.7～2.8：1。早期生长快，容易肥育，代表性品种有北京鸭、樱桃谷鸭等。蛋用型鸭体形较小，体躯紧凑，行动灵活，性成熟早，产蛋量多，但蛋形较小，比较有代表性的有金定鸭、绍兴鸭等。兼用型品种的外形特征是：体形浑圆而较硕大，颈、腿粗短。此类型品种一般年产蛋量为 150～200 枚，蛋重 70～75 克；成年鸭体重 2.2～2.5 千克，代表品种有高邮鸭、麻鸭等。

我国鸭品种资源丰富，有 26 个鸭品种列入《中国家禽品种志》。我国鸭品种大多集中分布于原产地及邻近地区，只有少数品种分布面较广。肉用型品种北京鸭，除在北京地区集中饲养外，现已在全国许多大中城市饲养。瘤头鸭（俗称番鸭）是我国东南沿海各省饲养较多的肉用型品种。蛋用型和兼用型鸭多为麻鸭，以长江中下游、珠江流域或淮河中下游地区最为集中。蛋用型鸭以主产于浙江的绍兴鸭和福建的金定鸭为代表；兼用鸭以主

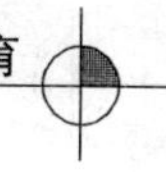

产于江苏的高邮鸭为代表，在全国的分布较广。西南地区的四川、云南和贵州的水稻产区，主要是当地麻鸭，以稻田放牧饲养肉用仔鸭为其特点。我国地方鸭种中有黑白两个纯色品种，即连城白鸭和莆田黑鸭，都原产于福建省。

一、肉用鸭品种

1. 北京鸭 北京鸭是世界著名的肉鸭品种，被国内外许多肉鸭育种公司作为育种素材，世界上许多肉鸭培育品种，如樱桃谷鸭、丽佳鸭、奥白星鸭、枫叶鸭、海格鸭及天府肉鸭等都含有北京鸭的血统。

（1）产地 北京鸭是北京地区的劳动人民经过长期培育而成的优良肉鸭品种，现在已广泛分布到世界各地，成为当代商品肉鸭生产中的主要品种。

（2）外貌特征 北京鸭的全身羽毛纯白，并略带乳黄光泽，喙、胫、蹼呈橘红色或橘黄色，眼大明亮，虹彩呈蓝灰色。初生雏鸭全身均有金黄色绒毛，故称其为“鸭黄”。随着雏鸭日龄的增长，毛色逐渐变淡，长到4周龄时基本上全呈白色，8周龄羽毛长齐。北京鸭的体形丰满，体躯呈长方形，结构匀称美观，与麻鸭相比，头较大，颈粗，长度中等，背宽平，背线与地面夹角较小，约30°，前胸丰满，腹部丰满紧凑。产蛋母鸭其腹部松软，比较大而略下垂，两翅小而紧贴体躯，尾短；公鸭尾部有四根卷曲上翘的性羽。

（3）生产性能 成年公鸭体重3.5～4千克，母鸭体重3～3.5千克。北京鸭的繁殖力强，20～25周龄达到性成熟，每只母鸭年产蛋量为220～240枚，一年可生产商品雏鸭110～130只。北京鸭的早期增重速度较快，雏鸭的初生重为55～60克，8周龄可达2 750克。如果采用填饲的办法来生产填鸭，则于40日龄开始填饲，50日龄即可达3千克。北京鸭的活鸭上市体重标准，一般分为内销和活体出口两种，内销（包括制成冻体出口）

的体重标准为2.6千克，活体出口的体重标准为2.75千克，料肉比一般为3.2～3.5∶1。

北京鸭的肌肉纤维细嫩，味美可口，适于烧烤、酱、煮、熏等各种烹调加工方式，尤其是用北京鸭填饲后加工成的烤鸭，外焦里嫩，肥而不腻，入口即酥，色香味俱佳，为中外驰名的美味佳肴。鸭蹼、鸭胗及鸭肝等均可加工成多样的美味食品。北京鸭的羽绒洁白丰厚，是羽绒中的上品。翅羽洁白，适于染色，可制成美丽的工艺品。

Z型北京鸭，是中国农业科学院畜牧研究所选育的北京鸭新品系，其特点是生长快、饲料转化率高，从出雏到肉鸭上市仅38～42天，体重可达3.2千克，料肉比约为2.6∶1。与同类鸭种相比较，Z型北京鸭皮薄骨细，瘦肉率高，肌间脂肪均匀分布在肌纤维间，肉质鲜嫩。

Z型北京鸭是由4个专门化品系组成的杂交配套系。其父本品系特点是生长快、饲料报酬高，母本品系以高繁殖力见长，父本和母本都具有生活力强、瘦肉率高的特点。Z型北京鸭体形硕大丰满，挺拔美观，头较大，喙中等大小，眼大而明亮，颈粗，中等长。体躯长方，前部昂起，背宽平，胸部丰满，胸骨长而直，两翅较小而紧附于体躯。产蛋母鸭因输卵管发达而腹部丰满，显得后躯大于前躯，腿短粗，蹼宽厚，全身羽毛丰满，羽色纯白并带有奶油光泽；喙、胫、蹼橙黄色或橘红色。初生雏鸭绒羽金黄色，随日龄增加颜色逐渐变浅，至4周龄前后变成白色；至60日龄羽毛长齐，喙、胫、蹼呈橘红色。

以北京鸭为育种素材，在很多国家被培育成具有一定特点的商品鸭，它们的共同特点是早期增重速度较快，体形较大，但仍保留了北京鸭的基本特点。但是也有一个共同的弱点，即肌肉品质及其肉味普遍不如我国的北京鸭。

2. 狄高鸭 狄高鸭具有很强的适应性，即使在自然环境和饲养条件发生较大变化的情况下，仍能保持较高的生产性能。该

鸭抗寒耐热，喜在干爽地栖息，能在陆地上自然交配，是适用于广大农村旱地圈养和网养的良好品种。

（1）*产地*　狄高鸭是澳大利亚狄高公司引入北京鸭，选育而成的大型配套系肉鸭。1987年广东省南海市种鸭场引进狄高鸭父母代，生产的商品代鸭反映良好。

（2）*外貌特征*　狄高鸭的外形与北京鸭相近似，雏鸭绒羽黄色，脱换幼羽后，羽毛白色。头大稍长，颈粗，背长阔，胸宽，体躯稍长，胸肌丰满，尾稍翘起，公鸭性羽2～4根；喙黄色，胫、蹼橘红色。

（3）*生产性能*　母鸭年产蛋量为200～230枚，平均蛋重88克，蛋壳白色。该鸭性成熟期为182天，33周龄产蛋进入高峰期，产蛋率达90%以上。公、母配种比例为1∶5～6，受精率90%以上，受精蛋孵化率85%左右。父母代每只母鸭可提供商品代雏鸭苗160只左右。在产肉性能方面，初生雏鸭体重55克左右，30日龄体重1 114克，7周龄商品代肉鸭体重3千克，料肉比为2.9～3.0∶1；半净膛率为92.86%～94.04%，全净膛率（连头脚）为79.76%～82.34%。胸肌重273克，腿肌重352克。

3. 克里莫番鸭

（1）*产地*　番鸭原产于南美洲，是世界著名的优质肉用型鸭种。克里莫番鸭又叫巴巴里番鸭，由法国克里莫兄弟育种公司选育而成，1999年四川省成都克里莫育种有限公司引入我国。该鸭瘦肉率高，肉质好，具有麝香味。

（2）*外貌特征*　番鸭的体形前尖后窄，呈长椭圆形。头大颈短，喙短而狭。胸部平坦宽阔，尾部瘦长。喙的基部和眼圈周围有红色或黑色的肉瘤，公番鸭肉瘤延展较宽，翼羽矫健达到尾部，尾羽长而向上微微翘起。番鸭性情温顺，体态笨重，不喜欢在水中长期游泳，适于在陆地舍饲，故又称为“旱鸭”。因其适应性强，耐粗饲，耐旱，易于肥育，瘦肉多，已经驯化为适应我国南方各省自然环境的良种肉用鸭。

(3) 生产性能　公、母鸭体重差异明显，成年公鸭体重为4.5～5千克，母鸭为2.5～3千克，母鸭约在28周龄开产，2个产蛋期产蛋量达210枚，蛋重70～80克。商品代番鸭母鸭在10周龄左右、公鸭在11周龄左右为生长旺盛期。公鸭体重可达3.65千克，母鸭为2.2千克，料肉比约为2.8∶1。公鸭半净膛率为81.4%，全净膛率为74%，母鸭分别为84.9%和75%。

4. 樱桃谷鸭

(1) 产地　樱桃谷鸭是英国樱桃谷农场引入我国北京鸭和埃里斯伯里鸭为亲本，杂交选育而成的配套系鸭种。1985年我国四川省从英国引进了樱桃谷超级肉鸭父母代SM系。

(2) 外貌特征　与北京鸭大致相同。雏鸭羽毛呈淡黄色，成年鸭全身羽毛白色，少数有零星黑色杂羽；喙橙黄色，少数呈肉红色；胫、蹼橘红色。该鸭体形硕大，体躯呈长方块形；公鸭头大，颈粗短，有2～4根白色性羽。

(3) 生产性能

①产蛋量　据樱桃谷鸭种鸭场材料介绍，父母代母鸭66周龄产蛋220枚，蛋重85～90克，蛋壳白色。

②繁殖力　父母代种鸭公母配种比例为1∶5～6，受精率90%以上，受精蛋孵化率85%，产蛋期40周龄，每只母鸭可提供商品代雏鸭苗150～160只。

③产肉性能　商品代47日龄活重3.09千克，料肉比为2.81∶1。经我国有关单位测定，该鸭L2型商品代7周龄体重达到3.12千克；料肉比为2.89∶1；半净膛率为85.55%，全净膛率（带头脚）为79.11%，去头脚的全净膛率为71.81%。

樱桃谷种鸭场新推出的超级瘦肉型肉鸭，商品代肉鸭53天，活重达3.3千克，料肉比为2.6∶1。我国广东地区引进的是樱桃谷L2系，该鸭体形较大，成年公鸭体重4～4.5千克，母鸭3.5～4千克，体形宽，呈长方形，头颈粗短，早期生长速度较

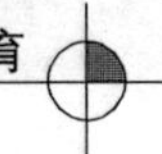

我国北京鸭稍快些，7～8周龄体重可达3～3.2千克。

5. 番鸭（瘤头鸭）与骡鸭

（1）产地　瘤头鸭又称疣鼻鸭、麝香鸭，中国俗称番鸭，原产于南美洲和中美洲的热带地区。瘤头鸭由海外引入我国，在福建至少已有250年以上的饲养历史。除福建省外，我国的广东、广西、江西、江苏、湖南、安徽、浙江等省（自治区）均有饲养。国外以法国饲养最多，占其养鸭总数的80%左右。此外，美国、前苏联、德国、丹麦和加拿大等国均有饲养。瘤头鸭以其产肉多而受到现代家禽业的重视。

（2）外貌特征　瘤头鸭体形前宽后窄呈纺锤状，体躯与地面呈水平状态。喙基部和眼周围有红色或黑色皮瘤，雄鸭比雌鸭发达。喙较短而窄，呈雁形喙。头顶有一排纵向长羽，受刺激时竖起呈刷状。头大、颈粗短，胸部宽而平，腹部不发达，尾部较长；翅膀长达尾部，有一定的飞翔能力；腿短而粗壮，步态平稳，行走时体躯不摇摆。公鸭叫声低哑，呈“咝咝”声。公鸭在繁殖季节可散发出麝香味，故称为麝香鸭。瘤头鸭的羽毛分黑白两种基本色调，还有黑白花和少数银灰色羽色。黑色瘤头鸭的羽毛具有墨绿色光泽，喙肉红色、有黑斑，皮瘤黑红色，眼的虹彩浅黄色，胫、蹼多为黑色。白羽瘤头鸭的喙呈粉红色，皮瘤鲜红色，眼的虹彩浅灰色，胫、蹼黄色。黑白花瘤头鸭的喙为肉红色带有黑斑，皮瘤红色，胫、蹼黄色。

（3）生产性能

①产蛋量　年产蛋量一般为80～120枚，高产的达150～160枚。蛋重70～80克，蛋壳玉白色。

②繁殖力　母鸭180～210日龄开产。公母配种比例为1∶6～8，受精率85%～94%，孵化期比普通家鸭长，为35天左右。受精蛋孵化率80%～85%，母鸭有就巢性，种公鸭利用期为1～1.5年。

③产肉性能　初生雏鸭体重40克，8周龄公鸭体重1.31千

克，母鸭 1.05 千克；12 周龄公鸭 2.68 千克，母鸭 1.73 千克。瘤头鸭的生长旺盛期在 10 周龄前后。成年公鸭体重 3.4 千克，母鸭 2 千克。据福建农业大学测定，福建 FA 系 10 周龄公鸭体重达到 2.78 千克，母鸭体重 1.84 千克，料肉比为 3.1∶1。

采用瘤头鸭公鸭与家鸭的母鸭杂交，生产属间的远缘杂交鸭，称为半番鸭或骡鸭。半番鸭生长迅速，饲料报酬高，肉质好，抗逆性强。番鸭约在 6～7 月龄开产，年产量为 80～120 枚。用瘤头鸭公鸭与北京鸭母鸭杂交生产的半番鸭，8 周龄平均体重 2.16 千克。瘤头鸭成年公鸭的半净膛率为 81.4%，全净膛率为 74%；母鸭的半净膛率为 84.9%，全净膛率为 75%。瘤头鸭胸腿肌发达，公鸭胸腿重占全净膛的 29.63%，母鸭为 29.74%。据测定，瘤头鸭肉的蛋白质含量高达 33%～34%，福建省和台湾省当地人视此鸭肉为上等滋补品。10～12 周龄的瘤头鸭经填饲 2～3 周，肥肝可达 300～353 克，料肝比为 30～32∶1。其缺点是番鸭的公鸭繁殖性能有季节性，与普通鸭杂交受精率也较低。

6. 丽佳鸭

（1）*产地*　该品种育成于丹麦，由丹麦丽佳公司育种中心选育而成。在福建泉州建有祖代种鸭场。

（2）*外貌特征*　外形近似北京鸭，体形大小因品系而异，白羽，适应性强；有 L1、L2、Lb 三个配套系。

（3）*生产性能*　生长速度快，52 日龄后仍继续生长和增重；炎热的天气下，仍不断生长；寒冷气候下，第二次换羽后还能继续生长到 4 500 克。大型丽佳鸭的胸肌重量和瘦肉型丽佳鸭的饲料利用率等肉用性能在同等鸭种中处领先地位，如 L1 系 49 日龄体重可达 3 700 克，料肉比为 2.8∶1，8 周龄胸肌重达 400 克以上，全净膛率为 70%，年产蛋 200 枚；LB 系 7 周龄体重可达 3.30 千克，料肉比为 2.41∶1；25 周龄性成熟，30 周龄进入产蛋高峰，产蛋率达 95%，40 周产蛋期产蛋量约为 220 枚，能提

供合格种蛋200枚，入孵蛋孵化率84%；L2系7周龄体重可达3.30千克，料肉比为2.60∶1，全净膛率为71%左右，年产蛋220枚。

7. 奥白星鸭

(1) 产地　该品种是由法国克里莫兄弟育种公司采用品系配套选育而成，成都克里莫雄峰育种有限公司引进。具有生长快、早熟易肥、体形硕大、屠宰率高等特点。

(2) 外貌特征　体躯稍长，头大颈粗，胸宽，喙橙黄色；绒羽呈黄色，脱换幼羽后全身羽毛洁白；颈粗而短，蹼呈橙黄色。喜干燥，能在陆地上进行自然交配，适应旱地圈养或网养。

(3) 生产性能　24周龄性成熟，标准体重公鸭2.95千克，母鸭2.85千克；公母鸭配比为1∶5；30周龄进入产蛋高峰，产蛋率可达90%以上，年产蛋220～230枚；商品代7周龄体重可达3.70千克，料肉比为2.41～2.60∶1。

8. 枫叶鸭

(1) 产地　由美国枫叶国际控股有限公司培育而成。山东省肥城市引进，并建有枫叶鸭祖代场。

(2) 外貌特征　枫叶鸭是当今世界最优良的瘦肉型品种，由A、D、G、X四系配套选育而成。头部有明显冠形的椭圆头骨，宽度适当，喙中等长度、平直，橘红色或粉红色；颈中等长度、粗实、向前翘起；背部长、宽而直；胸部丰满而厚实；翅短小，紧贴在鸭体两侧；体形较长、宽、深，不显龙骨，姿态昂首挺胸，羽毛纤细柔软、雪白。

(3) 生产性能　年产蛋达220多枚，受精率达90%以上。适应性和抗病力强，体质健壮，成活率高，鸭苗初生体重达61.4克，成活率达98%，肉鸭上市率95%以上。抗热性好，生长速度快，一般饲养42～47天能全部上市，春、秋、冬季平均体重达3.5千克以上，夏季达3千克以上。屠宰率高，肉鸭半净膛率为84%，全净膛率为75.9%；胸肌率为9.11%，腿肌率为15.19%。

枫叶鸭祖代C12品系所产父母代枫叶鸭，50周龄每只母鸭平均产合格蛋272枚，受精率92%，平均产商品代鸭苗225只。枫叶商品代ADGX肉鸭，35日龄活鸭重3.17千克，料肉比为1.79∶1，屠体重2.35千克，屠体率为74.13%；38日龄活鸭重3.47千克，料肉比为1.89∶1，屠体重2.60千克，屠体率为74.92%。

9. 天府肉鸭

（1）产地与分布　天府肉鸭系四川农业大学于1986年利用引进的肉鸭父母代和地方良种为育种材料，经过10年选育而成的大型肉鸭配套系。广泛分布于四川、重庆、云南、广西、浙江、湖北、江西、贵州、海南等省（自治区、直辖市），表现出良好的适应性和优良的生产性能。

（2）外貌特征　体形硕大丰满，挺拔美观。头较大，颈粗、中等长，体躯似长方形，前躯昂起与地面呈30°角，背宽平，胸部丰满，尾短而上翘。母鸭腹部丰满，腿短粗，蹼宽厚。公鸭有2～4根向背部卷曲的性指羽。羽毛丰满而洁白。喙、胫、蹼呈橘黄色。初生雏鸭绒毛黄色，至4周龄时变为白色羽毛。

（3）生产性能

①料肉比　8周龄活重3.2～3.3千克；料肉比为3.1～3.15∶1。

②繁殖性能　父母代种鸭26周龄开产（产蛋率达5%），年产合格种蛋240～250枚，蛋重85～90克，受精率90%以上，每只种母鸭年产雏鸭170～180只，达到肉用型鸭种的国际领先水平。

③产肉性能　天府肉鸭肉用性能指标，8周龄屠宰全净膛为2.32～2.45千克，胸肌293～327克，腿肌220～231克，皮脂754～761克。

二、蛋用鸭品种

1. 绍兴鸭

（1）产地　原产于浙江绍兴、萧山、诸暨等地，是我国最优秀的高产蛋鸭品种之一。该品种具有产蛋多、成熟早、体形小、耗料省等优点，较适宜做配套杂交用的母本。该品种既可圈养，又适于在密植的水稻田里放牧。现主要分布于浙江省、上海市郊以及江苏省的太湖地区。

（2）外貌特征　结构均匀，体躯狭长，喙长颈细，臀部丰满，腹略下垂，站立或行走时前躯高抬，躯干与地面呈45°角，具有蛋用品种的标准体形，属小型麻鸭。全身羽毛以褐色麻雀羽色为基色，但因类型不同，颈羽、翼羽和腹羽有些差别，可将其分为带圈白翼梢和红毛绿翼梢两种类型。

（3）生产性能　初生雏鸭重36～40克，成年体重公鸭1 301～1 422克，母鸭1 255～1 271克。屠宰测定：成年公鸭半净膛率为82.5%，母鸭为84.8%；成年公鸭全净膛率为74.5%，母鸭为74.0%。140～150日龄群体产蛋率可达50%，年产蛋250枚。经选育后年产蛋平均近300枚，平均蛋重为68克。蛋形指数为1.4，壳厚为0.354毫米，蛋壳白色、青色。母鸭开产日龄为100～120天，公鸭性成熟日龄为110天左右，公母配种比例为1∶20～30，种蛋受精率为90%左右。

2. 金定鸭

（1）产地　原产于福建的厦门、泉州一带的沿海滩涂地区，以漳州龙海县紫泥乡金定为中心。金定鸭是我国适宜滩涂地区放牧的优良蛋用型麻鸭。

（2）外貌特征　公鸭胸宽背阔，体躯较长，喙黄绿色，胫蹼橘红色，爪黑色，头和颈上部羽毛有翠绿色的光泽，前胸羽毛红褐色，背部灰褐色，胸部羽毛带有细芦花色斑纹，翼羽和尾羽深褐色。母鸭体躯细长，结构匀称紧凑，头较小，喙古铜色，体轴直立、稍倾斜，与地面约成80°角，以赤褐麻雀色为基本羽色，背部呈棕黄色，有椭圆形褐斑，腹部羽毛较浅，翼羽黄褐色。

（3）生产性能　公鸭平均体重1.76千克，母鸭平均体重1.73千克。性成熟较早，一般母鸭110～120日龄开始产蛋；公鸭约在100天左右性成熟，配种力强。种鸭一般公母比例为1∶20左右。母鸭年平均产蛋260枚左右，优秀的鸭群可达300枚以上，蛋重约为70～72克，蛋壳的颜色以白色为主，青色也有一定比例。母鸭可养2～3年，公鸭一般仅利用一年就淘汰作肉用。

3. 攸县麻鸭

（1）产地　攸县鸭原产于湖南攸县境内的洣水和沙河流域，是麻鸭中体形较小的蛋鸭品种。

（2）外貌特征　攸县鸭体形狭长，从两侧看似船形，身体结实，羽毛紧贴。公鸭喙呈青绿色，胫、蹼为橘黄色，爪黑色，头颈上部羽毛呈翠绿色，颈中部有白环，前胸羽毛红褐色，两翼灰褐色，尾羽墨绿色。母鸭全身羽毛黄褐色并有黑色斑块，但多为深麻色，胫蹼呈黄色，爪黑色。

（3）生产性能　成年鸭体重1.2千克左右，体轻小，觅食能力强。攸县鸭性成熟早，开产日龄平均100天，种鸭公母比例为1∶25。平均年产蛋230～250枚，平均蛋重60～65克，蛋壳多为白色。此品种由于个体小，善于钻进密植的稻田中觅食，因此可以节省大量饲料。

4. 江南1号鸭、2号鸭

（1）产地　江南1号鸭和江南2号鸭是由浙江省农业科学院畜牧兽医研究所主持培育的配套杂交高产商品蛋鸭，适合我国农村的圈养条件。

（2）体形外貌　江南1号母鸭羽色浅褐，斑点不明显。江南2号母鸭羽色深褐，黑色斑点大而明显。

（3）生产性能

①产蛋性能 江南 1 号鸭产蛋率达 5%、50%、90%时日龄分别平均为 118 天、158 天和 220 天。产蛋率 90%以上的保持期为 4 个月。500 日龄产蛋数平均为 306.9 枚，产蛋总重平均为 21.08 千克。300 日龄时平均蛋重 72 克。产蛋期料蛋比为2.84∶1。产蛋期成活率 97.1%。江南 2 号鸭产蛋率达 5%、50%、90%的日龄分别平均为 117 天、146 天和 180 天。产蛋率 90%以上的保持期为 9 个月。500 日龄产蛋量平均为 328 枚，产蛋总重平均 22 千克。300 日龄平均蛋重 70 克。产蛋期料蛋比为 2.76∶1。产蛋期成活率为 99.3%。

②产肉性能 江南 1 号鸭和江南 2 号鸭性成熟时体重1 660 克，60～70 日龄时体重，比绍兴鸭提高 16%～22%，饲料报酬和肉的品质有明显改进。

5. 咔叽-康贝尔鸭

（1）产地 英国采用浅黄色和白色印度跑鸭与法国罗恩公鸭杂交，再与公野鸭杂交选育而成的蛋鸭品种。

（2）外貌特征 咔叽-康贝尔鸭幼小时绒毛呈灰色；成年鸭羽毛呈棕褐色，喙、脚呈铁青色稍带点浅黄绿色。母鸭的羽毛呈暗褐色，头与颈呈稍深的黄褐色，喙绿色或浅褐色，翼黄褐色，胫、蹼接近体躯的颜色。公鸭的头、颈、尾和翼肩均呈青铜色，其他的羽毛呈暗褐色，喙绿蓝色，胫、蹼呈深橘红色。羽毛短薄、紧贴体表，行动敏捷，甚至能作短距离的低飞，善潜水，觅食力强，胆大，不怕人，适于大规模圈养。

（3）生产性能 咔叽-康贝尔鸭成年体重：公鸭为 2.2～2.3 千克，母鸭为 1.8～2 千克。体形狭长，体轴与地面成 45°～50°倾斜。产蛋量高，平均每只母鸭年产蛋可达 250～300 枚，平均蛋重 70 克。优良的小群年产蛋量甚至达到 350 枚。咔叽-康贝尔鸭具有优良的肉用价值，因此，除母雏留作培育蛋用母鸭外，可以将公雏单独饲养至 7 周龄左右，体重达 1.2 千克左右即可出售。其瘦肉较多，肉质味美，带有野鸭的风味。由于咔叽-

康贝尔鸭同时具有肉质品质好的优点，还可以将其作为母本与北京鸭公鸭杂交，以生产小型的、瘦肉较多的、肉味好的商品肉鸭。

6. 连城白鸭

（1）产地　因中心产区位于福建省西部的连城县而得名，分布于长汀、上杭、永安和清流等县市，是中国麻鸭中独具特色的小型白色品种。

（2）体形外貌　体躯狭长，头小，颈细长，前胸浅，腹部下垂，行动灵活，觅食力强，富于神经质。公母鸭的全身羽毛都呈白色，喙青黑色，胫、蹼灰黑色或黑红色。

（3）生产性能

①产蛋性能　第一年产蛋 220～230 枚，第二年产蛋250～280 枚，第三年产蛋 230 枚，平均蛋重 58 克，白壳蛋占多数。

②产肉性能　成年公鸭体重 1 400～1 500 克，母鸭1 300～1 400克。

③繁殖性能　母鸭开产日龄为 120～130 天。公母鸭配种比例为 1∶20～25。种蛋受精率 90%以上。公鸭利用年限为 1 年，母鸭 3 年。

7. 莆田黑鸭

（1）产地　是我国蛋用型品种中唯一的黑色羽品种，因中心产区位于福建省莆田而得名。主要分布于平潭、福清、长乐、连江、福州郊区、惠安、晋江、泉州等县市。该品种是在海滩放牧条件下培育而成的蛋用型鸭，既适应软质滩涂放牧，又适应硬质海滩放牧，且有较强的耐热性和耐盐性，尤其适合于亚热带地区硬质滩涂饲养。

（2）外貌特征　体形轻巧紧凑，行动灵活迅速。公母鸭的全身羽毛都呈黑色，喙黑绿色，胫、蹼黑色，爪黑色。公鸭头颈部羽毛有光泽，尾部有性羽，雄性特征明显。

（3）生产性能

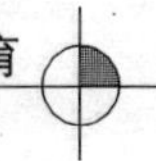

①产蛋性能　年产蛋量为250～280枚，蛋重为63克。壳色以白色蛋居多，料蛋比为3.84∶1。

②产肉性能　成年公鸭体重1 300～1 400克，母鸭1 550～1 650克。

③繁殖性能　母鸭开产日龄为120天左右，公母鸭配种比例为1∶25，种蛋受精率为95%左右。

8. 荆江麻鸭

（1）产地与分布　是我国长江中游地区广泛分布的蛋用型鸭种，因产于荆江两岸而得名。其中心产区为江陵、监利和仙桃，毗邻的洪湖、石首、公安、潜江和荆门等地亦有分布。

（2）外貌特征　头清秀，颈细长，肩较狭，背平直、体躯稍长而向上抬起，喙石青色，胫、蹼橙黄色。全身羽毛紧密，眼上方长眉状白毛。公鸭头、颈部羽毛具翠绿色光泽，前胸、背腰部羽毛褐色，尾部淡灰色；母鸭头、颈部羽毛多为泥黄色，背腰部羽毛以泥黄为底色上缀黑色条斑，浅褐色底色上缀黑色条斑，群体中以浅麻雀色者居多。

（3）生产性能

①产蛋性能　年平均产蛋量为214枚，年平均产蛋率58%，最高产蛋率在90%左右，白壳蛋平均蛋重63.5克，青壳蛋平均蛋重60.6克。

②生长速度与产肉性能　初生雏鸭重39克，30日龄体重167克；60日龄体重456克；90日龄公鸭体重1 122克，母鸭1 040克；120日龄公鸭体重1 415克，母鸭1 333克；150日龄公鸭体重1 516克，母鸭1 493克；180日龄公鸭体重1 678克，母鸭1 503克。公鸭半净膛率为79.68%，全净膛率为72.22%，母鸭半净膛率为79.93%，全净膛率为72.25%。

③繁殖性能　母鸭开产日龄为120天左右，在2～3岁，产蛋量达最高峰，可利用5年；公母鸭配种比例为1∶20～25；种蛋受精率为93.1%，受精蛋孵化率为93.24%。

9. 缙云麻鸭

（1）产地　是我国著名的蛋鸭地方品种，以成熟早、产蛋多、耗料少、抗病力强、适应性广而著称。原产于浙江省缙云县，分布遍及该省内的奉化、金华、丽水、温州以及广东、广西、湖北、江苏、上海等地。

（2）外貌特征　体躯轻小狭长、蛇头饱眼、嘴长颈细、前身小后躯大、臀部丰满下垂，行走时体躯向前伸展与地面成45°角，体形结构匀称，紧凑结实，具有典型的蛋用鸭体形。其中：Ⅰ系（褐色麻鸭）母鸭以褐色雀斑羽毛为主，腹部颜色较浅，喙呈黄色，胫、蹼呈橘黄（红）色，鸭毛片较厚。Ⅱ系（浅灰色麻鸭）母鸭以浅灰色雀斑羽毛为主，腹部羽毛颜色为白色，头、颈部有条状浅褐色羽毛。喙灰黄色，胫、蹼呈橘黄（红）色。青壳系以Ⅰ系鸭为基础群采用科学的方法选育而成，外貌特征近似于Ⅰ系，毛色较Ⅰ系鸭偏褐红，喙、蹼以暗绿色为主。

（3）生产性能　缙云麻鸭具有早熟高产的特性。在良好的饲养管理条件下，85～90日龄见蛋，120天产蛋率达50%以上，135～145天达90%以上，产蛋高峰期可维持8～10个月，500日龄产蛋量可达310～330枚，总蛋重21千克以上，产蛋期料蛋比为2.7～2.85∶1。青壳系青壳率在90%左右。同时，缙云麻鸭还具有体形较小，耗料相对较省；抗病性、抗应激能力强；耐寒耐旱，圈养、笼养、放牧皆可，适应全国各地饲养等优良生产性能。

10. 三穗鸭

（1）产地　中心产区位于贵州省三穗等东部的丘陵河谷地区，分布于镇远、岑巩、天柱、台江、剑河、锦屏、黄平、施秉、思南等地，在湖南、广西等省（自治区）也有分布。

（2）外貌特征　体长，颈细，背平，胸部丰满，前躯高抬，尾上翘。公鸭以绿头居多，前胸羽毛赤褐色，颈中下部有白色颈圈，背部羽毛灰褐色，腹部羽毛浅褐色。公鸭体躯稍长，前胸突

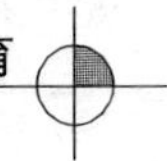

出，胫细长而强健有力，胫、蹼橘红色，爪黑色。母鸭的羽色以深麻雀色居多，有镜羽，间有纯黑色和黑白色。母鸭颈细长，体躯似船形，前躯抬起，胫、蹼橘红色，爪黑色。

（3）生产性能

①产蛋性能 年产蛋量为200～240枚，平均蛋重65克。蛋壳颜色以白色居多，青壳仅占8%～9%，蛋壳厚度为0.31毫米，蛋形指数为1.42。

②生产速度与产肉性能 初生雏鸭重44克；30日龄体重414克；60日龄公鸭体重1 036克，母鸭1 017克；120日龄公鸭体重1 280克，母鸭1 310克；成年公鸭体重1 680克，母鸭1 690克。70日龄公鸭半净膛率为84.34%，全净膛率为61.22%；70日龄母鸭半净膛率为84.44%，全净堂率为66.32%。

③繁殖性能 母鸭开产日龄为110～120天，公母鸭配种比例为1∶20～25，受精率为80%～85%，孵化率为85%～90%，60日龄成活率在95%以上。公鸭利用年限为1年，母鸭为2～3年。

11. 洞庭麻鸭

（1）产地 主产于洞庭湖区的华容、南县、沅江、益阳、湘阴、常德、汉寿等县市。据品种资源调查表明，其祖先为蓝山鸭和攸县鸭。

（2）外貌特征 为斜立的长楔形，头如大豆形。母鸭喙色以橘黄、淡黄褐、淡黄绿褐为主，少部分有褐黑斑；公鸭以橘黄、淡黄褐、淡黄绿色为主，少部分为褐黑色。虹彩为淡黄褐色或浓茶黄色，白色羽毛者虹彩为天蓝色。母鸭羽毛为黄褐色，间有麻黑斑，也有少量铁丝麻、纯白色、黑色；公鸭为绿颈、黑尾、紫胸背、淡褐灰腹，也有少量黑头、灰头、麻头，全身羽毛色较浅。脚色为橘红、黄褐色；雏鸭羽毛多为米黄色或麻褐色。

（3）生产性能

①产蛋性能　年产蛋140～220枚，蛋重66克。料蛋比一般为3∶1。

②生长速度　初生雏鸭重36～38克，成年鸭体重1 500克。

③繁殖性能　母鸭开产日龄为150天。

12. 宜春麻鸭

（1）产地　主产区位于江西省宜春市。用宜春麻鸭蛋加工成的五彩糠壳松花蛋闻名于世，畅销国内外。

（2）外貌特征　羽毛多为黄麻色或黑麻色，羽毛紧贴，喙青铜色，其前端有一块似三角形的黑斑。眼外突、黑褐色，颈较短稍粗，有的有项圈状白毛，前胸较小，背前高渐向后倾斜。全身皮肤粉红色，胫与蹼橘红色。体小且狭长，体质细致紧凑，行动敏捷。

（3）生产性能

①产蛋性能　年产蛋180～200枚，最高可达250枚，蛋重平均55克。

②产肉性能　成年公鸭体重1～1.2千克，母鸭0.8～1千克。

③繁殖性能　母鸭开产日龄为120天左右。

13. 恩施麻鸭

（1）产地　又称利川麻鸭。中心产区在湖北省利川市和来凤县，分布于恩施鄂西土家族苗族自治州的山区和低山平坝，产区平均海拔800～1 200米。

（2）体形外貌　体形轻小，后躯发达，行动灵活，适于山区饲养。公鸭的头、颈、尾部羽色蓝黑，颈中部有白色羽圈，胸部红褐色，背部青褐色，腹部浅褐色；母鸭全身羽毛褐色，带黑色雀斑，有赤麻、青麻、浅麻之分。

（3）生产性能

①产蛋性能　年产蛋量为200枚左右，平均蛋重65克，蛋

壳以白色居多。

②产肉性能　成年体重1.6～2千克。

③繁殖性能　母鸭开产日龄为150～180天。公母鸭配种比例为1∶20。种蛋受精率在80%以上。受精蛋孵化率为85%左右。

14. 山麻鸭

（1）产地　中心产区在福建省龙岩市，分布于龙岩市各县。

（2）体形外貌　公鸭的头和颈上部羽色墨绿，有光泽，颈部有白色羽圈，胸部红褐色，背腰部灰褐色，腹部白色，翼羽深褐色，尾羽黑色。喙黄绿色，虹彩褐色，胫、蹼红色。母鸭全身羽毛浅褐色，布有黑色斑点，眼上方有白色眉纹。喙黄色，虹彩褐色，胫，蹼橘黄色。

（3）生产性能

①产蛋性能　年产蛋量为240枚，蛋重55克。

②产肉性能　成年体重1.4～1.6千克。

③繁殖性能　母鸭开产日龄为110～130天，公母鸭配种比例为1∶20～25。公鸭利用年限为1年，母鸭为2～3年。半净膛率为72.0%，全净膛率为70.3%。

15. 云南麻鸭

（1）产地　主产于云南。

（2）体形外貌　公鸭胸深，体躯长方形，头颈上半段为深孔雀绿色，有的有一白环，体羽深褐色，腹羽灰白色，尾羽黑色，翼羽常见黑绿色。母鸭胸腹丰满，全身麻色带黄。喙黄色、胫、蹼橘红或橘黄色，爪黑。皮肤白色。

（3）生产性能　成年体重公鸭为1.58千克，母鸭为1.55千克。30～40日龄仔鸭即可上市。屠宰测定：半净膛率成年公鸭为86.4%，母鸭为82.5%，全净膛率公鸭为78.4%，母鸭为72.9%。150日龄开产，年产蛋120～150枚，蛋重平均为72克。壳色淡绿、绿、白色三种，蛋形指数1.44。公母鸭配种比例为1∶12，种蛋受精率为70%～92%。

16. 广西小麻鸭

（1）产地　主产于广西西江沿岸。

（2）外貌特征　母鸭多为麻花羽，有黄褐麻花和黑麻花两种。公鸭羽色较深，呈棕红色或黑灰色，有的有白颈圈，头及副翼羽上有绿色的镜羽。

（3）生产性能　成年体重公鸭为1.41～1.8千克，母鸭为1.37～1.71千克。屠宰测定：成年公鸭半净膛率为80.42%，母鸭为77.57%，全净膛率公鸭为71.9%，母鸭为69.04%。120～150天开产，年产蛋160～220枚，蛋重为65克，蛋壳以白色居多，蛋形指数1.5。公母鸭配种比例为1∶15～20，种蛋受精率为80%～90%。

17. 微山麻鸭

（1）产地　主产于山东省境内南四湖（南阳湖、独山湖、昭阳湖、微山湖）及其以北的大运河沿岸，微山县和济宁市为中心产区。用微山麻鸭蛋加工的“龙缸松花蛋”因质量高且味美，远销至日本、北美、东南亚诸国和我国港澳地区。

（2）外貌特征　体形轻小紧凑，颈细长，前躯稍窄，后躯宽厚而丰满。按羽色分青麻和红麻两种类型，主要区别母鸭羽色，青麻基本羽色为暗褐色带黑斑，红麻为红褐色带黑斑。公鸭皆为绿头颈，主、副翼羽黑色，尾羽黑色。

（3）生产性能　开产日龄为150～160天，年产蛋140～150枚，平均蛋重80克。蛋壳颜色有两种，青麻鸭产青壳蛋，红麻鸭产白壳蛋。成年鸭体重为1 700～1 750克。

三、兼用鸭品种

1. 高邮鸭

（1）产地　主产于江苏省高邮、宝应、兴化等市县，分布于江苏北部京杭运河沿岸的里下河地区。该品种觅食能力强，善潜

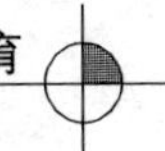

水，适于放牧。目前在江苏省建有国家级高邮鸭原种场。

（2）外貌特征 较大型的属蛋肉兼用型麻鸭品种，背阔肩宽胸深，体躯长方形。公鸭头和颈上部羽毛深绿色，有光泽，背、腰、胸部均为褐色芦花羽，腹部白色，臀部黑色；喙青绿色，喙豆黑色；虹彩深褐色；胫、蹼橘红色，爪黑色。母鸭全身羽毛褐色，有黑色细小斑点，如麻雀羽；主翼羽蓝黑色；喙青色，喙豆黑色；虹彩深褐色；胫、蹼灰褐色，爪黑色。

（3）生产性能

①产蛋性能 年产蛋量为140～160枚，高产群可达180枚。平均蛋重76克，双黄蛋约占0.3%。

②产肉性能 成年公鸭体重2.3～2.4千克，母鸭2.6～2.7千克。放牧条件下70日龄体重达1.5千克左右，较好的饲养条件下可达1.8～2千克。半净膛率在80%以上，全净膛率为70%左右。

③繁殖性能 母鸭开产日龄为110～140天。公母鸭配种比例为1∶25～30。种蛋受精率在90%以上，受精蛋孵化率在85%以上。

2. 建昌鸭

（1）产地 建昌鸭原产于四川凉山彝族自治州境内安宁河流域的河谷坝区。建昌鸭历史悠久，外貌特征一致，遗传性稳定。经过产地调查和引种观察证实，该鸭具有体大肉多，生长迅速，易于育肥，肥肝重、大，饲料报酬高，产蛋性能较好等经济性状，属于我国南方麻鸭类型中肉用性能特优的一个鸭种。

（2）外貌特征 建昌鸭公鸭4月龄左右性成熟，母鸭一般6月龄开始产蛋，早的在5月龄开产，公、母鸭配种比例为1∶7。建昌鸭体形较大，形似平底船，羽毛丰满，尾羽呈三角形向上翘起。头大、颈粗、喙宽；胫、蹼橘黄色，趾黑色；母鸭的喙多为橘黄色，公鸭则多呈草黄色，喙豆均呈黑色；母鸭羽毛主要分为黄麻、褐麻和黑白花三种颜色，以黄麻者居多。

（3）生产性能　成年公鸭体重为 1.59 千克，母鸭体重为 1.70 千克。90 日龄的体重为初生重的 38.8 倍，56 日龄的料肉比为 3.07∶1。经填肥 21 天的 7 月龄公鸭，全净膛率为 78.7%，成年母鸭为 77.3%。半舍饲 6 月龄公鸭全净膛率为 72.3%，母鸭为 74.1%。6 月龄公鸭，胸腿肌重 336.38 克±2.33 克，占屠体重的 25.84%，母鸭胸腿肌重 318.6 克，占屠体重的 24.57%；成年公鸭胸腿肌重 366.94，占屠体重的 29.52%；母鸭胸腿肌重 321.19 克，占屠体重的 25.99%。母鸭开产日龄为 150～180 天，年产蛋 170 枚以上。

3. 巢湖鸭

（1）产地　主产于安徽省中部，巢湖周围的庐江、肥西、肥东、舒城、无为、和县、含山等县市。该品种具有体质健壮、行动敏捷、抗逆性和觅食性能力强等特点，是制作无为熏鸭、南京板鸭的良好原料。

（2）外貌特征　体形中等大小，体躯长方形，匀称紧凑。公鸭的头和颈上部羽色黑绿，有光泽，前胸和背腰部羽毛褐色，缀有黑色条斑，腹部白色，尾部黑色。喙黄绿色，虹彩褐色，胫、蹼橘红色，爪黑色。母鸭全身羽毛浅褐色，缀黑色细花纹，称浅麻细花；翼部有蓝绿色镜羽；眼上方有白色或浅黄色的眉纹。

（3）生产性能

①产蛋性能　年产蛋 160～180 枚。平均蛋重 70 克，蛋壳有白色、青色两种，其中白色占 87%。

②产肉性能　成年公鸭体重 2.1～2.7 千克，母鸭 1.9～2.4 千克。肉用仔鸭 70 日龄体重 1.5 千克，90 日龄体重 2 千克。全净膛率为 72.6%～73.4%，半净膛率为 83%～84.5%。

③繁殖性能　母鸭开产日龄为 140～160 天。公母鸭配种比例早春 1∶25，清明后 1∶33，种蛋受精率在 90%以上，受精蛋孵化率为 89%～94%，公鸭利用年限为 1 年，母鸭为 3～4 年。

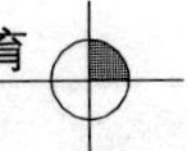

4. 白鹜鸭

(1) 产地及特征 稀有珍禽“白鹜鸭”，为闽西特有，以乌嘴、黑脚、白羽为特征，被誉为“全国唯一药用鸭”。其体躯狭长、头小、颈细长，腹部不下垂，行动灵活。现已被农业部列为国家种畜禽资源保护品种之一。

(2) 生产性能 白鹜鸭年产蛋220～240枚，平均成年体重1 250～1 500克，每枚种蛋55克。该鸭不油腻、汤味独特、肉质鲜美，食用时只加少许食盐和味精，不需放生姜和任何佐料。饲养期越长药效越高，只有饲养4个月以上的才是真正具有药效的白鹜鸭。该鸭已越来越受到保健专家和养殖户的高度重视，养殖前景广阔。

5. 大余鸭

(1) 产地 主产于江西省南部的大余县。分布于江西省西南的遂川、崇义、赣县、永新等县和广东省的南雄县。大余古称南安，以大余鸭腌制的南安板鸭，具有皮薄肉嫩、骨脆可嚼、腊味香浓等特点。在中国穗、港、澳和东南亚地区久负盛名。

(2) 外貌特征 体形中等大小，无白色颈圈，翼部有黑绿色镜羽。喙青色，胫、蹼青黄色，皮肤白色。公鸭头、颈、背部羽毛红褐色，少数个体头部有黑绿色羽毛。母鸭全身羽毛褐色，有较大的黑色雀斑。

(3) 生产性能

①产蛋性能 年产蛋量为180～220枚。平均蛋重70克左右，蛋壳白色。

②生长速度与产肉性能 成年体重2～2.2千克。仔鸭体重，在放牧条件下，90日龄重1.4～1.5千克，再经1个月的育肥饲养，体重可达1.9～2千克。公、母鸭半净膛率分别为84.1%和84.5%，公、母鸭全净膛率分别为74.9%和75.3%。

③繁殖性能 母鸭开产日龄为180～200天。公母鸭配种比例为1∶10，种蛋受精率为81%～91%，受精蛋孵化率在90%

以上。

6. 鸳鸯鸭 鸳鸯鸭，又名法国番鸭，是世界上优良的瘦肉鸭，原产于南美洲，是旱禽野鸭与中国鸭进行杂交培育而成，属于节粮、高产品系兼用型珍禽新品种。

（1）生活习性

①喜水性 鸳鸯鸭的寻食、嬉水和求偶交配可在水中进行，在水中游泳洗澡，能保持羽毛整洁，有助于体热散发，促进新陈代谢，保持身体健康，但不喜欢长时间在水中。

②合群性 鸳鸯鸭合群性强，只要有比较适宜的饲养场所和条件，它们就能在采食和繁殖等方面合群生活得很好。性情温驯，不怕人，耐粗饲，善觅食，可小群放养或大群圈养。

③耐寒性 对气候环境的适应性强，只要饲养条件较好，冬春季节温度较低时，并不影响产蛋和增重。对炎热气候适应性较差，往往在夏秋季节休产换羽。

④杂食性 鸳鸯鸭嗅觉和味觉不发达，对饲料和香味要求不高，能吞咽较粗大的食团并贮藏在食道膨大部，肌胃内压高，经常存留沙砾，能很好地磨碎食物，所以肉用鸳鸯鸭一次食量较多，且食性颇广，能广泛食用动植物饲料。

（2）外貌特征 体形前尖后窄，呈长椭圆形，头大、颈短、喙短而狭，喙内锯齿发达，胸部平坦，宽阔，尾部瘦长，喙的基部和眼圈周围有红色肉瘤。公鸭较母鸭体大。鸳鸯鸭的趾爪很锋利，特别是公鸭的趾爪尖而硬。

（3）生产性能

①产肉性能 据测定，在当前农家饲养条件下，鸳鸯鸭的平均初生体重为40克，饲养11周龄公鸭体重为3.64千克，最重的可达5.0千克左右，成年母鸭体重为2.6千克。料肉比为2.80～3.00：1。成年公鸭半净膛率为80%，母鸭为84%；公鸭全净膛率为74%，母鸭为75%，平均肝重260克以上。

②产蛋性能 母鸭饲养6个月开始产蛋，年产蛋180～210

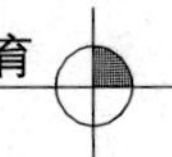

枚，平均蛋重65～85克，最大蛋重100克。

7. 四川麻鸭

（1）产地　中心产区位于四川省绵阳、温江、乐山等地，广泛分布于四川省水稻田区。

（2）外貌特征　四川麻鸭早熟，放牧能力强，胸腿比较高，为四川省生产肉用鸭的主要品种。体形较小，坚实紧凑，羽毛紧密，颈长头秀，喙橘黄色，喙豆多为黑色，胸部发达、突出。胫、蹼橘红色。母鸭羽色较杂，以麻褐色居多。麻褐色母鸭的体躯臀部的羽毛均以浅褐色为底，上具椭圆形黑色斑点，黑色斑点由头向体躯后部逐渐增大，颜色加深。在颈部下2/3处多有一白色颈圈。腹部为白色羽毛。褐麻色母鸭中颜色较深者称为"大麻鸭"，羽毛泥黄色，斑点较小者称为"黄麻鸭"，其他杂色羽毛母鸭约占5%左右。公鸭体形狭长，性羽2～4根，向背弯曲。公鸭羽色较为一致，常分为两种：一种叫"青头公鸭"，此公鸭的头和颈的上1/3或1/2处的羽毛为翠绿色，腹部羽毛为白色，前胸羽毛为赤褐色；另一种叫"沙头公鸭"，此种公鸭的头和颈的上1/3或1/2的羽毛为黑白相间的青色，不带翠绿色光泽，肩、背为浅黄色细芦花斑纹，前胸赤褐色，腹部绒羽为白色，性羽为灰色。

（3）生产性能　在放牧条件下，年平均产蛋150枚左右，500日龄平均年产蛋131枚，平均蛋重72～75克，蛋壳以白色居多，少数为青色。

8. 新邵麻鸭

（1）产地　湖南省新邵县养鸭历史悠久，过去饲养的"土鸭"属麻鸭类，产蛋力强，但体形小，一般体重1.25千克。1957年引进一批苏淮鸭和本地土鸭杂交，在当地特定的自然条件和社会经济条件下，经过20余年精心培育，形成了一个具有良好经济性能的新鸭种，当地群众称为"小塘舵鸭"。1987年通过邵阳市科学技术委员会鉴定，正式命名为新邵麻鸭，是一个优良肉蛋兼用地方品种，适合南方丘岗山区饲养，可在双季产区、河港、塘堰水域宽广的地方大力推广。

(2) 外貌特征　公鸭体斜长21厘米，胸深7.98厘米，胸宽8.7厘米，胸骨长11.39厘米，颈长18.55厘米，喙长6.65厘米，喙宽2.95厘米。母鸭体斜长21.61厘米，胸深7.71厘米，胸宽7.52厘米，胸骨长11.75厘米，骨盆宽6.85厘米，颈长18.45厘米，喙长6.77厘米，喙宽3.14厘米。

(3) 生产性能　55日龄公、母鸭体重分别为2.12千克和2.03千克，料肉比为3.76∶1；母鸭年产蛋238枚，蛋重71.23克，料蛋比为3.21∶1。公、母鸭半净膛率分别为84.67％和86.54％，全净膛率分别为73.37％和74.70％。肉质鲜美。

9. 兴义鸭

(1) 产地　贵州省西南部。

(2) 外貌特征　体形方圆，羽毛疏松，头粗大，颈粗短。公鸭绿头占90％，头颈上部羽毛和尾羽有墨绿色发光的羽毛，颈中部有白色颈圈。胸部毛褐色。背部为黑、褐、白相间的羽毛。母鸭深麻色占70％以上。喙青黄或黄色、胫、蹼橘黄色，爪黑色。

(3) 生产性能　出壳重45克，成年体重公鸭为1.62千克，母鸭为1.56千克。屠宰测定：公鸭半净膛率为83.11％，母鸭半净膛率为73.6％，全净膛率公鸭为68.0％，母鸭为58.5％。开产日龄春孵鸭145～150天，秋孵鸭180～200天，年产蛋量为170～180枚，以9、10月份产蛋最多，平均蛋重为70克，蛋壳为乳白色和浅绿色，多数为乳白色，蛋形指数为1.4。公母鸭配种比例为1∶10～15，种蛋受精率约为84％。

10. 靖西大麻鸭

(1) 产地　广西靖西、德保、那坡等县。

(2) 外貌特征　体形硕大，躯干呈长方形，羽色分三类型，即深麻型（马鸭）、浅麻型（凤鸭）和黑白型（乌鸭）。头部羽色

分别为乌绿色、细点黑白花、亮绿色，胫、蹼分别为橘红色或褐色、橘黄色、黑褐色。

（3）生产性能　初生雏鸭重48克，成年体重公鸭为2.7千克，母鸭为2.5千克。屠宰测定：90日龄公鸭半净膛率为84.08%，全净膛率为72.77%，母鸭半净膛率为80.21%，全净膛率为72.16%。130～140天开产，平均年产蛋140～150枚，平均蛋重为86.7克。壳色青、白均有，蛋形指数1.4。公母鸭配种比例为1∶10～20，种蛋受精率约为95%。

11. 珠江中山麻鸭

（1）产地　广东省珠江三角洲一带。

（2）外貌特征　公鸭头、喙稍大，体躯深长，头羽花绿色，颈、背羽褐麻色，颈下有白色颈圈。胸羽浅褐色，腹羽灰麻色，镜羽翠绿色。母鸭全身羽毛以褐麻色为主，颈下有白色颈圈。喙灰黄色，胫、蹼橙黄色。

（3）生产性能　在群鸭放牧情况下，初生雏鸭平均体重为48.4克。成年体重为1.7千克。屠宰测定：63日龄公鸭半净膛率为84.37%，全净膛率为75.7%，母鸭半净膛率为84.48%，全净膛率为75.367%。开产日龄为130～140天，年产蛋180～220枚，平均蛋重为70克，蛋壳白色，蛋形指数1.5。公母鸭配种比例为1∶20～25，种蛋受精率93%。

12. 汉中麻鸭

（1）产地　主产于陕西省汉水两岸。

（2）体形外貌　体形较小，羽毛紧凑。毛色麻褐色居多，头清秀，喙呈橙黄色。喙、胫、蹼多为橘红色，少数为乌色，毛色麻褐色，体躯及背部土黄色并有黑褐色斑点。公鸭性羽2～3根，呈墨绿光泽。

（3）生产性能　初生雏鸭重为38.7克。300日龄体重公鸭为1 172克，母鸭为1 157克。成年体重公鸭为1.6千克，母鸭为1.4千克。屠宰测定：半净膛率公鸭为87.71%，母鸭为

91.31%，全净膛率公鸭为78.17%，母鸭为81.76%。160～180日龄开产，年产蛋220枚，平均蛋重为68克，蛋壳颜色以白色为主，还有青色，蛋形指数1.4。公母鸭配种比例为1∶8～10，种蛋受精率约为72%。

13. 沔阳麻鸭

（1）产地　湖北省沔阳、荆州等地。

（2）体形外貌　体形长方，头颈上半部和主翼羽呈孔雀绿色，有金色光泽，颈下半部和背腰呈棕褐色。母鸭全身呈斑纹细小的条状麻色。喙青黄色、胫橘黄色，蹼乌爪黑。

（3）生产性能　初生雏鸭重48.58克，成年体重公鸭为1 693克，母鸭为2 088克。屠宰测定：半净膛率成年公鸭为80.74%，母鸭为80.33%，全净膛率公鸭为73.01%，母鸭为75.89%。115～120日龄开产，平均年产蛋162.97枚，蛋重为74～79.58克，壳色白色居多，蛋形指数1.41。公母鸭配种比例为1∶20～25，种蛋受精率约为92.65%。

第二节　鸭的生产性能测定

一、鸭的体重体尺测量

1. 鸭的体重测量　为了育成高产性能的鸭，需在鸭养殖过程中对其生长速度、体重进行测量。鸭育雏期为0～3周龄，育成期为4～24周龄。种用鸭一般每隔2周称重一次，公母鸭分别抽测10%称重，称重前鸭应断料6小时以上，但不断水。成年母鸭体重分为开产期体重和产蛋期末体重。

2. 鸭的体尺测量　为了准确记载鸭的体形外貌，研究其与生产性能的关系，进行规范化管理和培育鸭品种，就必须对鸭进行统一标准的体尺测量。

鸭的主要体尺指标的测量方法如图2-1所示。

（1）体斜长　用皮尺在体表测量肩关节到坐骨结节间的距

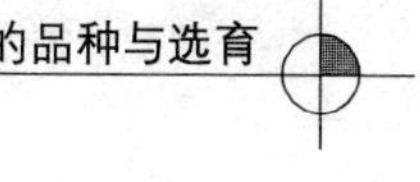

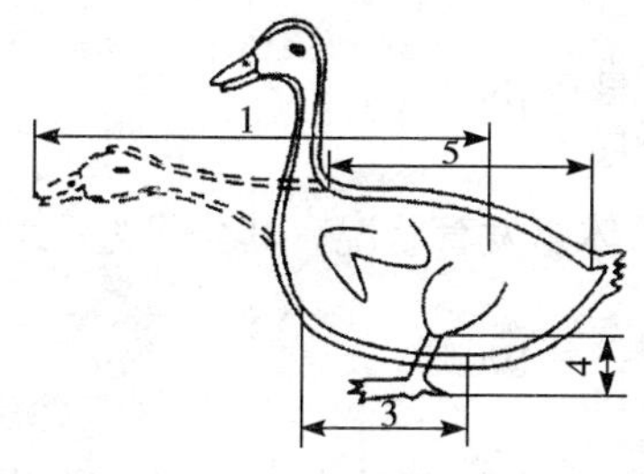

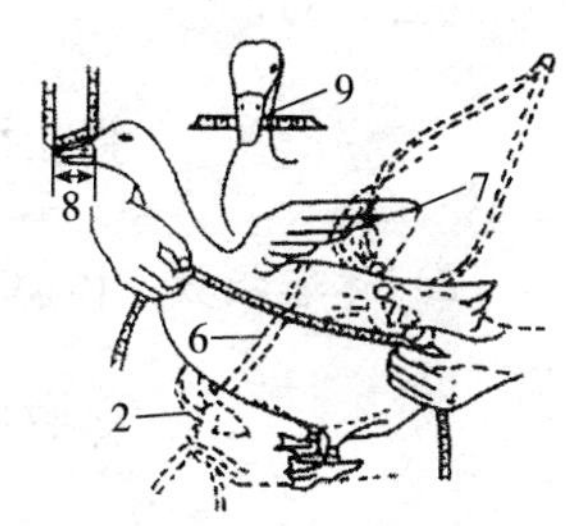

图 2-1 鸭的体尺测量（厘米）

1. 半潜水长 2. 胸深 3. 龙骨长 4. 蹠长 5. 体斜长
6. 胸围 7. 骨盆宽 8. 喙长 9. 喙宽

离。体斜长反映鸭体躯在长度方面的发育情况。

（2）胸宽 用卡尺在体表测量两肩关节之间的距离。胸宽反映鸭的体腔和胸肌的发育情况。

（3）胸深 用卡尺在体表测量第一胸椎到龙骨前缘的距离。胸深反映胸腔、胸肌、胸骨的发育情况。

（4）胸围 用皮尺在体表测量第一胸椎后胸围的长度。反映胸腔、胸肌、胸骨的发育情况。

（5）龙骨长 又叫胸骨长，用皮尺测量体表的龙骨突前端至龙骨末端的距离。反映鸭体躯的长度发育情况。

（6）骨盆宽 又叫背宽，用卡尺测量两髋骨结节间的距离。反映骨盆宽度和后躯发育情况。

（7）半潜水长 用皮尺测量鸭颈向前拉直时，由喙前端至髋结节的距离。这个长度与喙长、颈长、体躯长度有关。反映了鸭半潜水时，没入水中部分的最大垂直深度。

（8）蹠长 原习惯上称为胫长，是指跖骨的长度。用卡尺测量跖骨上关节到第三趾与第四趾间的垂直距离。

3. 鸭的体形指数

（1）强壮指数 强壮指数表示体型的紧凑性和肌肉的发育程

度，其公式为：

$$强壮指数=\frac{体重}{体长}\times 100\%$$

（2）体躯指数　体躯指数表示体躯发育状况，其公式为：

$$体躯指数=\frac{胸宽}{体长}\times 100\%$$

（3）第一胸指数　第一胸指数表示胸部的发育状况，其公式为：

$$第一胸指数=\frac{胸宽}{胸深}\times 100\%$$

（4）第二胸指数　第二胸指数表示胸肌的发育状况，其公式为：

$$第二胸指数=\frac{胸宽}{胸骨长}\times 100\%$$

（5）髋宽指数　髋宽指数表示背部的发育状况，其公式为：

$$胸髋指数=\frac{胸宽}{髋宽}\times 100\%$$

（6）高脚指数　高脚指数表示脚的相对发育状况，其公式为：

$$高脚指数=\frac{胫长}{体长}\times 100\%$$

二、鸭的孵化性能测定

1. 种蛋合格率　种蛋合格率指种母鸭在产蛋期内所产符合本品种要求的种蛋数占产蛋总数的百分比。

$$种蛋合格率=\frac{合格种蛋数}{产蛋总数}\times 100\%$$

2. 种蛋受精率　种蛋受精率指受精蛋占入孵蛋的百分比。血圈蛋、血线蛋按受精蛋计算，散黄蛋按无精蛋计算。

$$种蛋受精率=\frac{受精蛋数}{入孵蛋数}\times 100\%$$

3. 孵化率（出雏率）　受精蛋孵化率指出雏数占受精蛋数的百分比。

$$受精蛋孵化率=\frac{出雏数}{受精蛋数}\times 100\%$$

入孵蛋孵化率指出雏数占入孵蛋数的百分比。

$$入孵蛋孵化率=\frac{出雏数}{入孵蛋数}\times 100\%$$

4. 种母鸭提供健雏数　种母鸭提供健雏数指每只种母鸭在产蛋期内提供的健康雏鸭数。

5. 健雏率　健雏率指健康雏鸭数占出雏数的百分比。

$$健雏率=\frac{健康雏鸭数}{出雏数}\times 100\%$$

三、鸭的育雏、育成期指标

1. 育雏期　蛋用鸭0～4周龄，肉用鸭0～3周龄。

2. 育成期　蛋用鸭5～16周龄，肉用鸭4～22周龄。

3. 成活率

（1）*雏鸭成活率*　雏鸭成活率指育雏期末成活的雏鸭数占入舍雏鸭数的百分比。

$$雏鸭成活率=\frac{育雏期末成活的雏鸭数}{入舍雏鸭数}\times 100\%$$

（2）*育成鸭成活率*　育成鸭成活率指育成期末成活的育成鸭数占育成期入舍雏鸭数的百分比。

$$育成鸭成活率=\frac{育成期末成活的育成鸭数}{育成期入舍雏鸭数}\times100\%$$

四、鸭的产蛋性能测定

1. 开产日龄 个体记录以产第1个蛋的日龄计算。群体记录按日产蛋50%的日龄计算。

2. 产蛋量

（1）按入舍母鸭数计算

$$入舍母鸭产蛋量（枚）=\frac{统计期内的总产蛋量}{入舍母鸭数}$$

（2）按母鸭饲养日数计算

$$母鸭日产蛋量（枚）=\frac{统计期内的总产蛋量}{平均日饲养母鸭只数}$$

（3）产蛋率 产蛋率指母鸭在统计期内的产蛋百分比。

①按饲养日计算

$$饲养日产蛋率=\frac{统计期内的总产蛋量}{实际饲养日母鸭只数的累加数}\times100\%$$

②按入舍母鸭数计算

$$入舍母鸭产蛋率=\frac{统计期内的总产蛋量}{入舍母鸭数\times统计日数}\times100\%$$

3. 蛋重

（1）平均蛋重 从300日龄开始计算，以克为单位。个体记录需连续称取3天总产量，求平均值。大型养鸭场按日产量的5%称测蛋重，求平均值。

（2）总蛋重 总蛋重指每只种母鸭在一个产蛋期内所产鸭蛋总重量。

总蛋重（千克）=平均蛋重（千克）×平均产蛋量（枚）

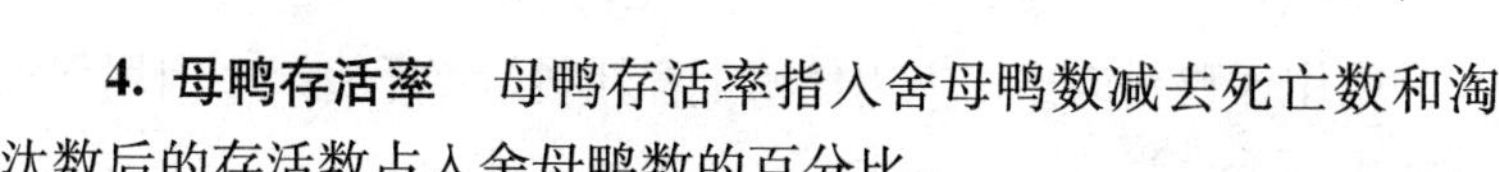

4. 母鸭存活率　母鸭存活率指入舍母鸭数减去死亡数和淘汰数后的存活数占入舍母鸭数的百分比。

$$母鸭存活率=\frac{入舍母鸭数-（死亡数+淘汰数）}{入舍母鸭数}\times100\%$$

五、鸭的肉用性能测定

1. 活重（克）　活重指在屠宰前禁食12小时活鸭的重量。

2. 屠体重　屠体重指放血去羽毛后鸭体的重量（用湿拔法去羽毛后须沥干）。

3. 半净膛重　半净膛重指屠体去气管、食道、嗉囊、肠、胰和生殖器官，保留心、肝（去胆）、肺、肾、腺胃、肌胃（除去内容物及角质膜）和腹油（包括腹部板油及肌胃周围的脂肪）的重量。

4. 全净膛重　全净膛重指半净膛去心、肝、肺、肾、腺胃、肌胃、腹脂，保留头、脚的重量。

5. 常用的几项屠宰率的计算方法

$$屠宰率=\frac{屠体重}{活重}\times100\%$$

$$半净膛率=\frac{半净膛重}{活重}\times100\%$$

$$全净膛率=\frac{全净膛重}{活重}\times100\%$$

$$胸肌率=\frac{胸肌重}{全净膛重}\times100\%$$

$$腿肌率=\frac{大小腿肌重}{全净膛重}\times100\%$$

六、饲料转化比

产蛋期料蛋比=产蛋期耗料量（千克）∶总蛋重

肉用仔鸭料肉比＝肉用仔鸭全程耗料量（千克）∶肉用仔鸭总活重（千克）

第三节　鸭的选育

为提高鸭的高产稳产、优质高效的生产性能，保持鸭的适应性、耐粗饲、抗病力等优良性状，必须建立和健全鸭的良种繁育体系，采取科学的选育措施，不断扩大良种鸭的覆盖面，才能获得更好的经济效益和社会效益。

一、鸭的选种方法

1. 根据体形外貌和生理特征选择　体形外貌和生理特征在一定程度上可反映出种鸭的生长发育和健康状况，可作为判断生产性能的参考。这种选择方法在农户小规模养鸭场是比较适用的，因为小规模养鸭场很难做鸭的后裔性能测定，通常只是记录某个时期的生产性能。因此，主要依靠体形外貌与生理特征来选留种鸭。

（1）蛋用型种鸭选择　一般在早春或秋季进行选择。早春选择可以合理组织春季的繁殖配种鸭群，秋季选择可以对完成一个产蛋年度的种鸭进行鉴定，留优去劣，更新鸭群。对蛋用型母鸭的要求：头部清秀，颈细长，眼大而明亮，胸部饱满，腹深，臀部丰满，肛门大而圆润；脚稍高，两脚间距较宽，蹼大而厚，羽毛紧密，两翼贴身，皮肤有弹性，两耻骨间距宽，耻骨与胸骨末端的间距宽阔。行动灵活敏捷，觅食力强，肥瘦适中，颈、蹼和喙的色泽鲜明。而蛋用公鸭要求体形较大，喙紧齐平，眼大有神，头颈比母鸭稍粗大，胸深而挺突，体躯向前抬起，脚粗稍长而有力，蹼厚大，举止雄壮稳健；对于有色品种的绿头公鸭，其头和颈上部的羽毛还应有鲜明的翠绿色光泽；雄性羽发达，阴茎发育良好。

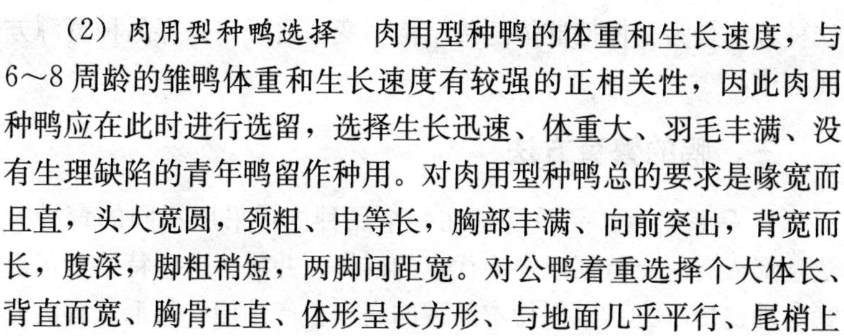

（2）*肉用型种鸭选择* 肉用型种鸭的体重和生长速度，与6～8周龄的雏鸭体重和生长速度有较强的正相关性，因此肉用种鸭应在此时进行选留，选择生长迅速、体重大、羽毛丰满、没有生理缺陷的青年鸭留作种用。对肉用型种鸭总的要求是喙宽而且直，头大宽圆，颈粗、中等长，胸部丰满、向前突出，背宽而长，腹深，脚粗稍短，两脚间距宽。对公鸭着重选择个大体长、背直而宽、胸骨正直、体形呈长方形、与地面几乎平行、尾梢上翘、双腿位于体躯中央、雄壮稳健的留为种用。

2. 根据记录资料选择 体形外貌与生产性能有密切关系，单从体质外形选种，虽然有效，但还难以准确地评定种鸭潜在的生产性能和种用价值。因种鸭的本身成绩是生产性能在一定饲养管理条件下的现实表现，可作为选择的重要依据。还可根据其祖先的成绩进行系谱选择。根据现代遗传学的研究，个体本身成绩的选择只有对遗传力高的性状，如体重、蛋重、生长速度等有效；而遗传力低的性状，如繁殖方面的性状则需要采用家系选择的方法，才能有效。

二、鸭的选配方法

优秀种鸭选出后，通过公母鸭的合理选配，能够使优良的性状遗传给下一代。可以说选配是选种的继续，选种选配的有机结合，是鸭的良种繁育过程中的重要方法。选配通常有3种方法。

1. 同质选配（相似选配） 将生产性能相似或特点相同的个体进行交配。这种方法可以使后代同胞之间增加相似性，也使后代更相似于亲代，用于稳定和巩固其优良特性。

2. 异质选配（不相似选配） 将生产性能不同或特点各异的个体组成一群，进行交配。这种方法可增加后代的杂合性，降低亲代和后代的相似性，用于改进某些性状。

3. 随机交配 不加人为意识的控制，随机组群，自由交配。

这种方法是为了保持群体遗传结构不变，适于在保存品种资源方面应用。

三、鸭的繁育方法

1. 品系繁育 品系是指在一个品种内，采用不同的育种方法，形成有一定特征或突出优点的群体，并能将这些特性和优点稳定地遗传下去，以保持本品种的高产生产性能。品系繁育的方法很多，常用的有以下几种：

（1）*近交建系法* 近交是指血缘相近的个体之间的交配关系，如连续全同胞交配，连续半同胞交配，亲子（父女或母子）交配，祖孙之间进行交配等。经过若干世代，使近交系数达到0.375以上，即可称之为近交系。

（2）*系祖建系法* 选出一个选育目标的优秀个体作为系祖，围绕这个系祖进行近交，大量繁殖并选留它的后代，扩大理想型的个体数量，并巩固其遗传性，从而使系祖个体所特有的优良品质，变为群体共有的优良品质。进行系祖建系时，要注意选好系祖，进行有计划地选配，加强对后裔的选择和培育。

（3）*闭锁群建系法* 闭锁群建系法又称继代选育法。在建系之初，选择优良个体组成基础群，然后把这个基础群封闭起来，在若干世代内不再引入种鸭。在基础群内，根据生产性能和外貌特征进行选种选配，使鸭群的优良性状集中起来，并转而成为群体共有的性状。一般都采用随机交配，以避免生活力衰退。闭锁建系法比较简单易行，但要注意以下几点：一是基础群应有一定的数量；二是基础群应有广泛的遗传基础；三是要严格封闭；四是选种目标要保持一致。

（4）*合成系的选育利用* 合成系是由2个或2个以上的系（或品种）杂交，选出具有某些特点并能遗传给后代的一个群体。

2. 鸭的杂交利用 采用不同方法建立起来的品系，目的在于开展品系间的配套杂交，充分利用杂交优势，生产高产优质的

商品后代。近年来的杂交配套模式主要有二系、三系和四系 3 种配套模式。

（1）**二系配套**　这是选用不同品种或同一品种的 2 个优秀品系的公母鸭，进行一次杂交所组成的配套系。其模式如下：

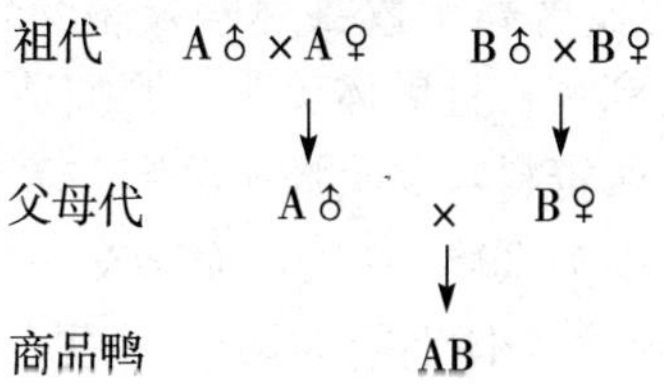

（2）**三系配套**　这是先利用 A 品系公鸭与 B 品系母鸭杂交，再用杂交一代（AB）母鸭与第三品系 C 的公鸭杂交所组成的配套系。其模式如下：

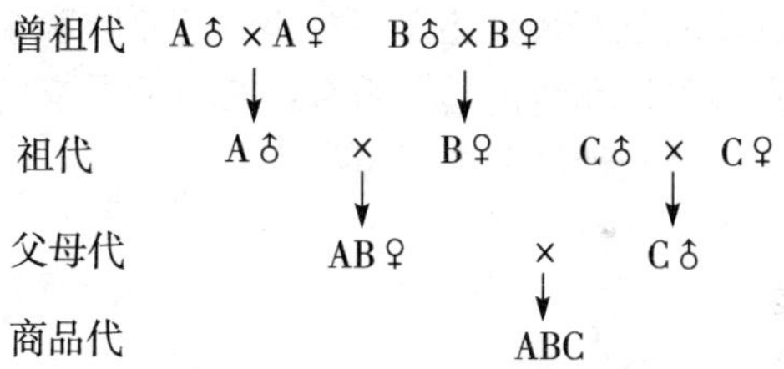

（3）**四系配套**　这是由 4 个品系两两分别杂交，然后 2 个杂种间再进行杂交所组成的配套系，这种配套系通常称为双杂交。其模式如下：

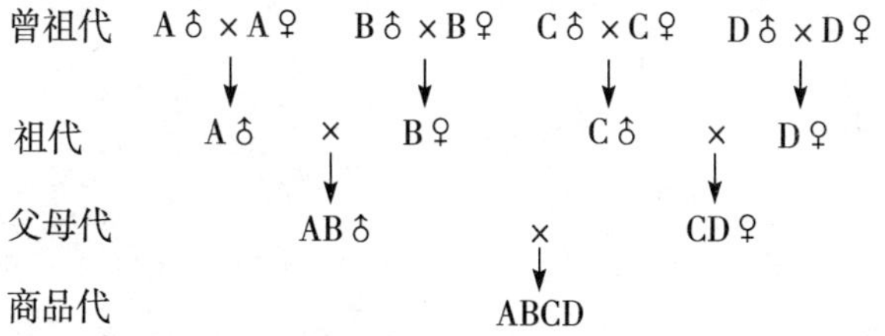

另外，还有许多地方品种间的杂交利用。我国具有较丰富的

鸭品种资源，许多地方品种长期进行闭锁繁殖，遗传基础较纯，各地方品种间的生产性能存在较大的差异，所以它们之间一旦杂交，有可能会产生明显的杂交优势。

据报道，攸县麻鸭与高邮鸭杂交，子一代的初生重、30日龄重、50日龄重均显著高于攸县麻鸭，杂交代公、母鸭的全净膛率也都高于攸县麻鸭，且屠体美观、肥瘦适中、肉味鲜美。又据江苏省家禽研究所资料，黑头瘤头公鸭与高邮鸭母鸭杂交效果良好。杂交蛋孵化期为29～30天，而杂交一代自孵种蛋孵化期为28天。杂交鸭80％个体羽毛为黑色，20％为灰色，体形似高邮鸭。60日龄公母杂交鸭平均体重为2.0～2.3千克，110日龄公母鸭平均体重为2.53千克，有较好的屠宰率，并具有较好的产肥肝性能。杂交鸭120日龄开产，350日龄时产蛋120枚。利用北京鸭、高邮鸭和樱桃谷鸭进行的三品种杂交，也取得很好的效果。比较成功的三元杂交还有“番鸭、北京鸭和金定鸭”组合和“番鸭、樱桃谷鸭和金定鸭”组合，其三元杂交的后代，长势比半番鸭更快，育肥性能和肉质更好。

第三章

鸭的营养与饲料

养鸭的目的就是利用鸭机体，将饲料转化为我们所需要的肉类、蛋类和羽绒等产品。饲料是养鸭的重要物质基础，要维持鸭生长、运动、繁殖等各种生命活动，就要从饲料中获得营养物质。在鸭的养殖过程中，给予它们足够、合理的营养，满足其对各种营养物质的需要，就能充分发挥出遗传优势，获得较快的生长速度和较高的饲料转化率。因此，为了取得优质高产的饲养效果，必须首先了解鸭的营养需要和常用饲料的特性等方面的知识，掌握饲料配合技术和加工调制等基本技能。

第一节　鸭的营养需要

鸭在生活和生产过程中，需从饲料中摄取许多养分。不同品种、不同生长发育阶段的鸭，所需养分的种类、数量、比例也不同。只有在所需养分品种齐全、数量相当、比例合适的时候，鸭的生理状态和生产性能才能达到最好，饲料报酬最高，经济效益最佳。否则，生产性能就会降低，产品质量就会下降，就会发生各种疾病甚至死亡，使经济效益受到不同程度的影响。

由于鸭在不同时期，如生长期、发育期和繁殖期的营养需要不同，因此每一阶段需制订不同的营养规格。肉鸭的营养需要，一般分为雏鸭期（0～2 周龄）、育成期（2～4 周龄）和育肥期（4～7 周龄）阶段的营养需要；种鸭的营养需要，分为育雏期（0～6 周龄）、育成期（7～20 周龄）和产蛋期（20 周龄以后）

阶段的营养需要。

鸭需要的营养素分为必需营养素和非必需营养素。必需营养素是指鸭不能合成的营养素，非必需营养素是指鸭能从其他化合物中合成的营养素。日粮中不仅要提供必需营养素，而且也要提供非必需营养素。鸭需要的营养物质目前已知有50多种，归纳起来可以分为能量、蛋白质、矿物质、维生素、水分、脂肪和碳水化合物等几类，它们在鸭机体内发挥着各不相同的作用。

一、能量

1. 能量的作用和在鸭体中的转化 鸭的一切生理活动过程都需要消耗能量。为了保持生命活动，鸭的心脏不停地跳动，血液在全身周而复始地循环，供应全身组织器官需要的养分并带走代谢废物；鸭的胸、肺不停地弛张，将体内代谢必需的氧气吸入，将代谢产生的二氧化碳排出；鸭体内不断地产生热量，用来保持机体正常的体温（41～42℃），保证体内各种代谢活动能够顺利地进行；鸭还要维持正常的运动、采食、消化、吸收、排泄和繁殖等活动。以上各种生命活动都需要消耗一定的能量，据测定，2.5千克重的鸭子，在不食不动的状态下，而且处在适宜的环境中，每天至少要消耗600千焦以上的能量，相当于将大约1.5升0℃的水加热到100℃所净耗的热量。如果加上活动和采食等方面的消耗，则还要增加30%～50%的能量。每千克鸭肉约含能量8 400千焦，每个鸭蛋约含能量550千焦，这些能量都要从鸭采食的饲料中来获得。所以，日粮中的能量水平对鸭的生长、健康、生产性能都有很大影响。当日粮中能量水平过低，不能满足鸭需要时（维持生命活动的能量，进行生产活动的能量），需动用体内储备的体脂和体蛋白提供能量，就会导致鸭体健康水平下降，生产力降低，生长缓慢，产蛋减少，甚至消瘦停产，还容易导致各种疾病的发生。相反，能量水平如果过高，也不利于鸭的生产力的发挥，特别是种鸭，会因体内脂肪过度沉积而影响产蛋，使产蛋率下降。因此，应根据鸭的生理状态、生产水平，供应合理的能量水平，以提高饲料能量的利用效率。一般来说，饲料中的总能大约需要5倍于鸭产品中的能量才能满足鸭的需要。

饲料中的碳水化合物、脂肪和蛋白质都含有能量，但饲料中的能量并不能全部被鸭利用。一部分不能被吸收的能量，从粪中排出。即使是吸收的能量，也有相当一部分在代谢过程中未被完全利用而从尿中排出。余下的是鸭实际利用的能量，称为代谢能。代谢能中有一部分在代谢过程中变为热，从体表散失。最后剩余的才是用以长肉、产蛋的能量，称为生产净能。代谢能约占饲料总能的72.5%。而生产净能只占总能的20%左右。饲料中能量在鸭体内的分配大致比例如图3-1所示。饲料利用率在一定程度上取决于日粮中代谢能的水平。一般情况下，肉鸭饲料代谢能要求比较高，一般为12.552～13.389兆焦/千克。代谢能超过13.389兆焦/千克会提高饲料成本，而且对饲料的保存不利，饲料容易变质。

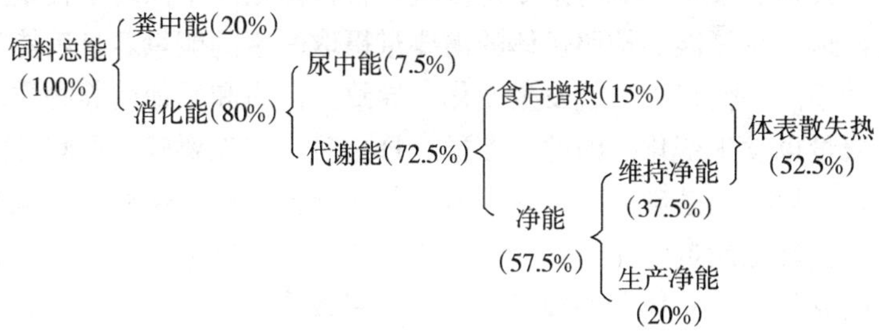

图3-1 饲料中能量在鸭体内的分配比例

2. 鸭的日粮能量需要 鸭对能量的需要可分为维持和生产两部分。维持的能量需要包括基础代谢和非生产活动的能量需要。鸭采食的饲料能量，大部分消耗在维持需要上。如果能降低维持需要，就能有更多的能量用于生产活动。生长期的鸭对能量的需要，会因其增加的体重中的脂肪和蛋白质的比例不同而有很大差异，一般沉积的脂肪比例越大，需要的能量越多。

3. 鸭的日粮能量来源 鸭需要的能量主要来源于碳水化合物、脂肪和蛋白质三大营养物质，而主要的能源是从饲料中的淀粉、纤维素多糖体的分解产物——葡萄糖中取得。淀粉作为鸭的能量来源，价格最便宜，而鸭体代谢旺盛，需要能量较多，故应该饲喂含淀粉较多的饲料。脂肪中所含的能量为碳水化合物的2.25倍，但不作为饲料中能量的主要来源。国外在肉用仔鸭或产蛋鸭日粮中添加1%～5%脂肪，用来提高日粮的能量水平，特别是提高饲料效率，这对于肉鸭生长和成鸭产蛋都有较好效果。蛋白质也可用于产生能量，但由于蛋白质价格高，从饲料的成本及经济效益考虑，在配合饲料时不应当把蛋白质作为主要供给能量的营养物质。

4. 日粮中能量与其他营养成分的关系 当日粮能量浓度在一定范围内，鸭在自由采食时有调节采食量以满足能量需要的本能，日粮能量水平低时采食量多些，日粮能量水平高时采食量少些，最终总是能够按照机体的需要量摄取一定的能量。日粮能量水平不同，鸭采食量就发生变化，导致蛋白质和其他营养物质的摄取量也发生变化。因此，在配合日粮时，首先要确定适宜的能量，然后在此基础上确定蛋白质及其他营养物质的需要，也就是说，要确定能量含量与其他营养物质的合理比例（如每兆焦含粗蛋白克数，每兆焦含各种必需氨基酸克数等）。

二、蛋白质和氨基酸

1. 蛋白质的作用 蛋白质是生命的重要物质基础，它和核酸是构成一切细胞的重要成分，是一种结构复杂、种类繁多，构成生物细胞、组织的基本材料。一切酶和激素都是蛋白质的衍生

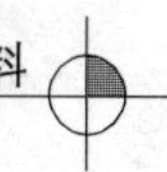

物。蛋白质是构成肉和蛋的主要原料，蛋白质的作用是不能由其他物质所替代的。鸭体的一切组织和体液都需要不断利用蛋白质来形成、修补、增长和更新。可见，蛋白质是构成鸭的各种组织、维持正常生长发育、新陈代谢、繁殖传代、生产各种产品和保持健康等不可缺少的重要营养物质。鸭的羽毛、肌肉和内脏以及鸭蛋中都含有丰富的蛋白质。因此，生长期的小鸭和产蛋鸭都需要从饲料中获取大量的蛋白质。当饲料中蛋白质缺乏时，雏鸭生长缓慢，食欲减退，羽毛生长不良，性成熟推迟；成鸭产蛋减少，蛋重小，孵化率低，严重时体重降低，产蛋停止，甚至死亡。但蛋白质过多，也会引起消化障碍，而出现排白屎等症状。另外，鸭体内各种消化、代谢酶，许多激素和抵御疾病的抗体等，也是由蛋白质或其代谢产物构成的。因此，蛋白质缺乏时不但使鸭的生长速度和产蛋量降低，而且体内的消化代谢活动、繁殖和抗病能力也都要受到影响。同能量一样，饲料中的蛋白质要经过消化代谢后才能成为鸭的产品，形成 1 千克仔鸭肉和鸭蛋中的蛋白质，大约需要品质良好的饲料蛋白质 2 千克和 4 千克。

2. 氨基酸的作用 鸭体内的各种蛋白质是由 20 种左右的氨基酸按不同比例组成的。在众多的氨基酸中，有一部分氨基酸在鸭体内能互相转化，不一定要由饲料直接供应，称为非必需氨基酸。而另一部分氨基酸机体不能合成或虽能合成但数量很少，不能满足需要，必须从饲料中摄取，称为必需氨基酸。鸭的必需氨基酸约有 10 种，即赖氨酸、蛋氨酸、色氨酸、苏氨酸、异亮氨酸、亮氨酸、苯丙氨酸、缬氨酸、精氨酸和组氨酸。饲料中蛋白质不仅要在数量上满足鸭的需要，而且各种必需氨基酸的比例也应与鸭的需要相符，否则利用效率就低。

如果饲料中某种必需氨基酸的比例特别低，与鸭的需要相差很大，它就会限制其他氨基酸的利用，这种氨基酸称限制性氨基酸。鸭的常用饲料中最容易成为限制性氨基酸的是赖氨酸和蛋氨酸，蛋氨酸在体内能转化为胱氨酸，饲料中如果含胱氨酸不足，便要有较多的蛋氨酸才能满足鸭的需要。因此常用蛋氨酸和蛋氨酸与胱氨酸的总量来表示鸭对这类氨基酸的需要量。

不同饲料中各种氨基酸的利用率是不相同的，氨基酸中能被消化吸收的部分称可消化氨基酸。豆粕和棉子粕中蛋氨酸和胱氨酸的含量分别为1.3%和1.27%，相差很少，但可消化的蛋氨酸和胱氨酸却分别为1.17%和0.93%，豆粕比棉子粕多了25.81%。

3. 影响饲料蛋白质营养价值的因素 饲料蛋白质中氨基酸的比例和利用率是影响蛋白质利用率的主要因素，也是饲料蛋白质品质高低的决定因素。饲料蛋白质的营养价值取决于所含蛋白质的数量和品质，蛋白质的品质取决于其氨基酸的种类、数量及比例。有些饲料比如优质鱼粉、肉粉等，其蛋白质的含量高，且各种必需氨基酸的比例恰当，其蛋白质的营养价值就高。而有些饲料如玉米蛋白粉等，蛋白质含量虽然很高，但缺乏必需氨基酸，而且氨基酸比例又不平衡，鸭对这些饲料中所含蛋白质的利用率相对较低。此外，不同饲料中所含的必需氨基酸有很大的差异，有的饲料中含A种氨基酸多B种氨基酸少，而另一种饲料中含B种氨基酸多A种氨基酸少，如果在配合饲料时，将这两种饲料混合，可以获得取长补短、提高营养价值的效果，这种作用叫做氨基酸的互补作用。例如玉米中赖氨酸和精氨酸含量较低，单独饲喂时蛋白质利用率为54%，而肉骨粉中赖氨酸和精氨酸含量较高，单独饲喂时蛋白质的利用率为42%。但是如果将两份玉米和一份肉骨粉混合在日粮中进行饲喂，其利用率会达到61%，同时还可以改善饲料的适口性。所以，在配合鸭饲料时，应注意饲料多样化搭配，以充分发挥蛋白质的互补作用，从而提高饲料的营养价值。

三、矿物质

矿物质是饲料或鸭体组织中的无机部分，在鸭生长发育、产蛋和繁殖及生命活动中起着重要的作用。鸭所需的矿物质有10多种，它们不能在体内合成，必须由饲料供给。按需要量通常分为两类，需要量大的称为常量元素，通常以占日粮的百分比来计算；需要量小的称为微量元素，常以毫克/千克饲料计。常量元素包括钙、镁、钾、钠、磷、氯和硫等。微量元素主要包括铁、铜、钴、锰、锌、碘、硒等。矿物质在鸭体内的主要功能有：为骨骼的形成所必需，是骨骼、蛋壳、血红蛋白、甲状腺素等的重要组成成分；以各种化合物的组成形式参与特殊的功能，酶的辅助因子，调节渗透压，保持酸碱平衡等。当某种必需矿物元素缺少或不足时，会导致鸭体内物质代谢严重障碍，并降低生产力，甚至导致死亡。但饲料中某种矿物元素含量过多也是有害的，会妨碍其他元素的吸收利用，引起机体代谢紊乱，例如过多的钙会影响磷、锌等元素的吸收利用，并引起这些元素的缺乏。有的矿物元素如硒有剧毒，每千克饲料中含量超过4毫克就会使鸭精神不振、呼吸困难、跛行甚至昏迷死亡。

各种矿物元素在鸭体内的主要功能、来源和缺乏时出现的主要症状见表3-1。

表3-1　各种矿物质的主要功能、来源和缺乏症状

矿物质	主要功能	缺乏症状	主要来源	备　注
钙	形成骨骼和蛋壳，促进血液凝固；维持肌肉、神经正常机能和细胞的渗透压	食欲减退，患佝偻病或骨质疏松症，强直痉挛，步态异常；产薄壳蛋，产蛋量和孵化率下降	贝壳粉、石粉、碳酸钙、蛋壳粉、豆科牧草	适宜的钙磷比例：幼鸭为1.2∶1；蛋鸭4～5∶1。钙过多影响锌、锰、磷等的利用

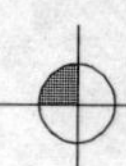

（续）

矿物质	主要功能	缺乏症状	主要来源	备　注
磷	构成骨骼，参与碳水化合物和脂肪的代谢；维持体液的酸碱平衡	食欲减退，佝偻病；消瘦，瘫痪	磷酸氢钙、磷酸钙、骨粉、脱氟磷酸盐	植物性饲料中的植酸磷大部分不能被利用，需另外补充
钠、氯和钾	增进食欲，促进生长；帮助消化；维持体液的酸碱平衡	食欲减退，生长不良；有啄癖或神经症状，产蛋率下降		过多时粪便稀,中毒,死亡
镁	骨骼成分，多种酶的活化剂，影响组织兴奋性，还参与糖和蛋白质的代谢	发生痉挛和抽搐，甚至死亡	青饲料、糠麸和油饼粕类饲料中含量较多。硫酸镁、氧化镁、碳酸镁	—
铁	为血红蛋白的成分，使血液能正常输送氧气	贫血，生长受阻	硫酸亚铁	—
铜	参与多种代谢活动；为合成血红蛋白和防止营养性贫血所必需	贫血，消化不良；羽毛褪色	硫酸铜	—
锌	参与多种代谢活动；为蛋白质合成和正常代谢所必需；胰岛素的成分；与维持正常的食欲和精子生成有关	食欲减退；生长缓慢；羽毛生长不良；出现骨骼病症，种蛋孵化率低	氧化锌、碳酸锌	常用饲料中锌的含量常常超过实际需要量，不必补充
锰	参与多种代谢活动，为骨骼与腱的正常发育所必需，并与繁殖性能有关	骨骼变形；滑腱症；产蛋量、蛋壳质量和孵化率下降	氧化锰、硫酸锰、青饲料、糠麸类中含有丰富的锰	采食植物性饲料为主的饲料，通常不用补饲锰盐

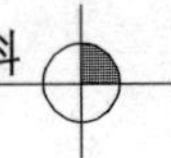

（续）

矿物质	主要功能	缺乏症状	主要来源	备　注
碘	甲状腺素的成分，对体内的代谢、产热有调节作用	甲状腺肿，种蛋孵化率低，孵出小鸭死亡率高	鱼粉、海产饲料、碘化钾	—
硒	抗氧化作用，是谷胱甘肽的组成成分，刺激生长	肌肉营养不良；渗出性素质（胸腹积水）；生长停滞，孵化率下降，雏鸭全身软弱无力，肌肉萎缩，卧地不起	亚硒酸钠	剧毒，每千克饲料中含量超过4毫克就有不良反应

四、维生素

维生素是鸭体内正常物质代谢必不可少的物质，鸭体内含量很少，但却是鸭维持生命、生长、产蛋的重要“催化剂”，它不仅参与调节体内代谢，而且通常是组成某些酶的成分。与其他营养物质相比，鸭对维生素的需要量极微，但它们在机体代谢中起着重要的作用。当饲料中维生素缺乏时，易引起物质代谢紊乱，鸭生长缓慢、消瘦、产蛋少甚至发生各种疾病。尤其是种鸭，对维生素的营养要求较为严格，维生素不足时，种蛋受精率和孵化率就会降低。鸭所需的维生素有十几种，一部分维生素能溶于水，称为水溶性维生素。水溶性维生素主要包括各种B族维生素和维生素C，B族维生素包括维生素B_1、维生素B_2、维生素B_6、烟酸、叶酸、泛酸、生物素、胆碱、维生素B_{12}；另一部分维生素不溶于水而溶于油脂，称为脂溶性维生素，主要包括维生素A、维生素D、维生素E和维生素K。脂溶性维生素大部分可在体内积贮，一般要经过一段时间日粮中缺乏时，即当体内积贮消耗到一定程度时才会出现各种症状。水溶性维生素大部分在体内很少积贮，日粮中缺乏时很快就会出现症状。很多维生素，特别是脂溶性维生素，在加工和贮存运输过程中，经过加热、接触空气、阳光、水分等，会逐渐氧化失效。而且绝大多数维生素在体内不能自行合成，需要从饲料中获得。

各种维生素的主要功能、来源和缺乏时出现的主要症状见表3-2。

表3-2　维生素的主要功能、来源和缺乏症状

维生素	主要功能	缺乏症状	主要来源	备　注
维生素A	维持皮肤和眼部、呼吸系统、消化系统、生殖系统、神经系统等各处黏膜上皮的健康和正常功能	食欲不振，生长不良；夜盲，干眼病；行动失调，黏膜脱落，眼、鼻排泄物多，产蛋、孵化率降低；抗病力差	青绿多汁饲料、黄玉米、鱼肝油、蛋黄、鱼粉	植物性饲料中不含维生素A，但含有可在鸭体内转化成维生素A的胡萝卜素
维生素D_3	促进钙、磷的吸收利用，为骨骼生长发育所必需	瘦弱，羽毛和骨骼生长不良；佝偻病；蛋壳质量差，产蛋量和孵化率低	鱼肝油、酵母、蛋黄、维生素D_3制剂	放养的鸭在日光下能自行合成一部分维生素D_3。维生素D_2的效果只及维生素D_3的1/30
维生素E	维持正常的生殖功能和肌肉代谢，保持细胞膜的完整性	肌肉营养不良，软弱无力，渗出性素质（胸腹部积水）；繁殖力差	青饲料、谷物胚芽、苜蓿粉、维生素E制剂	与硒有协同作用，需要量与饲料含硒量有关
维生素K	为血液正常凝固所必需	出血症；贫血，羽毛蓬乱，无光泽，甚至死亡	青绿多汁饲料、鱼粉、肉粉、维生素K制剂	—
维生素B_1（硫胺素）	参与能量、碳水化合物代谢，维持神经组织及心肌正常，维持正常食欲和生长	食欲下降，下痢，羽毛蓬乱；多发性神经炎，瘫痪	干草、谷物饲料、糠麸类、硫胺素制剂	放养、吃鲜鱼较多的鸭有时容易缺乏

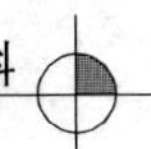

（续）

维生素	主要功能	缺乏症状	主要来源	备 注
维生素 B_2（核黄素）	参与体内氧化还原、调节细胞呼吸、维持胚胎正常发育及雏鸭的生活力	生长缓慢；下痢；瘫痪；孵化时死胚增多，种蛋孵化率低	青饲料、干草粉、酵母、鱼粉、糠麸、小麦、核黄素制剂	饲料中比较容易缺乏
维生素 B_3（泛酸）	促进碳水化合物、蛋白质的消化吸收，参与脂肪的合成	生长不良，羽毛粗糙，喙、眼和肛门周围皮肤发炎，变质；种蛋孵化率低，孵出的雏鸭死亡率高	酵母、糠麸、小麦	—
维生素 B_5（烟酸）	参与碳水化合物、脂肪和蛋白质代谢，某些酶类的重要成分	生长不良，关节肿大；口舌发炎；产蛋率和孵化率下降	麦麸、青饲料、酵母、鱼粉、豆类、烟酸制剂	谷实类、糠麸中的烟酸大多不能被利用，所以较易缺乏
维生素 B_6（吡哆醇）	参与蛋白质的代谢和红细胞的形成	生长不良，行动失调，痉挛，食欲不振，增重慢，产蛋率和孵化率下降	禾谷类子实及加工副产品	—
维生素 B_{11}（叶酸）	参与蛋白质的代谢	贫血，生长慢，羽毛生长不良，产蛋量和孵化率降低	鱼粉、青饲料、酵母、豆饼	—
维生素 B_{12}	参与多种代谢活动，是维持正常生长、繁殖所必需的	生长缓慢，贫血，种蛋孵化率低	鱼粉、肉骨粉、维生素 B_{12}制剂	日粮蛋白质含量高时需要量增多
生物素	参与脂肪和蛋白质等多种代谢活动	脚、喙周围皮肤破裂发炎，羽毛脱落，运动失调，种蛋孵化率低	青绿多汁饲料、谷物、豆饼	—

（续）

维生素	主要功能	缺乏症状	主要来源	备注
胆碱	参与脂肪代谢和细胞膜的形成，促进生长发育	生长慢，容易形成脂肪肝，滑腱症，产蛋量下降，死亡率增加	小麦胚芽、鱼粉、豆饼、糠麸、氧化胆碱	鸭体内能合成一部分
维生素C（抗坏血酸）	参与多种代谢活动，能提高抗毒、抗病、抗高温能力	生长受阻	青绿多汁饲料	鸭体内能合成，除在逆境条件下外，一般不易缺乏

五、水

水是动物机体组成和体内代谢的重要组成成分，水对保护细胞的正常形态、维持渗透压和体内酸碱平衡起重要作用。水是机体的一种重要溶剂并参与体内代谢；水是各种消化酶的组成成分；体温的调节等都靠水来完成。水还有维持机体正常状态、润滑组织器官等重要作用。水是鸭生理活动的物质基础，鸭体内养料的吸收、运输及代谢产物的排出都离不开水，雏鸭体内含水分约70%，成鸭体内含水分50%左右，鸭蛋内含水约70%。

鸭是水禽，在饲养中应供应充足的水分。如缺水和长期饮水不足，会影响饲料的消化吸收，引起血液浓稠，体温上升，使机体健康受损，生长发育不良或体重下降，抗病力减弱，严重时可导致死亡，产蛋率迅速下降，蛋壳变薄，蛋重减轻，高温时缺水比低温时缺水后果更严重。当机体水分减少8%时，即会出现严重的干渴感觉，引起食欲丧失，消化作用减缓，抵制疾病能力降低。体内水分损失20%以上时，即可引起死亡。因此，保证鸭能随时得到清洁卫生而充足的饮用水，严禁使用被农药、工业废水或病原污染的水源，是养好鸭的重要条件之一。鸭需水量与年龄、饲料种类、饲养方式、采食量、产蛋率、季节和健康状况等有关，当气温适宜时，一般饮水量为饲料量的2倍左右，夏季可

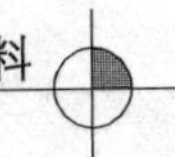

达4～5倍。因为鸭本身无汗腺，炎热季节主要靠加快呼吸呼出水蒸气进行散热，所以夏天鸭的饮水量会大大增加。

要特别注意鸭对水的需要，尤其是对清洁卫生饮水的需要。研究表明鸭的饮水量要大于鸡，在呼吸测热器中，鸭和鸡的水与料之比分别为4.1∶1和2.3∶1。1～49日龄期间鸭的水与料之比为5∶1。作为水禽的鸭子通常会过量消耗水，可能超过最高需要量的20%。鸭对水的较高需要量部分地反映了鸭用喙铲水以清洗食物残留的遗传特性，由此造成排泄物的含水量很高，鸭对水的较高需要量可能与需要将食物快速沿消化道推进有关，这有助于较高的日饲料采食量。北京鸭每日所需饮水量见表3-3。

表3-3　北京鸭每日所需饮水量

类　型	只数	需水量（升）
雏鸭	100	3
3周龄鸭	100	20
4～7周龄鸭	100	30～50
成年鸭	100	80

观察发现，鸭经常在饮水的时候排泄，这一点对肉鸭的管理很重要。将饮水器置于板条或网状地板上，多数溅出的水和排泄物会集中在一个区域而使垫草保持干燥。

六、脂肪

脂肪是鸭体细胞和蛋的重要组成原料，肌肉、皮肤、内脏、血液等一切组织中都含有脂肪，脂肪在蛋内约占11.2%。脂肪还是机体贮存能量的最好形式，鸭可将剩余的脂肪和碳水化合物转化为体脂肪，贮存于皮下、肌肉和内脏周围，保护内脏器官，防止体热散发。在营养缺乏或产蛋时，脂肪分解产热，补充能量需要。脂肪还能为机体提供必需脂肪酸。脂肪也是脂溶性维生素的溶剂，维生素A、维生素D、维生素E、维生素K都必须溶解在脂肪中，才能被机体吸收利用。当日粮中脂肪不足时会影响脂溶性维生素的吸收，性成熟推迟，产蛋率下降。但日粮脂肪过多，也会引起食欲下降和消化不良现象，甚至导致种鸭过肥而影响产蛋。由于鸭饲料一般都含有一定数量的粗脂肪，故一般不必另外添加脂肪。

七、碳水化合物

碳水化合物是鸭能量的主要来源，以维持体温和供给生命活动所需的能量，或转变为糖原，贮存于肝脏和肌肉中，剩余的转化为脂肪而作为能源物质贮存起来。当碳水化合物充足时，可以减少蛋白质的消耗，有利于鸭生长和保持一定的生产性能。反之，鸭机体分解蛋白质产生能量，以满足热能的需要，从而造成蛋白质的浪费，影响生长发育和产蛋。但是，饲料中碳水化合物也不能过多，以免鸭长得过肥而影响产蛋。

鸭对碳水化合物的需要量，由鸭的年龄、用途和生产性能等决定。一般来说，育肥鸭应加喂含碳水化合物的饲料，以加速育肥；种鸭、蛋鸭不宜喂含过多碳水化合物的饲料，防止过肥，以免影响正常生长和产蛋。

第二节　鸭的饲养标准

一、饲养标准的概念

为了科学地饲养畜禽，既要保证它们正常生长发育，充分发挥其生产潜力，又不会造成饲料的浪费，就必须对各种营养物质的需要量规定一个大致的标准，以便在实际饲养实践中有一定的依据可以遵循，这个标准就是饲养标准。饲养标准包括对畜禽生长发育、机体健康、生产活动和繁殖所必需的蛋白质（包括某些必需氨基酸）、能量、矿物质和维生素四个主要部分，以每千克含量或%表示。关于畜禽的能量需要，均使用代谢能值表示，蛋

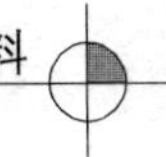

白质需要量，则以粗蛋白质占日粮（饲料）百分比来表示，同时标出各种氨基酸的需要量。能量是饲料的基本营养指标，只有在满足能量需要的基础上，才能进一步考虑蛋白质、氨基酸、矿物质和维生素等营养成分的需要量。此外，应注意能量与其他营养物质间的比例关系，如能量蛋白比等。

二、饲养标准的作用

饲养标准是对鸭进行科学饲养的依据，为了获得较好的饲养效果，供给鸭的各种营养物质，既要满足它们的营养需要，又能尽可能地减少浪费，因此，配合日粮时应根据鸭的品种、品系、年龄、体重、生长发育、生产性能和季节等因素选用合适的饲养标准。在此基础上，根据饲养实践中鸭的生长与生产性能等情况做适量的调整。一般可根据鸭的体质或季节等条件的变化，对饲养标准可做10％左右的调整。

三、正确使用饲养标准

由于每个地方的饲养条件不同，鸭的营养需要也会有一定差异。所以，在应用饲养标准时必须结合本地区的具体情况。正确使用饲养标准一般应注意以下几点。

1. 通过实践制订饲养标准 饲养标准是根据试验和实践制订的，是进行生产的重要依据。用符合标准的日粮饲喂鸭，一般都能获得较好的效果，否则常常会遭受损失。但各地的情况千差万别，鸭的品种、日粮的组成、气候条件、市场需求以及饲养管理条件不同，对日粮中各种养分的需要量也不同。因此，各地应以标准为基础，结合自己的实践经验，制订最适合于自己的“标准”。

2. 根据饲养标准确定适宜的能量水平 根据能量饲料和鸭产品的价格，确定适当的能量水平，并相应调整其他营养成分的含量。鸭有随日粮中能量水平高低而减增采食量的能力，这样就可以保证其采食的能量不会过多，也不会过少。日粮中能量水平的高低，在一定范围内，只影响其采食量，很少或基本不影响鸭增重和产蛋量。一般肉用仔鸭日粮的能量水平可在11.9～12.9兆焦/千克之间变动；种鸭、产蛋鸭则可在10.9～12兆焦/千克之间变动。当玉米、糙米、麦类等能量饲料价格比较低，而肉鸭、鸭蛋价格较好或看好时，可采用较高的能量水平，使肉鸭能及早上市，蛋鸭保持高产蛋率，用较少的饲料获得较好的效益。反之，当能量饲料价格高时，配制能量日粮价格就会高。虽然喂量少，但仍比能量较低而喂量较多时的日粮贵，这时就应采用较低的能量水平。如果鸭和鸭蛋价格较低，估计过一段时间会有所回升，因而不急于上市销售，也宜采用较低的能量水平，从而减少饲料成本。由于日粮的能量水平能影响采食量，因此当能量水平变动时，其他养分也应做相应调整。特别是能量和蛋白质的比例应基本保持不变。例如，当2～4月龄樱桃谷肉鸭的能量水平从12.13兆焦/千克降为10.06兆焦/千克时，粗蛋白质含量可由18%降为17.5%。钙、磷和氨基酸也可略微降低，但不能超过能量下降的幅度。

3. 日粮的养分含量需根据饲养标准做出适当调整　饲养标准中所列数据大都是在饲养管理条件适宜时测定的。如果条件不适宜，比如温度过高过低、集中预防注射、长途运输等等，则日粮的养分含量需适当调整。一般可根据鸭的体质或季节等条件的变化，对饲养标准做10%左右的调整。温度高于20～25℃时，采食量逐渐减少，应将日粮养分含量提高，以免实际摄入的养分因采食量降低而减少，如果采食量减少10%，则应将粗蛋白质、钙、磷和氨基酸的含量提高10%。高温时鸭对能量的需要减少，因此，能量含量可以不变或稍微提高。温度低于20℃时，能量需要量增加，日粮能量水平也应适当提高。

4. 饲养标准要与合理的采食量相结合　饲养标准中一般列出的是各种养分在每千克日粮中的含量，鸭必须采食足够的饲料

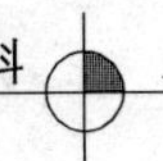

才能获得充足的养分。如果采食量不足，即使日粮养分含量合理，鸭也会营养不足。如果采食过多，也可能使鸭过重、过肥。因此，应用饲养标准还要与合理的采食量相结合。表3－4和表3－5列举了狄高肉鸭和北京肉鸭的正常采食量。

表3－4 狄高肉鸭的正常采食量（克）

周龄	每只每天平均采食量	每只每周采食量	累计采食量
2	110	770	770
3	165	1 155	1 925
4	195	1 365	3 290
5	235	1 645	4 935
6	280	1 960	6 895
7	280	1 960	8 855

表3－5 北京肉鸭的正常采食量（克）

周龄	每只每天平均采食量	每只每周采食量	累计采食量
0～1	23～31	161～217	161～217
1～2	80～110	560～770	721～987
2～3	140～160	980～1 120	1 701～2 107
3～4	180～190	1 260～1 330	2 961～3 437
4～5	210～240	1 470～1 680	4 431～5 117
5～6	225～230	1 575～1 610	6 006～6 727
6～7	220～230	1 540～1 610	7 546～8 337
7～8	220～230	1 540～1 610	9 086～9 947

四、肉用鸭的饲养标准

主要肉用品种鸭的饲养标准见表3－6、表3－7、表3－8、表3－9。

表 3-6 肉用鸭的饲养标准（每千克饲料中含量）

营养成分	0～3 周龄	4～8 周龄	育成期	种鸭
代谢能（兆焦）	11.715	11.715	10.460	11.506
粗蛋白质（%）	22	19	14	17.5
精氨酸（%）	1.0	0.9	0.7	0.8
赖氨酸（%）	1.1	0.73	0.54	0.85
蛋氨酸+胱氨酸（%）	0.80	0.58	0.50	0.53
蛋氨酸（%）	0.42	0.30	0.26	0.28
维生素 A（国际单位）	10 000	10 000	10 000	10 000
维生素 D_3（国际单位）	1 500	1 500	1 500	1 500
维生素 E（毫克）	20	15	15	15
维生素 K（毫克）	1.5	1.5	1.3	1.5
维生素 B_1（毫克）	2.25	2.2	2.2	2.2
维生素 B_2（毫克）	4.5	4.0	4.0	4.0
烟酸（毫克）	45	45	44	45
维生素 B_6（毫克）	3	3	3	3
泛酸（毫克）	15	12	10	10
生物素（毫克）	0.15	1.10	0.10	0.10
叶酸（毫克）	0.5	0.5	0.5	0.5
氯化胆碱（毫克）	1 400	1 400	1 400	1 400
维生素 B_{12}（毫克）	0.01	0.01	0.01	0.01
钙（%）	1.0	1.0	0.9	2.5
磷（%）	0.7	0.6	0.6	0.6
钠（%）	0.16	0.16	0.16	0.16
钾（%）	0.25	0.25	0.25	0.25
氯（%）	0.16	0.16	0.16	0.16
镁（毫克）	500	500	500	500

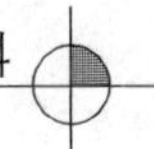

（续）

营养成分	0～3 周龄	4～8 周龄	育成期	种鸭
锰（毫克）	60	60	60	60
锌（毫克）	50	50	50	50
铁（毫克）	80	80	80	80
铜（毫克）	5	5	5	5
硒（毫克）	0.1	0.1	0.1	0.1
碘（毫克）	0.4	0.4	0.4	0.4

表 3-7 樱桃谷肉用仔鸭饲养标准

营养成分	0～2 周龄	3 周龄以上
代谢能（兆焦/千克）	13.0	13.0
粗蛋白质（%）	22	16.0
钙（%）	0.8～1.0	0.65～1.0
可利用磷（%）	0.55	0.52
蛋氨酸（%）	0.50	0.36
蛋氨酸+胱氨酸（%）	0.82	0.63
赖氨酸（%）	1.23	0.89
色氨酸（%）	0.28	0.22
苏氨酸（%）	0.92	0.74
亮氨酸（%）	1.96	1.68
异亮氨酸（%）	1.11	0.87
缬氨酸（%）	1.17	0.95
苯丙氨酸（%）	1.12	0.91
精氨酸（%）	1.53	1.20
甘氨酸+丝氨酸（%）	2.46	1.9

表 3-8 狄高肉用仔鸭饲养标准

营养成分	0～2 周龄	3 周龄以上
代谢能（兆焦/千克）	12.33	12.33
粗蛋白质（%）	21～22	16.5～17.5
赖氨酸（%）	1.10	0.83
蛋氨酸（%）	0.40	0.30
蛋氨酸+胱氨酸（%）	0.70	0.53
色氨酸（%）	0.24	0.18
精氨酸（%）	1.21	0.91
苏氨酸（%）	0.70	0.53
亮氨酸（%）	1.40	1.05
异亮氨酸（%）	0.70	0.53
钙（%）	0.8～1.0	0.70～0.90
可利用磷（%）	0.40～0.60	0.40～0.60
食盐（%）	0.35	0.35

表 3-9 北京鸭饲养标准

营养成分	0～2 周龄	3～7 周龄以上	种鸭
代谢能（兆焦/千克）	12.13	12.55	12.13
粗蛋白质（%）	22	16	15
精氨酸（%）	1.1	1.0	—
异亮氨酸（%）	0.63	0.46	0.38
亮氨酸（%）	1.26	0.91	0.76
赖氨酸（%）	0.90	0.65	0.60
蛋氨酸（%）	0.40	0.30	0.27

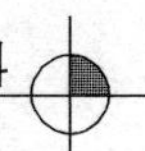

（续）

营养成分	0～2周龄	3～7周龄以上	种鸭
蛋氨酸＋胱氨酸（%）	0.70	0.55	0.50
色氨酸（%）	0.23	0.17	0.14
缬氨酸（%）	0.78	0.56	0.47
钙（%）	0.65	0.60	2.75
氯（%）	0.12	0.12	0.12
镁（毫克/千克）	500	500	500
非植酸磷（%）	0.40	0.30	—
钠（%）	0.15	0.15	0.15

五、蛋用鸭的饲养标准

蛋用品种鸭的饲养标准见表3-10。

表3-10　蛋用品种鸭的饲养标准（每千克饲料中含量）

营养成分	绍兴鸭			咔叽-康贝尔鸭				
				生长期			产蛋率	
	0～4周龄	5周龄至开产	产蛋	0～4周龄	5～10周龄	11～17周龄	60%以下	60%以上
代谢能（兆焦）	11.7	10.0	11.4	11.7	11.7	10.3	11.3	11.3
粗蛋白质（%）	19.5	14.0	18.0	20～21	15～16	13～14	15～16	17.5
赖氨酸（%）	1.0	0.7	0.9	—	—	—	—	—
蛋氨酸＋胱氨酸（%）	0.7	0.6	0.7	—	—	—	—	—
钙（%）	0.9	0.8	3.0	0.9	0.9	0.9	2.75	2.75
非植酸磷（%）	0.5*	0.5*	0.5*	0.6*	0.6*	0.4*	0.5*	0.5*

* 为总磷。

表 3-11 台湾鸭的饲养标准（每千克饲料中含量）

营养成分	台湾鸭				营养成分	台湾鸭			
	0～4周龄	5～9周龄	10～14周龄	14周龄后,产蛋		0～4周龄	5～9周龄	10～14周龄	14周龄后,产蛋
代谢能（兆焦）	12	11.4	10.9	11.4	维生素 B_2（毫克）	6	6	6	6.5
粗蛋白质（%）	18.7	15.4	13.2	18.7	泛酸（毫克）	9.6	9.6	9.6	13
赖氨酸（%）	1.1	0.9	0.61	1.0	烟酸（毫克）	60	60	60	52
蛋氨酸+胱氨酸(%)	0.69	0.57	0.52	0.74	维生素 B_6（毫克）	2.9	2.9	2.9	2.9
苏氨酸（%）	0.69	0.57	0.49	0.70	叶酸（毫克）	1.3	1.3	1.3	0.65
色氨酸（%）	0.24	0.20	0.16	0.22	维生素 B_{12}（毫克）	0.02	0.02	0.02	0.013
钙（%）	0.9	0.9	0.9	3	生物素（毫克）	0.1	0.1	0.1	0.1
非植酸磷（%）	0.36	0.36	0.36	0.43	胆碱（毫克）	1 690	1 430	1 430	1 430
钠（%）	0.16	0.15	0.15	0.28	铁（毫克）	96	96	96	72
维生素 A(国际单位)	8 250	8 250	8 250	11 250	铜（毫克）	12	12	12	10
维生素 D_3(国际单位)	600	600	600	1 200	锌（毫克）	62	62	62	72
维生素 E（毫克）	15	15	15	37.5	锰（毫克）	47	47	47	60
维生素 K_3（毫克）	3	3	3	3	碘（毫克）	0.48	0.48	0.48	0.48
维生素 B_1（毫克）	3.9	3.9	3.9	2.6	硒（毫克）	0.15	0.12	0.12	0.12

第三节 鸭的饲料

一、饲料的成分

鸭的饲料含有鸭需要的多种养分，但每种饲料所含各种营养物质的量和比例却有很大差别，没有一种饲料所含养分能完全符合鸭的需要。植物性饲料中含量最多的是碳水化合物，其中，无氮浸出物（包括淀粉、糖等）是重要的能量来源；粗纤维不易被消化，含量高时饲料利用率降低。动物性饲料一般含蛋白质多而

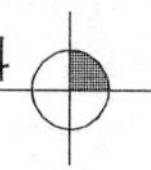

无粗纤维。饲料对鸭的作用，取决于它们所含营养成分的质和量，以及鸭对这些营养成分的吸收利用状况。

1. 水分　任何饲料都含有一定量的水分，植物性饲料的含水量可因植物的种类、收割时期、采集部位、加工工艺和气候的不同而不同。动物性饲料，如畜禽尸体、屠宰厂下脚料、水产品及其下脚料等，它们的含水量也因种类、加工工艺的不同而不同。

2. 干物质　饲料成分中，除水分以外的其他成分的总和称为干物质，包括无机物和有机物。

（1）无机物　无机物也称矿物质，是鸭不可缺少的营养物质，它存在于身体各部分及其产品——蛋、羽毛和肉中。鸭所需要的无机物包括常量元素和微量元素，常量元素如钙、磷、钾、钠、氯、镁、硫等；微量元素如铁、铜、锌、锰、钴、碘、硒等。上述各种常量与微量元素，都是鸭需要的无机物。这些无机物，除可从饲料中获得一部分外，另外的一部分，特别是微量无机物部分，需要以无机盐形式给予补充才能得到满足。必需的无机物供给不足时，会引起生长发育受阻，产蛋率和孵化率下降；而供应过多时又会抑制生长甚至发生中毒。

（2）有机物

①含氮化合物　包括纯蛋白质与氨化物，这两者又总称为粗蛋白质。所有蛋白质都含有氮，一般为15%～17%，平均为16%。所以，只要测出该饲料中氮的含量，再乘以平均系数6.25（100/16＝6.25），所得值即为该饲料中的粗蛋白质含量。鸭日粮中蛋白质含量指的就是粗蛋白质的含量。

②无氮化合物　包括粗脂肪和碳水化合物。粗脂肪是醚浸出物。各种饲料都含有粗脂肪。饲料经长期贮存，粗脂肪含量逐渐减少，这是因为其中的不饱和脂肪酸吸收了大气中的氧，氧化聚合后不溶于醚的原因。碳水化合物是由粗纤维和可溶性无氮物构成，粗纤维含纤维素、木质素、戊聚糖和半纤维素等，鸭对这些

物质的利用能力强，而且还有增加饲料体积、增进食欲、调节排泄等作用；可溶性无氮物主要由糖和淀粉构成。此外，还有少量的木聚糖、有机酸等。

二、饲料配合原则

由于单一的天然饲料所含的营养成分往往不能满足鸭的需要，因此，在饲养管理实践中，通常要选取若干种饲料按一定比例互相搭配，使其所提供的各种养分符合鸭的需要，这一设计过程就是日粮配合。合理地设计饲料配方是科学养鸭的一个重要环节，设计饲料配方时既要考虑鸭的营养需要及生理特点，又要合理地利用各种饲料资源，才能设计出成本最低，并能获得最佳饲养效果和经济效益的饲料配方。所以，设计饲料配方是一项技术性及实践性很强的工作，不仅应具有一定的营养和饲料科学知识，还应有一定的饲养实践经验。配合饲料时必须遵循以下基本原则。

1. 应选用合适的饲养标准　饲养标准是对鸭进行科学饲养的依据，因此，配合日粮时应根据鸭的品种、品系、年龄、体重、生长发育、生产性能和季节等因素选用合适的饲养标准。在此基础上，根据饲养实践中鸭的生长与生产性能等情况进行适量的调整。

2. 选用饲料应考虑经济性原则　应充分利用当地的饲料资源，尽量少从外地购买饲料，避免因长途运输带来的种种问题，增加鸭饲料的生产成本。总之，应因地制宜地选用价廉易得的饲料。

3. 要注意饲料品质　饲料存放过久，维生素等营养成分的含量大为减少，且容易酸败霉烂、变质。因此，应选用新鲜、无毒、无霉变、质地良好的饲料，而且还要少用或慎用棉子饼等对鸭有不良影响的饲料。

4. 饲料适口性要好　应选择适口性好、无异味的饲料，对

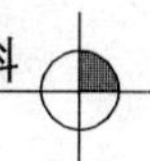

血粉、菜子饼等适口性差的饲料，应限制其用量或加调味剂，以提高其适口性，增加鸭的采食量。

5. 注意饲料的多样化搭配　多种饲料搭配可使各种饲料之间的营养物质互补，以提高饲料的利用效率。例如，将饼类饲料与谷类饲料搭配、动物性饲料与植物性饲料搭配等，均能取得较好的效果。

6. 饲料体积要适宜　要根据鸭的生理特点选用体积适宜的饲料，保证所配饲料能让鸭吃饱、吃好。

7. 日粮应相对稳定　饲料种类、配比关系确定后，不应轻易改变，即使要变化，也应逐步过渡，以免因饲料突然改变而引起鸭群应激反应。

8. 搅拌均匀　配方形成后，应严格按照配方确定的各种原料的用量，且将各种饲料充分搅拌，确保营养均匀，在使用多种维生素、微量元素等添加剂时，因为用量少，应先与少量饲料充分预混后再均匀拌入大批饲料中，以防止因搅拌不均而导致部分饲料某些营养成分缺乏或过多。

三、几种饲料原料的真伪鉴别方法

饲料原料的品质直接关系到配合饲料的质量与畜禽产品的品质。有条件的单位应通过实验室或委托权威单位化验其所含营养成分和技术指标。在基层或在外采购饲料原料时，可以采用以下几种简易方法，来鉴别饲料原料的品质。

1. 麸皮　常发现掺有滑石粉、稻谷糠等，掺入量为8%～10%。将手插入一堆麸皮中然后抽出，如果手指上沾有白色粉末，且不易抖落则说明掺有滑石粉，如易抖落则是残余面粉。再用手抓起一把麸皮使劲攥，如果麸皮成团，则为纯正麸皮；而攥时手有涨的感觉，则掺有稻谷糠，如攥在手掌心有较滑的感觉，则说明掺有滑石粉。

2. 豆粕（饼）　常掺有泥沙、碎玉米或5%～10%的石粉，降低豆饼蛋白质含量至30%。

(1) 水浸法　取需检验的豆粕(饼)25克，放入盛有250毫升水的玻璃杯中，浸泡2～3小时，然后用木棒轻轻搅动，可看出豆粕(碎饼)与泥沙分层，上层为饼粕，下层为泥沙。

(2) 碘酒鉴别法　取少许豆粕(饼)放在干净的瓷盘中，铺薄铺平，在上面滴几滴碘酒，过1分钟，其中若有物质变成蓝黑色，说明掺有玉米、麸皮、稻壳等。

(3) 生熟豆粕检查法　常用熟豆饼作原料，而不用生豆饼，因生豆饼含有抗胰蛋白酶、皂角素等物质影响适口性及消化率。方法是取尿素0.1克置于250毫升三角瓶中，加入被测豆粕粉0.1克，加蒸馏水至100毫升，加塞于45℃水中温热1小时。取红色石蕊试纸一条浸入此溶液中，如石蕊试纸变为蓝色，表示豆粕是生的，如试纸不变色，则豆粕是熟的。

3. 鱼粉　鱼粉中若掺有棉子饼、菜子饼、尿素、沙粒等杂物，其蛋白质含量会降至40%。

(1) 感官检测法　标准鱼粉颗粒大小一致，可见到大量疏松的鱼肌纤维以及少量鱼刺、鱼鳞、鱼眼等，颜色呈浅黄色、黄棕色或黄褐色，用手捏有疏松感，不结块，不发黏，有鱼腥味，无异味；掺假使杂的鱼粉可见颗粒、形状、颜色不一的杂质，少见或不见鱼肌纤维及鱼骨、鱼刺、鱼鳞、鱼眼等，呈粉状且颗粒细，易结块呈小团状，手握成团块状，发黏，鱼味淡，有异味。

(2) 气味检测法　取样品20克放入三角瓶中，加入10克大豆饼和适量水，加塞后加热15～20分钟，去掉塞子后，如能闻到氨气味，说明掺有尿素。

(3) 水浸法　将少量样品放入试管或玻璃杯中，加入10倍的水，充分振荡后静置，若掺砂石或其他矿物质则沉到试管或玻璃杯底部，若有棉子饼、羽毛粉、麸皮等，即会浮在水面。真鱼

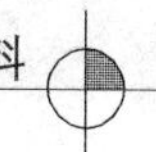

粉无此现象。

4. 骨粉　骨粉含钙23%～26%，磷12%～14%。掺假的骨粉常常含磷不足，引起畜禽两脚（腿）瘫痪，未脱胶骨粉，易腐败变质，常引起畜禽中毒。常见掺假冒充物为石粉、贝壳粉、细沙等杂物。

（1）*肉眼直观法*　纯正骨粉呈灰白色粉状或颗粒状，部分颗粒呈蜂窝状，具固有气味；掺杂骨粉仅有少许蜂窝状颗粒，假骨粉无蜂窝状颗粒，掺石粉、贝壳粉的骨粉色泽发白。

（2）*稀盐酸溶解法*　将骨粉倒入稀盐酸溶液中，若为纯正骨粉会发出短时间的“沙沙”声，骨粉颗粒表面不产生气泡，最后全部溶解变混浊；脱胶骨粉的盐酸溶液表面漂浮有极少量有机物；蒸骨粉和生骨粉表面漂浮物较多，假骨粉则无以上化学现象。

（3）*火烧法*　取少量骨粉放入试管中，置于火上烤烧，真骨粉产生蒸气，然后产生刺鼻烧毛发的气味，而掺假骨粉所产生蒸气和气味较少，假骨粉无蒸气和气味，未脱胶的变质骨粉有异味。

5. 贝壳粉　伪劣贝壳粉呈面状或碎屑状，含钙量为28%；好贝壳粉应含有70%以上高粱粒大小贝壳，30%以内的碎面。最好选用未加工粉碎的大贝壳，自己加工，粉碎后含钙36%以上。

6. 蛋氨酸　市售“进口”蛋氨酸有些被掺入淀粉、葡萄糖粉、石粉等而使氨基酸含量仅达50%，大大低于国家标准。

（1）*感官检查法*　真蛋氨酸为纯白或微带黄色，为有光泽结晶，尝有甜味；假的为黄色或灰色，闪光结晶极少，有怪味、涩感。

（2）*灼烧法*　取瓷质坩埚1个加入1克蛋氨酸，在电炉上炭化，然后在55℃茂福炉上灼烧1小时，真蛋氨酸残渣在0.5%以下，假蛋氨酸残渣则在98%以上。

（3）*溶解法* 取1个250毫升烧杯，加入50毫升蒸馏水，再加入1克蛋氨酸，轻轻搅拌，假蛋氨酸不溶于水，而真蛋氨酸几乎全部溶于水。

四、鸭的常用饲料

鸭的常用饲料按所含养分的特点可分为能量饲料、蛋白质饲料、矿物质饲料、青绿多汁饲料和其他饲料等。

1. 能量饲料 谷实及其加工副产品以及油脂中含可利用能量较多，故称能量饲料。能量饲料干物质含蛋白质低于18%，纤维素低于20%。玉米、稻米和麦类等谷实，含有大量容易消化的碳水化合物，是主要的能量来源。玉米每千克含代谢能13.6～14兆焦，是应用最普遍的能量饲料。小麦的代谢能与玉米相近，而且蛋白质含量较玉米多。大麦因常包有富含粗纤维的颖壳，代谢能含量较低，是玉米的80%左右。麦类谷实中含有较多的葡聚糖类物质，能使肠内容物变稠，妨碍营养物质的消化吸收，喂量过多时容易发生消化不良。稻谷也含有难以消化的颖壳，代谢能含量还不如大麦。但稻谷脱壳后所得的糙米、碎米，是很好的饲料，代谢能含量甚至超过玉米。高粱的代谢能含量略低于小麦，因含有较多的鞣酸，容易引起便秘，用量不宜过多。此外，粟米、燕麦等也是很好的能量饲料。

谷实的加工副产品，如麸皮、米糠等，因主要成分是稻麦的外皮，含粗纤维较多而可利用能量较低。麸皮的代谢能只有小麦的54%，但粗蛋白质含量比小麦高13%。麸皮含粗纤维9%左右，有促进肠胃蠕动的作用。米糠中常有较多富含油脂的米胚，因而含代谢能高于麸皮而与稻谷相近。但如遇湿热气候或存放处温湿度较高时，油脂容易氧化变质，鸭吃多了会影响生长、产蛋和健康。次粉是小麦加工面粉时的一种副产品，因含较多淀粉，含能量较高，与小麦相似。

油脂含能量最高，每千克含代谢能为36.8兆焦，是玉米的

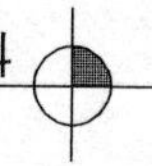

2倍还多。日粮中用少量油脂还能促进其他养分的消化利用。但油脂的价格较高，若能获得价格比较低廉的油脂喂鸭，特别是肉鸭，能得到很好的效果。油脂喂量不宜过多，一般不要超过3%～4%，已经发霉变质的油脂不能使用。

2. 蛋白质饲料 蛋白质饲料含有丰富的蛋白质，一般干物质含蛋白质20%以上，纤维素低于18%。根据来源不同可分为植物性蛋白质饲料和动物性蛋白质饲料两类。前者如饼粕、豆实，后者如鱼粉、血粉和各种新鲜的鱼虾螺蛳等。

饼粕是应用最广泛的蛋白质饲料，饼一般是指油料子实用机械压榨提取油后的副产品，粕则是主要用溶剂提油后的副产品。粕中残留的油较少，因而含能量较低而蛋白质较高。大豆饼是很好的植物性蛋白质饲料，含蛋白质40%以上，而且有较多的可消化赖氨酸，对鸭的生长很重要；但蛋氨酸较少，饲喂产蛋鸭时要和其他含蛋氨酸多的饲料搭配。生大豆中含有抗胰蛋白酶等抗营养因子，可在加工提油时受热破坏，若加工时温度过低，就可能有较多的抗营养因子残留在饼粕中，闻起来常有生豆腥味，喂多了能影响鸭的生长、产蛋甚至致病。菜粕和棉子饼中粗蛋白质含量低于豆饼，一般30%～40%，可消化赖氨酸较少而蛋氨酸的比例较高，可与大豆饼配合使用。菜子饼中含黑芥子苷，棉子饼中含棉酚等有害物质，对鸭体组织和代谢有破坏作用，喂多了能引起中毒。不同加工方法生产的棉子饼、菜子饼含有害物质的量也不同，一般用量不超过4%～7%比较安全。花生饼蛋白质含量与大豆饼相似，但赖氨酸含量较少。花生收贮不当易受黄曲霉菌污染，能产生剧毒的黄曲霉毒素，榨油后仍残留在饼粕中，花生饼粕也能直接受黄曲霉菌污染，使用时应注意。葵花仁饼、亚麻仁饼、芝麻饼、玉米胚芽饼、糠饼等也都是植物性蛋白质饲料。大豆、蚕豆、豌豆等也含有较高的蛋白质，但都含有一些有害物质，应经加热熟化后使用，膨化大豆是很有价值的高能高蛋白饲料。

俗话说："鹅要草，鸭要鲜"，动物性蛋白质饲料在传统的养鸭地区历来很受重视，放养的鸭子一般都要喂些小鱼虾、螺蛳、蛆虫等，可以促进鸭的生长发育和产蛋。目前，市场上的动物性蛋白质饲料有鱼粉、血粉、羽毛粉、肉粉、肉骨粉和蚕蛹等，其中以鱼粉应用最广。鱼粉含蛋白质50%～60%，而且含有丰富的可消化赖氨酸和蛋氨酸以及某些促进生长的物质，所以是很有利用价值的鸭饲料。但鱼粉贮存不当，容易受细菌污染，鸭吃了会发生腹泻等疾病。没有脱脂的鱼粉容易因脂肪酸败而变质，变质、有异味的鱼粉不能使用。鱼粉中一般含有较多的盐分（但不应超过4%～5%），使用时要适当减少食盐的用量。鸭日粮中鱼粉的比例一般应控制在2%～8%。目前市场上假鱼粉不少，常掺杂有食盐、尿素、豆饼、羽毛粉甚至沙粒等，购买时需注意鉴别。血粉、羽毛粉的蛋白质含量高于鱼粉，约占70%～80%，但羽毛粉可消化赖氨酸含量只有鱼粉的25%～30%，血粉的可利用蛋氨酸只有鱼粉的40%，它们的质量因加工方法不同差异较大，用量宜控制在2%～8%。蚕蛹、肉粉、肉骨粉都是较好的蛋白质饲料，但容易变质，使用时需注意。

3. 矿物质饲料　一般饲料中所含钙、磷、钠、氯等常不能满足鸭的需要，因而要用专门的矿物质饲料来补充。专门补钙的饲料有石粉、贝壳粉、蛋壳粉、碳酸钙等，含钙量都在20%～30%以上。一般仔鸭可用0.5%～1%，产蛋鸭因生产蛋壳需要大量钙，可用6%～7%。蛋壳粉易带病菌，需经加热消毒处理。既补钙又补磷的饲料有骨粉、磷酸氢钙等，用量约0.5%～1.2%。经过脱胶的骨粉质量较好，生骨直接粉碎而成的生骨粉易导致细菌污染，外观、颜色、气味异常的骨粉应慎用。补充钠和氯的饲料主要是食盐，一般用量为0.2%～0.4%，应粉碎拌匀，食盐喂得过多会中毒。矿物饲料中各种矿物质元素的含量见表3-12。

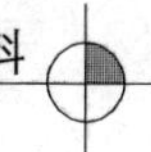

表 3-12 矿物饲料中各种矿物质元素的含量

矿物质来源	矿物质元素含量（%）
骨粉	钙，29；磷，12
石灰石	钙，36
贝壳	钙，38
磷酸二钙	钙，21.3；磷，18.5
磷酸三钙	钙，38；磷，19.9
硫酸亚铁（7 结晶水）	铁，21；硫，11
硫酸铜（5 结晶水）	铜，25
碳酸铜	铜，53
硫酸钴（7 结晶水）	钴，21
碳酸钴	钴，45
硫酸镁（7 结晶水）	镁，10；硫，13
氧化镁	镁，60
硫酸锰（1 结晶水）	锰，25；硫，19
氯化钾	钾，50.5；氯，4.3
碘化钾	钾，2.5；碘，76.4
亚硒酸钠	钠，26.6；硒，45.6
硒酸钠	钠，24.3；硒，41.8
硫酸锌（1 结晶水）	锌，33
氧化锌	锌，73

4. 青绿多汁饲料 新鲜的菜叶、水草、瓜果和幼嫩的野草、野菜等都是鸭喜欢吃的饲料。这类饲料含水多，其他养分含量较

少。但按干物质计算，有的蛋白质含量也较高，这类饲料大都含有丰富的多种维生素。优质的草粉、叶粉含的维生素也较多，对鸭的健康、生产都很重要。

（1）禾本科牧草

①多年生黑麦草　多年生黑麦草又称黑麦草，宿根黑麦草，牧场黑麦草，英格兰黑麦草。多年生黑麦草是世界温带地区最重要的禾本科牧草之一，在我国南方各省、自治区都有种植，长江流域以南的中南山区以及云贵高原等地有大面积栽培。多年生黑麦草为多年生草本植物，营养丰富，经济价值高。茎叶繁茂，幼嫩多叶，适口性好，为各种家畜所喜食。是饲养鸭、猪、牛、羊、兔和草食性鱼类的优良饲草。多年生黑麦草营养生长期长，草丛茂盛，富含粗蛋白质，茎叶干物质中含粗蛋白质 18.6%，粗脂肪 4.1%，粗纤维 20.1%，含钙、磷丰富。适于青饲、晒制干草青贮及放牧利用。多年生黑麦草生长旺盛，成熟早。一般利用年限 3～4 年，第二年生长旺盛，生长在气候适宜的地区可以延长利用。

②多花黑麦草　多花黑麦草又称一年生黑麦草，意大利黑麦草。多花黑麦草喜温热湿润气候，适于我国长江流域以南地区生长，在江西、湖南、江苏、浙江等省均有人工栽培，在北方较温暖多雨地区也引种春播。多花黑麦草是一年生或二年生草本植物，营养丰富，品质优良，适口性好，各种家畜均喜食。茎叶干物质中含粗蛋白质 13.7%，粗脂肪 3.8%，粗纤维 21.3%，草质好，适宜青饲、调制干草、青贮和放牧，是饲养家禽、马、牛、羊、兔和草食性鱼类的优质饲草。多花黑麦草的主要利用价值在于生长快，分蘖力强，再生性好，产量高。与红三叶、白三叶混播，可提高人工草地当年的产草量。

③鸭茅　鸭茅也称鸡脚草、果园草，为多年生草本植物，适宜湿润温暖的气候条件。在我国野生分布于新疆天山山脉、四川、云南等地，湖北、湖南、四川、江苏等地有较大面积栽培。

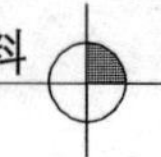

鸭茅草质柔嫩，叶量多，营养丰富，适口性好，是草食畜禽的优质饲料。抽穗期茎叶干物质中含粗蛋白质9.7%，粗脂肪3.6%，粗纤维27%，无氮浸出物51.2%，粗灰分8.5%，含大量的钙、磷。鸭茅适宜青饲、调制干草或青贮，也适于放牧。

④芦苇　芦苇又称芦草、苇子，在我国温带地区均有分布，于池塘、河边、湖泊、沼泽草甸上形成单一植被。芦苇为多年生根茎型水生或湿生高大禾草。芦苇叶量大，营养价值较高，抽穗前含大量蛋白质和糖分，为优质饲料，各种家畜均喜食。营养期茎叶干物质中含粗蛋白质11.52%，粗脂肪2.47%，粗纤维33.44%，无氮浸出物44.84%，粗灰分7.73%。抽穗后草质逐渐粗糙，适口性下降，但调制成干草后各种家畜仍喜食。

⑤杂交狼尾草　杂交狼尾草喜温暖湿润的气候，在我国分布于海南、广东、广西、福建、江苏、浙江等省（自治区），为多年生草本植物。杂交狼尾草茎叶柔嫩，适口性好，营养价值高，营养生长期在茎叶干物质中含粗蛋白质10%，粗脂肪3.5%，粗纤维32.9%，无氮浸出物43.4%，粗灰分10.2%，是食草畜禽的优质青饲料。用作畜禽的青饲料，每年可刈割8～10次。除青刈外，也可以晒制成干草或调制青贮料。

（2）豆科牧草

①紫花苜蓿　紫花苜蓿也叫紫苜蓿、苜蓿，为多年生草本植物，喜温暖半干旱气候。我国栽培已有2 000多年的历史，广泛分布于西北、华北、东北地区，江淮流域也有种植，是我国栽培面积最大的牧草。紫花苜蓿有“牧草之王”的美称，不仅产草量高、草质优良，而且富含粗蛋白质、维生素和无机盐。蛋白质中氨基酸比较齐全，动物必需氨基酸含量丰富。干物质中含粗蛋白质15%～25%，相当于豆饼的一半，比玉米高1～1.5倍。适口性好，可青饲、青贮或晒制干草。幼嫩的苜蓿饲喂鸭等畜禽是蛋白质和维生素的补充饲料。苜蓿草粉可制成颗粒饲料或配制成全价配合饲料。

②沙打旺　沙打旺也叫直立黄芪、麻豆秧和薄地黄，是多年生草本植物。沙打旺抗逆性强，适应性广，具有抗旱、耐寒、耐贫瘠、抗风沙的特点，是黄河流域生长的野生种，经多年栽培驯化而成。在东北、内蒙古、华北、西北广泛栽培。沙打旺营养价值高，在干物质中，含粗蛋白质17%，粗脂肪3%，还有丰富的必需氨基酸。放牧、制干草、青贮后，各种畜禽都喜食。制成草粉加入鸭的饲料中，可替代部分蛋白质饲料。沙打旺含有硝基化合物，单一、大量会造成单胃动物中毒，所以在饲喂时注意混合禾草，更为安全。

③胡枝子　胡枝子也叫二色胡枝子，为多年生落叶小灌木，在我国东北、西北、华北以及长江流域广泛栽培。胡枝子开花期干物质中含粗蛋白质18.6%，适于青饲或放牧。适口性稍差，其叶制成的草粉，鸭、鸡、兔等均喜食。

④紫云英　紫云英又叫红花草，为一年生或越年生草本植物。紫云英喜温暖湿润气候，在我国长江中下游地区、黄淮流域有大面积种植。紫云英茎叶柔嫩，适口性好，是各种畜禽的优质饲草，各种畜禽都喜食，开花期紫云英干物质中含粗蛋白质25.32%，粗脂肪5.44%，粗纤维22.2%，无氮浸出物38.12%，粗灰分8.95%。可青饲、青贮、调制成草粉。是长江以南地区冬春季节重要的青绿饲料之一。

⑤红三叶　红三叶也叫红车轴草、红荷兰翘摇，为多年生草本植物，喜温暖湿润气候，适于夏天不太热、冬天不太冷的地区生长。我国的云南、贵州、湖南、湖北、江西、四川、新疆等地都有栽培，并有野生状态分布。红三叶营养丰富，蛋白质含量高，据测定，在开花期干物质中含粗蛋白质17.1%，粗脂肪3.6%，粗纤维21.5%，无氮浸出物47.6%，粗灰分10.2%，含有丰富的氨基酸和多种维生素，草质柔软，适口性好，鸭、鹅、牛、羊、兔、鱼都喜食。可以放牧，也可以制成干草、青贮利用。在蛋鸭饲料中加入5%的草粉，可提高产蛋率，并减少疾

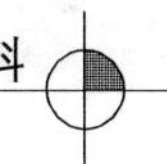

病发生，促进生长。

⑥白三叶　白三叶又叫白车轴草、荷兰翘摇，为多年生草本植物，寿命长，可达10年以上，也有几十年不衰的白三叶草地。白三叶喜温暖湿润的气候，适应性较其他三叶草强。我国西南、新疆维吾尔自治区均有分布，湖南、江苏、云南、贵州等省及东北一些地区有种植。白三叶营养丰富，饲用价值高，粗纤维含量低，干物质消化率在74.6%，在干物质中含粗蛋白质24.7%，粗脂肪2.7%，粗纤维12.5%，无氮浸出物47.1%，粗灰分13%。草质柔嫩，适口性好，是饲喂鸭、猪、兔、鱼等的优质饲料。

⑦百脉根　百脉根又叫五叶草、牛角花，为多年生草本植物。喜温暖湿润气候，不耐寒，不耐旱，耐热性比苜蓿强，在我国贵州、云南、湖北、湖南及陕西等省均有野生种。华北、西北、西南等地也可以栽培。百脉根草质柔软，适口性好，营养价值高。在干物质中含粗蛋白质11.3%，粗脂肪2.19%，粗纤维22.17%，无氮浸出物54.34%，粗灰分10%，含大量的钙、磷。百脉根适宜青饲、调制干草或青贮，也适于放牧。可用作鸭等动物的优质饲草。

⑧大翼豆　大翼豆也叫紫菜豆，为菜豆属多年生草本植物。喜高温、高湿、阳光充足气候，在海南、广东、广西、福建、江西等省（自治区）种植，成为我国热带地区优质豆科牧草之一。大翼豆营养成分丰富，在干物质中含粗蛋白质22.2%，粗脂肪2.4%，粗纤维25.4%，无氮浸出物36.8%，粗灰分13.3%。大翼豆作为饲草制成草粉，鸭、鹅、鱼均可饲用。

（3）水生饲料

①绿萍　绿萍也叫满江红、红萍、三角藻，为一年生小型漂浮植物。绿萍喜温，适宜的湿度为85%～90%，低于60%藻体容易干燥老化。绿萍分布在我国长江流域以南各省、自治区的湖、池塘、沟渠和稻田中。绿藻在北方需要保护越冬，保护方法

为利用自然日光温度和阳畦保护；在南方夏季温度过高，需要保护过夏，可以选择通风阴凉的沟塘保种。绿萍含粗蛋白质18.5%，纤维含量少，适口性好，是鸭、鹅、猪、鱼等的好饲料。一般采用鲜喂，随捞随喂，也可以晒成干萍饲喂，还可以与其他饲料混合制成颗粒饲料。

②水竹叶　水竹叶也叫肉草、竹叶菜，是一年生草本植物。水竹叶喜温暖湿润气候，多生于水边、田边、低湿地等，在广西、湖南、湖北等省（自治区）都有种植。由于它产量高，草质柔嫩多汁，适口性好，有肉草之称，因此常用以饲喂鸭、鹅、鱼等，畜禽均喜食。现已经是人工栽培的水生饲料，一般多为刈割青饲，也可晒干做成干饲料。茎叶干物质中含粗蛋白质13.7%，无论鲜喂或晒制干草均效果良好。

③菰　菰也叫茭草、茭白、茭儿菜、茭笋，为多年生草本植物。在我国南北方的湖泊、河边、沼泽、水田旁多有分布，除了天然生长外，南方栽培历史悠久，地域广泛，以江苏的无锡市、苏州市一带为最多。菰是一种优质饲草，其开花期干物质中含粗蛋白质7.7%，各种畜禽均喜食。鲜草或草粉配制的颗粒饲料是鸭的好饲料。

5. 其他饲料　某些饲料在鸭的饲粮中有一些特殊的作用。例如酵母饲料，它是在一些饲料中接种某些专门的菌株培养而成，不仅含有较多的能量和蛋白质，还含有丰富的B族维生素和其他活性物质，能促进消化，提高饲料利用率。沸石、凹凸棒土、麦饭石等矿石中含有多种元素和特殊的结构，能提供微量元素，减少消化道疾病，提高饲料利用率，在鸭日粮中用3%～5%可以节约饲料，降低成本，提高鸭的饲喂效果。

五、配合饲料

饲料厂用机器按照科学配方和工艺流程，大规模生产的饲料叫配合饲料。主要包括全价配合饲料和浓缩饲料两类。

1. 全价配合饲料 随着鸭的集约化养殖和饲料工业的发展，大部分养殖场（户）都向饲料生产厂家购买全价配合饲料直接饲喂，全价配合饲料是由多种饲料原料按科学配方和一定比例配制而成，其中含有鸭需要的全部营养物质，而且含量、比例适当。用这种饲料喂鸭不需要再添加任何其他饲料，就能获得较好的生产效果。但同样是全价配合饲料，其中所含各种养分的量不完全相同，价格和剂型也不一样。有的饲料养分浓度高，生产效果好，但价格也贵。有的饲料养分浓度稍低，生产效果略差些，但价格较便宜。生产效果最好的料不一定经济效益最好。应通过试用对比，选择经济效益最好的饲料。饲料的剂型一般有粉料和颗粒料两种。饲喂粉料，鸭在吞食饲料时容易把饲料撒出来，造成饲料的浪费。为了获得最佳生产性能，降低损耗，提高生产效率，应给鸭饲喂破碎料或颗粒料。小规模家庭养鸭经常采用湿拌料，效果也不错。但是对于集约化饲养，采用湿拌料因耗费劳力太多而不实用。商品化的各类饲料颗粒料虽略贵于粉料，但效果明显比粉料好，颗粒饲料浪费少，便于运输和贮存，也可使鸭进食营养均匀一致，避免浪费。据报道，使用同样配方的粉料与颗粒料相比，在55日龄时生长速度和饲料转化率分别下降5.5%和9.5%。当颗粒料中粉末的比例为16%时，生长速度稍受抑制，但是饲料转化率下降2.8%。所以目前，大多数养殖场（户）使用全价颗粒饲料。一般育雏料的颗粒大小为直径3.2毫米，育肥料颗粒直径为4.8毫米。但是有些饲料厂家生产的配合饲料并非全价，应了解还需补加什么饲料。有些产品名为全价配合饲料，实际并非全价，所以也要选择有信誉的厂家的产品。全价配合饲料中都含有添加剂预混料，因此也应注意生产日期、保质期以及避湿避热避光保存。

2. 浓缩饲料 浓缩饲料也称蛋白质浓缩料。饲料生产厂家将一些不易购置的蛋白质、矿物质饲料和添加剂预混料，按科学配方制成含蛋白质较高且富含维生素、矿物质和其他有效成分的饲料，称为浓缩料。用户买回这种饲料，按厂家说明的比例加入一些谷实和糠麸等饲料，便能满足鸭的各种营养需要。这对自己生产粮食的农民或容易买到谷实类饲料的养鸭户来说，既方便又实惠。但使用浓缩料必须严格按产品说明搭配其他饲料，同时，也应注意其质量和妥善贮藏。

六、添加剂预混料

放养的鸭子能觅食到多种多样的食物，所以一般不会发生某种养分的缺乏症。如果鸭在舍内集中饲养，主要以谷实、糠麸和榨油饼等作为饲料时，就比较容易发生营养缺乏，特别是维生素和微量元素，常常不能满足需要。添加剂预混料就是以各种维生素和微量元素为主，加上其他有效成分以及一些载体、稀释剂加工混合而成的饲料。这些维生素、微量元素和其他有效成分的作用很重要，但在鸭日粮中添加的量很少。如果直接与其他饲料混合，不易搅拌均匀，喂鸭时，有的吃到得多，有的吃到得少，吃少了不能满足需要，吃多了不但浪费而且有时会中毒。因此，必须先用粉碎的玉米、麸皮、稻壳或石粉等作为载体或稀释剂与其混合，把体积扩大，并使各种成分分布均匀，然后再与其他饲料混合，所以叫预混料。添加剂可分为营养性添加剂和非营养性添加剂两类。

1. 营养性添加剂 各种维生素和微量元素都是鸭需要的营养物质。有时为了补充常用饲料中的不足，还要添加一些人工合成的赖氨酸、蛋氨酸等氨基酸和含微量元素的化合物，这些都是营养性添加剂。

2. 非营养性添加剂 这类添加剂不是鸭必需的营养物质，但添加到鸭饲料中后可以产生良好的效果。非营养性添加剂主要有以下几种。

（1）促生长剂 某些药物在用量适当时可抑制有害细菌的生长，预防疾病，同时对鸭的生长有促进作用，主要是一些抗生素

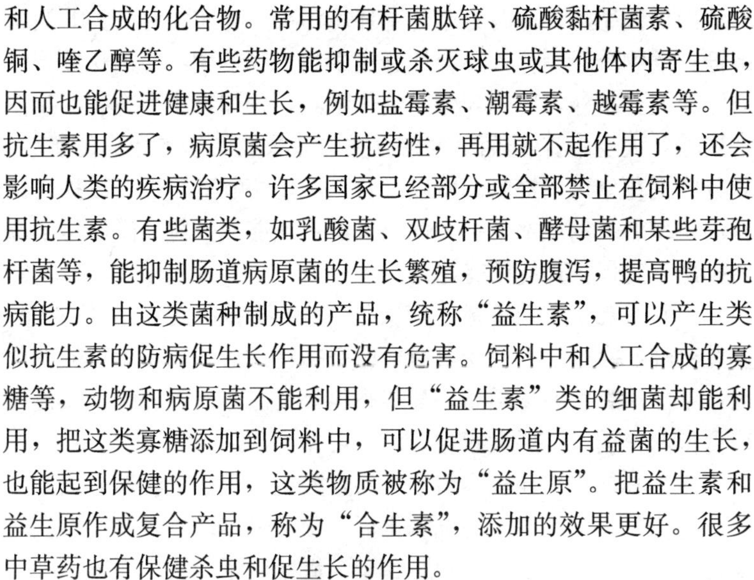

和人工合成的化合物。常用的有杆菌肽锌、硫酸黏杆菌素、硫酸铜、喹乙醇等。有些药物能抑制或杀灭球虫或其他体内寄生虫，因而也能促进健康和生长，例如盐霉素、潮霉素、越霉素等。但抗生素用多了，病原菌会产生抗药性，再用就不起作用了，还会影响人类的疾病治疗。许多国家已经部分或全部禁止在饲料中使用抗生素。有些菌类，如乳酸菌、双歧杆菌、酵母菌和某些芽孢杆菌等，能抑制肠道病原菌的生长繁殖，预防腹泻，提高鸭的抗病能力。由这类菌种制成的产品，统称“益生素”，可以产生类似抗生素的防病促生长作用而没有危害。饲料中和人工合成的寡糖等，动物和病原菌不能利用，但“益生素”类的细菌却能利用，把这类寡糖添加到饲料中，可以促进肠道内有益菌的生长，也能起到保健的作用，这类物质被称为“益生原”。把益生素和益生原作成复合产品，称为“合生素”，添加的效果更好。很多中草药也有保健杀虫和促生长的作用。

（2）酶制剂　酶制剂可以说是当今饲料工业的热点，日粮中的碳水化合物、蛋白质、脂肪等都需要经过内源酶分解再被鸭吸收，因此，在饲料中添加一些从细菌、真菌和其他微生物中提取制成的复合酶制剂，可以有效地提高机体对饲料各种营养成分的吸收和利用，提高饲料消化利用率。复合酶常包括蛋白酶、淀粉酶、脂肪酶以及纤维酶等，可以提高饲料中蛋白质、淀粉、脂肪和粗纤维的消化率。

在酶制剂中，植酸酶的研究和应用可以说最广泛。植酸酶能把饲料中难以消化的植酸磷和其他与植酸结合的物质分解，使这些磷和其他养分变得可以利用。因为在植物性饲料中，虽然含有大量的磷，但2/3左右是以植酸磷的形式存在，鸭缺乏分解植酸磷的植酸酶，因而不能消化吸收利用，而且植酸磷被鸭排出体外对环境造成危害，使土壤硬化。植酸酶能分解饲料中的植酸磷成为鸭可吸收的游离磷，因而饲料中不必添加无机磷。饲料中添加植酸酶，可以避免添加磷酸氢钙造成的氟中毒，或添加骨粉造成的沙门氏菌感染，同时也避免了环境污染。谷实中有一类非淀粉多糖，动物难以消化，还会使肠道中内容物变稠，使消化酶难以与饲料充分接触，影响养分的消化吸收。例如，小麦中有阿拉伯木聚糖，大麦中有β-葡聚糖，豆类中有果胶，添加相应的酶后，养分的消化率可以提高。所以，合理利用酶制剂不但可以提高饲料消化率、节约成本、扩大饲料来源，还能减少氮、磷等污染源的排出，对保护环境很有好处。

（3）着色剂和调味剂　辣椒红等，能使鸭的皮毛颜色变深、蛋黄变红，在市场上较受欢迎。但必须使用天然的、无害的着色剂，不能用有害的化学品。某些香料等物品，有促进鸭食欲提高采食量的作用，只要没有毒害，也可作为添加剂。

（4）抗氧化剂和防霉剂　饲料在贮运过程中，容易氧化变质甚至发霉。在饲料中加些抗氧化剂和防霉剂可以延缓这类不良的变化。抗氧化剂可以防止脂肪和脂溶性维生素（维生素A、维生素D、维生素E、维生素K）的氧化变质。常用的抗氧化剂有乙氧喹啉、丁基化羟基苯甲醚（BHA）等，抗氧化剂的用量一般为每吨饲料115克。防霉剂可抑制霉菌生长，防止饲料发霉。常用的防霉剂有丙酸钠、丙酸钙等，添加剂量分别是每吨饲料2.5克和每吨饲料5克。

3. 使用添加剂预混料应注意的问题　添加剂对于舍饲集中饲养的鸭是必需的，如果不用，很容易发生各种疾病，但添加剂使用不当，也会发生各种问题。轻则无效，重则造成鸭群生病、减产、死亡。所以，使用添加剂应特别注意以下几个问题。

（1）注重产品质量　产品质量好坏相差很大，有些产品中有效成分含量很少，有的实际成分含量与包装袋上标明的含量不符。一定要找可靠的生产单位或销售点，购买质量好的产品，最好是别人用过有效而且质量稳定的产品。如果没人用过，应选择产品生产企业可靠、包装说明清楚、出厂日期靠近的产品先行试用。不能单纯贪图便宜，买进伪劣产品，导致鸭群生长不好，甚

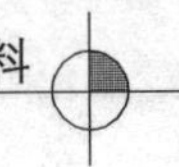

至生病造成损失。

（2）*严格按产品说明书使用*　添加剂预混料中各种成分的含量都是经过科学研究制定的，用少了不够，用多了不但浪费还会造成危害。因此，使用的分量、方法都必须严格按照产品说明书进行。

（3）*注意与饲料混合均匀*　添加剂预混料虽已加有载体、稀释剂经过预混合，但其用量仍很少，只占饲料量的千分之几或百分之一二。如果搅拌不均匀，就会出现问题。如果用人工搅拌，应采取先和少部分饲料拌匀后再与全部饲料混合拌匀。

（4）*注意保存*　维生素、酶制剂、益生素等添加剂在光照、空气中很容易失效。如果受潮受热则破坏得更快。因此，买来的添加剂预混料应存放在干燥、阴凉、避光处。开包后应尽快用完，没用完的应包严放好。添加剂贮存时间愈长效力愈差，故一次不应买得过多，而且放置时间过长的最好不用。

七、自配饲料

有条件的养殖场（户）为了节约饲料成本，可自配饲料，即从市场上购买各种饲料原料如玉米、豆饼、麸皮、鱼粉、骨粉和添加剂等，按照制定的饲料配方和饲料配合的要求，自行配制全价饲料。不会制定饲料配方的养殖户可直接从市场上购买平衡用配合饲料或精料混合料，并根据生产厂商提供的配方，适当添加能量饲料、青粗饲料。但是自配饲料要具备几个基本要求。

1. 从业者必须要具有一定的饲料与营养方面的基础知识　比如要了解鸭常用饲料的营养特点，熟悉不同品种、经济用途、生长阶段和生产水平的鸭的营养需要特点，还要知道饲料配合的原则和方法。

2. 具有饲料加工配合的场所　饲料车间必须建设在地势高燥、比较卫生的地方，不要太靠近鸭舍，防止噪声和粉尘干扰。还要有比较好的仓储条件，严防饲料受潮、发霉、变质。有条件的场（户）最好要把原料、成品分开贮存。

3. 要配备一定的机械设备 养殖场（户）不论规模大小，必须具备饲料粉碎机。饲料搅拌机和制粒机械可根据饲养规模和经济状况灵活选购。饲料定量时还需要微量秤和磅秤。规模较大的场可配备饲料生产的成套设备。

八、鸭的饲料配方

1. 饲料配方的基本要求 养鸭要获得高的生产效益和经济效益，必须要有好的饲料配方。饲料配方的基本要求：一个好的饲料配方必须具有营养全面、充足、平衡，饲料选择搭配合理，没有毒害和成本低廉等基本特点。

（1）营养全面、充足、平衡 按配方配制出来的鸭饲料应含有鸭需要的全部营养物质，而且每种养分的含量应能满足鸭高产的需要。同时，各养分间的比例还应恰当，不得有个别养分比例过高或过低，以免影响养分的实际利用效率。

（2）饲料的选择和搭配合理 为了配制营养全面、充足而且平衡的日粮，应选用多种饲料合理搭配。饲料配方中应包括能量饲料、蛋白质饲料、矿物质饲料、维生素饲料；每类饲料最好几种，以便互相取长补短保证营养物质平衡。每种饲料的用量要适当，既要满足营养需要，又要有利于采食和消化利用。各种饲料一般的用量比例如下：谷实50%～70%，糠麸5%～30%，饼粕10%～25%，动物性饲料2%～10%，矿物质饲料2%～8%，草粉、叶粉2%～5%，油脂2%～6%，食盐0.2%～0.4%，青饲料30%～40%。以上饲料在一个配方中不一定都用，所用比例也要根据鸭的饲养方式、生产类型和饲料来源等条件而定。例如肉鸭生产早期就不一定用糠麸，以免配方养分水平偏低；产蛋鸭矿物质饲料往往要用到7%～8%，以提供足够的钙源形成蛋壳；当有品质好的维生素、微量元素添加剂时，草粉、叶粉和青饲料可以不用。

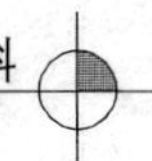

(3) 没有毒害　有些饲料含有一些有毒有害物质，或统称抗营养因子，这种饲料在饲料配方中的用量必须加以控制。例如菜子饼粕和棉子饼粕都含有抗营养因子，用多了不但适口性差，而且会使鸭中毒，一般用量最好不超过4%。鲜鱼中有一种物质能破坏维生素 B_1，喂多了容易发生维生素 B_1 缺乏症。

(4) 降低成本　在满足营养需要和没有毒害的前提下，在同类饲料中应尽量选择价格较低的品种，以降低成本。但有时为满足一定的营养要求，用一部分价格较高而质量好的饲料反而比大量用价格低但养分含量也较低的饲料成本低，因此需要仔细核算。掌握了最低成本配方的技术，可以降低饲料成本5%～20%。

2. 配方实例

(1) 绍鸭的饲料配方　绍兴鸭有一部分仍为放养，一部分已集中舍饲。放养鸭的饲料组成见表 3-13。

表 3-13　绍兴鸭饲料配方（苏南地区）（克/只·天）

产蛋率(%)	糠麸	碎米	榨油饼	合计	鲜料	蚕蛹	螺	合计	青料	矿物料
0	130	10	—	140	—	—	—	—	150	5～10
10	115	15	—	130	5～10	—	25	30～35	150	5～10
35	95	25	10	130	20	7.5	50	77.5	125	5～10
50	90	25	10	125	30	10	150～200	190～240	125	5～10
80以上	90	25	10	125	40	15	250～450	305～505	125	5～10

注：鲜料指小鱼虾及鱼废弃物；矿物料为蛋壳粉、贝壳粉、食盐（1∶1∶1）的混合物。

浙江地区：精料（3种以上搭配）100～150克，螺500克（相当于干螺肉25克）或鱼粉20～25克，青料（鲜水草）100～150克，矿物料若干（喂螺时不用）。

舍饲喂配合饲料时，可参考通用配方。

(2) 高邮鸭的饲料配方　高邮鸭的饲养也有放养、舍饲之分，放养时的饲料可参考绍鸭。高邮种鸭场筛选的舍饲用饲料配方如下。

①雏鸭饲料配方（%）　玉米40，次粉14，米糠14，豆饼19，鱼粉7，骨粉1.79，贝壳粉3，食盐0.2，维生素添加剂0.01，微量元素添加剂1.0（按说明书使用）。

②仔鸭饲料配方（%）　玉米52，次粉10，米糠10，豆饼15，鱼粉7，骨粉1.79，贝壳粉3，食盐0.2，维生素添加剂0.01，微量元素添加剂1（按说明书使用）。

③产蛋鸭的饲料配方　见表3-14。

表3-14　产蛋鸭饲料配方（%）

编号	玉米	米糠	麸皮	稻谷	小麦	大麦	豆饼	进口鱼粉	虾糠	添加剂青料
1	30	30	—	10	10	—	15	5	—	适量
2	—	30	10	10	—	30	15	5	—	适量
3	40	40	—	—	—	—	—	—	20	适量

（3）北京鸭的饲料配方

①肉用仔鸭饲料配方见表3-15。

表3-15　肉用仔鸭饲料配方（%）

日　龄	0～21			22～49	
编号	1	2	3	1	2
玉米	59.8	54.3	58.8	64.9	67.7
豆饼	20	24	18	11.5	9.5
血粉	3	3	3	3	3
鱼粉	9	12	9	6	5
骨粉	0.9	0.1	0.8	1.2	1.5
贝壳粉	1	1.4	1.1	1.1	1
麸皮	1	—	9	12	12
油脂	5	5	—	—	—
食盐	0.3	0.2	0.3	0.3	03

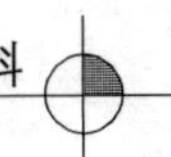

（续）

日龄	0～21			22～49	
编号	1	2	3	1	2
另加：赖氨酸	—	—	—	0.03	0.05
蛋氨酸	0.02	0.02	0.01	0.04	0.04
喹乙醇 微量元素、多维素	适量				

注：引自北京双桥种鸭场资料。

②产蛋鸭饲料配方见表3-16。

表3-16 产蛋鸭饲料配方（%）

饲料		豆饼	玉米	高粱	麸皮	鱼粉	骨粉	食盐
产蛋率（%）	5～50	24	42	10	18	3	2.5	0.5
	50～70	27	40	15	10	5	2.5	0.5
	70以上	28	42	10	10	7	2.5	0.5
	停产	10	44	10	33	0	2.5	0.5

注：分析鱼粉含盐量，扣减食盐用量。

③填饲育肥鸭饲料配方　传统的北京填鸭，当仔鸭长到45～70日龄，体重达1.5～1.75千克时，开始填肥。此时不再饲喂青饲料和鲜荤料，以免影响肉质。用多种饲料搭配做成长4～6厘米、粗1.5～2厘米的“剂子”，每天填喂150～200克，并逐渐增加到450克。“剂子”的配方如下。

北京地区（%）：①玉米47，麸皮15，大麦10，高粱13，豆饼5，鱼粉3，矿物质添加剂4.7，食盐0.3，沙粒2。②玉米62，麸皮15，次粉15，鱼粉3，骨粉2，贝壳粉3。

上海地区（%）：玉米15，麸皮3，大麦25，米糟47，白糠5，次粉5，另加食盐0.5，碳酸钙3。

（4）樱桃谷鸭的饲料配方　见表3-17。

表 3-17　樱桃谷鸭饲料配方（%）

饲　料	雏鸭（1～25 日龄）	中鸭（26～45 日龄）	育肥前期	育肥后期
玉米	50	50	35	35
高粱	—	—	—	6.5
大（小）麦	—	17	—	—
碎米	10	10	—	—
豆类（炒）	—	—	5	—
面粉	—	—	26.5	30
麸皮	10	12	—	—
米糠	—	—	30	25
豆粕	16	—	—	—
菜子饼	4	5	—	—
鱼粉	7.5	4.5	—	—
肉粉	1	—	—	—
骨粉	—	—	1	1
贝壳粉	1	1	2	2
食盐	0.5	0.5	0.5	0.5
预混料	适量	适量	适量	适量

（5）狄高鸭的饲料配方　见表 3-18。

表 3-18　狄高鸭饲料配方（%）

饲料（粗蛋白质含量%）	雏鸭	肉鸭	育成鸭	种鸭
玉米（9）	60.8	71.3	59	52.3
稻谷（12）	8	8	12.5	10.5
豆饼（45）	17.5	8	2	4
花生饼（45）	5	5	5	5
椰子粉（22）			8	8

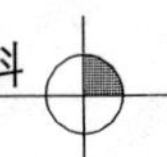

（续）

饲料（粗蛋白质含量%）	雏鸭	肉鸭	育成鸭	种鸭
鱼粉（60）	4	2		
骨粉（45）	4	5	5	6
干啤酒糟（25）			7.5	7.5
石粉			0.5	6
食盐	0.2	0.2	0.2	0.2
矿物质、维生素预混料	0.5	0.5	0.3	0.5

注：引自《狄高肉用鸭管理指南》。

（6）通用鸭配合饲料配方　如果不考虑品种，用表3-19所列配方调制的鸭饲料，也能获得较好的效果。

表3-19　通用鸭配合饲料配方（%）

饲料	肉用仔鸭						蛋用鸭						
	1			2			1			2			
	0～2周龄	3～6周龄	6周龄以上	0～2周龄	3～6周龄	6周龄以上	0～3周龄	4周龄～开产	产蛋	0～3周龄	4～8周龄	8周龄～开产	产蛋
玉米	64.6	74.2	76	64.5	73.8	75.7	65.4	68.1	70.2	70.2	73	53.9	63.1
麸皮	—	1	4.6	—	2.7	6.5	—	10.5	—	—	1	31.8	4.8
豆粕	28.1	16.7	11.4	30.7	20.2	14.8	25.8	18.4	20.4	22.6	17.9	5.8	18.7
菜子饼	2	5	5	—	—	—	—	—	—	2	5	5	5
进口鱼粉	2.6	—	—	2	—	—	6.7	—	0.2	2	—	—	—
赖氨酸	—	—	0.06	—	—	0.02	—	—	—	0.2	0.09	0.1	—
蛋氨酸	—	—	—	—	—	—	0.06	—	—	0.06	0.02	0.03	—
骨粉	1.13	1.7	1.04	1.2	1.7	1.0	0.4	1.3	1.4	1.3	1.35	1.25	1.35
贝壳粉	0.27	0.1	0.6	0.3	0.3	0.68	0.34	0.4	6.5	0.34	0.34	0.82	5.75
食盐	0.3	0.3	0.3	0.3	0.3	0.3	0.3	0.3	0.3	0.3	0.3	0.3	0.3
预混料	1	1	1	1	1	1	1	1	1	1	1	1	1

注：预混料为品质良好的微量元素、多种维生素等添加剂。

第四章 鸭的孵化技术

家鸭经过人类长期的驯化与培育，已经丧失了天然孵化的本能（就巢性）。因此，家鸭种蛋的孵化已全部依赖人工孵化技术，才能繁衍与生存。但瘤头鸭（番鸭）仍有就巢性，在集约化的鸭场，也采取人工孵化，以满足生产需要。种蛋的人工孵化主要是掌握合适的温度、湿度、通风换气和翻蛋等技术，为鸭胚发育创造良好的环境条件。为了获得种蛋的最高孵化率和最好的鸭苗，首先必须加强种鸭的饲养管理，提供高质量的种蛋，同时还要做好种蛋的消毒、保存工作，掌握种蛋孵化技术。

第一节 蛋的构成

一、蛋的构成及作用

蛋由蛋壳、壳膜、气室、蛋白、蛋黄、系带、胚珠（胚盘）等几个部分组成（图 4-1）。

1. 蛋壳 蛋壳是蛋最外层硬壳，主要包裹和保护蛋的内容物。不同品种鸭所产的蛋，蛋壳厚度不一样，一般为 0.32～0.44 毫米，小头（又称锐端）比大头（又称钝端）略厚些。蛋壳重为全部蛋重的 13%～14%。蛋壳主要由碳酸钙组成，分为油质层（亦称胶质层、壳上膜）、海绵状层（栅状层）和乳头层。

蛋壳上密布着 4～10 微米的孔隙，叫气孔，每枚蛋约有 8 000个气孔，钝端的气孔最多。胚胎发育过程中，通过气孔进行气体交换和水分的代谢。蛋壳还具有透视性，用强光照射可观

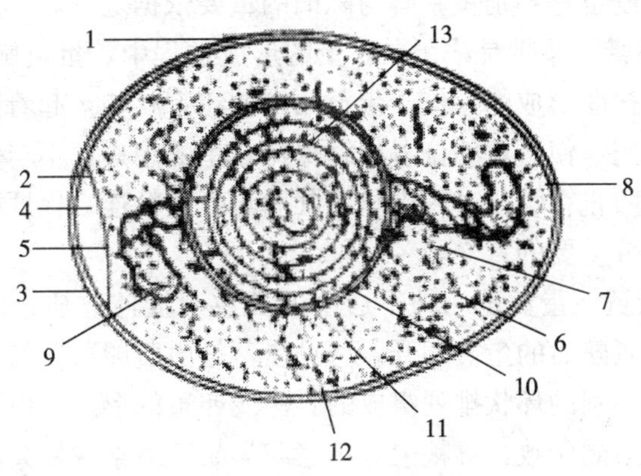

图 4－1　种鸭蛋的构造

1. 油质层　2. 蛋壳膜　3. 蛋壳　4. 气室　5. 蛋白膜
6. 稀蛋白　7. 浓蛋白　8、9. 系带　10. 蛋黄膜
11. 黄蛋黄层　12. 淡蛋黄层　13. 胚盘

察蛋内部变化，便于检查蛋的品质和观察胚胎的生长发育。

2. 壳膜　壳膜分内外两层：内层包围蛋白的叫蛋白膜或内壳膜，外层紧贴蛋壳的叫外壳膜。

3. 气室　蛋的大头（钝端）在内外蛋壳膜之间有一空间，叫气室。蛋产出体外后，由于外界温度比体温低，蛋的内容物发生冷缩，而大头气孔多，空气进入此处使内外壳膜分离，就形成气室。鲜蛋存放久了，水分不断向外蒸发，气室就增大，所以可根据气室的大小来判别蛋的新鲜程度。

4. 蛋白　蛋白是一种白色半透明的黏稠状半流体，约占全蛋重量的 50%。蛋白分为 4 层，紧贴蛋黄表面的一薄层叫内浓蛋白层（包括系带），约占整个蛋白的 2.7%；第二层为内稀蛋白层，约占 17.3%；第三层叫外浓蛋白层，约占 57.0%；最外一层叫外稀蛋白层，约占 23.0%。随着存放时间的延长，在蛋白中酵素的作用下，浓蛋白逐渐变稀，稀蛋白随之增多。所以蛋白的浓稠度也是判别蛋新鲜与陈旧的重要依据之一。

5. 系带 系带是浓蛋白在蛋的形成过程中，蛋黄旋转前进，前后两端扭曲形成的，位于蛋黄两端的纽带状物，起着固定蛋黄位置的作用，使蛋黄的位置始终保持在蛋的中央，不与壳膜相接触，这对防止在孵化过程中早期胚胎与壳膜粘连，保证胚胎正常发育有十分重要的意义。

6. 蛋黄 蛋黄是一种不透明的黄色半流体物质，由卵黄膜包住。把煮熟后的蛋黄切开，可见蛋黄是由黄卵黄层与白卵黄层交替成同心圆的环状排列组成的。深浅卵黄的形成是由于家禽昼夜代谢率不同所致。日粮中叶黄素和类胡萝卜素含量高或多放牧的家禽，深浅卵黄层愈明显。在连续产蛋中生的蛋，一般深浅卵黄层为6层，产蛋较少时，黄卵黄的层次会增加。

7. 胚珠（胚盘） 在蛋黄上，卵黄膜的下方有一个小白圆点，称为胚珠。卵子受精后，在输卵管内的形成过程中，受精卵经多次分裂，形成中央透明，周围较暗的盘状囊胚，叫做胚盘。

二、畸形蛋类型及形成原因

1. 双黄蛋和三黄蛋 有时发现一个蛋中有两个或三个以上的蛋黄，其原因是两个以上的卵子同时成熟或成熟时间过近，排卵后在输卵管内相遇，被蛋白包围在一起。这种现象在青年母鸭中容易发生，因为青年母鸭生活力旺盛，或是母鸭未到完全性成熟的时候，不能正常排卵所致。

2. 小蛋 小蛋一般没有蛋黄，是由输卵管黏膜上皮组织脱落刺激输卵管分泌蛋白和蛋壳所致。少数小蛋也有少量蛋黄，是由于卵子碎块进入输卵管，刺激输卵管分泌作用而成。

3. 蛋中蛋 当蛋已在子宫形成硬壳后，由于受惊吓或某些生理反常现象，输卵管发生逆蠕动，将蛋推至输卵管上部，当恢复正常后，蛋又沿输卵管下行，刺激输卵管又分泌蛋白和蛋壳，将已形成的蛋包围，而形成蛋中蛋。

4. 血斑蛋、肉斑蛋　血斑蛋是排卵时血管破裂，血流在蛋中（多数发现血斑在卵黄上）形成的，也有是遗传性的。此外，饲料中缺乏维生素 K 时，也会出现血斑蛋。肉斑蛋是当卵子进入输卵管时，一些输卵管的黏膜上皮组织脱落，一起被蛋白包围所致。一般青年母鸭会有这种现象，但不多。高产期很少发生，低产期比较常见，这主要是生殖机能控制差的缘故。鸭蛋中血斑蛋、肉斑蛋比率较低。

5. 薄壳蛋或软壳蛋　蛋壳厚度小于 0.27 毫米的为薄壳蛋，产生薄壳蛋或软壳蛋主要是饲养管理问题：

（1）长时间不断高产，所需钙质难以从饲料中得以补充。

（2）环境温度过高，食欲减退，采食饲料减少，钙质供不应求。

（3）密度过大，引起鸭只不舒服，活动减少。

（4）传染性支气管炎或鸭瘟导致钙质吸收功能降低，使蛋壳变薄。注射疫苗也容易产生软壳蛋。

（5）饲料中钙、磷和维生素 D 不足。

（6）用药不当。

如果发现种鸭所产的蛋中，薄壳蛋占 1/3 时，则可能是遗传的，这样的鸭应予淘汰。

6. 其他　由于输卵管的生理反常，产生过长、两头尖、过圆、扁形或壳上带有皱纹的蛋，有时也可发现个别双壳蛋（即双层蛋壳）。疾病通常被认为是畸形蛋的主要形成原因之一。

第二节　种蛋的管理

一、生产优质种蛋的条件

优良健康的种鸭、良好的鸭舍饲养条件、合理的饲料与科学的饲养管理等都是生产优质种鸭蛋的必要条件。

1. 优良健康的种鸭　只有健康、活力强盛的种鸭才能产下合格的种蛋，而且种鸭必须按计划接种疫苗，同时防止寄生虫的感染。整个鸭场（包括孵化设施）必须洁净，以保证种鸭体质健壮，产蛋期间尽量少用或不用抗生素等药物。

2. 良好的鸭舍饲养条件 种鸭必须饲养在通风良好的鸭舍中，舍内温度适宜，具有良好的垫草条件，舍内必须干燥、不起灰尘、地面无硬块、无霉菌等，以及必须具有合理的光照条件，保证足够的饲喂和饮水，充足的水陆运动场。

3. 合理的饲料与科学的饲养管理 种鸭要按照饲养管理规定进行饲喂，提供合理的饲料，进行科学的饲养管理。在开产时，应注意日粮中的维生素和微量元素含量，同时也要注意钙、磷的供给量及钙、磷间的平衡。定期给鸭补饲些维生素对鸭群是有利的。营养不平衡的饲料和疾病都可以引起种鸭出现肠炎，继而降低营养物质的吸收率，致使种蛋品质和孵化率下降。

4. 公母鸭配比 母鸭过多，不能得到公鸭配种；公鸭过多，会产生争斗现象。这二者都会降低产蛋率和种蛋受精率。在产蛋阶段不要在鸭群中放入新的公鸭，否则将可能引起鸭群配种间的混乱。

5. 鸭群的年龄 刚开产的蛋孵化效果较差。就肉种鸭来说，8～13 月龄所产的蛋孵化效果最好。一般种鸭最好使用 1 年，因为第一产蛋年的产蛋率最高，以后逐年下降。考虑经济因素，也有利用两年的，但利用年限过长，所产种蛋质量就会下降，孵化率也受影响。

6. 产蛋窝或产蛋箱的设置 种鸭产蛋时一般使用产蛋窝，使用前应铺上一层厚度适当的清洁垫草。在产蛋阶段应经常往产蛋窝内添加新的垫草，破蛋及脏垫草必须立刻从产蛋窝中清除，因为这些都是寄生虫和微生物的潜在温床。由于母鸭喜欢在黑暗处产蛋，因此产蛋窝必须具有足够的深度，而且不能将产蛋窝设置在很亮的地方，人工补光时也不能将灯泡直接挂在产蛋窝的正

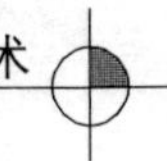

上方。

7. 集蛋 集蛋次数取决于季节、气候条件以及产蛋窝的设置方式等。产蛋时蛋的温度为41℃，即鸭子的体温。蛋产出后应在约6小时内逐渐冷却至27℃，在此温度下胚胎发育缓慢，几乎停止。若将种蛋保存在27℃以上，则胚盘继续发育，而以后当发育过度的胚盘冷却时，却可能死亡。种蛋不宜过速冷却，在这种情况下胚胎发育延缓，结果形成弱胚，最后也可能死亡。只有那些逐渐冷却的种蛋才可能发育成强壮的胚盘，并能很好地保存与运输。由此可见，为保证种蛋的质量必须勤捡蛋。种蛋应捡入蛋托，蛋托必须干净，放置时小端朝下，并将破蛋和脏蛋搁置一边，勿用铁丝篮和铁桶装蛋。

二、种蛋的选择

1. 种蛋的大小和蛋形 一般来说，种蛋大小与成年体重成正比。过大或过小的种蛋，其孵化率会受到影响。种蛋一般以卵圆形为好，过长、过圆等畸形蛋必须剔除。

2. 蛋壳质量 选择种蛋时，薄壳蛋、钢皮蛋、沙壳蛋和皱纹蛋等畸形蛋不宜作种蛋。

三、种蛋的保存和运输

1. 种蛋的保存 种蛋的保存室由两部分组成：一部分供种蛋的清洗以及贮存包装材料，另一部分供保存种蛋。后者必须具备冷却与取暖系统，并有很好的绝热条件，能保持恒温和恒定湿度。蛋库内不应有灰尘、过堂风和鼠类。一般建议将种蛋保存温度控制在15℃，但根据保存时间的长短应有所区别。种蛋保存3～4天的最佳温度为22℃，保存4～7天的最佳温度为16℃，而保存7天以上应维持在12℃。种蛋在保存期间由于水分蒸发而失去水分，周围空气中相对湿度越低水分蒸发越快，适宜的相对湿度为70%～80%；但保存条件不应达到露点，因为此时蛋壳表面凝集水分，给细菌生长提供了有利的条件。贮蛋室必须保持恒温，否则相对湿度也将波动。同时将通风限制在最低程度。若贮蛋室无冷却设备，则可在夜间放入新鲜空气，而在白天暖和时贮蛋室应关上。如种鸭场内无贮蛋室，则每周至少两次（最好每天）将种蛋送往孵化室。

2. 种蛋的运输 种蛋运输时应注意包装完善，避免震荡，以防破蛋。装车和卸车时需要特别小心。冬季运输时，注意保温，以防将种蛋冻裂。远距离运输一般多运送出雏前几天的“嘌蛋”。

四、种蛋的分级和清洗

多数情况下种蛋的分级与清洗工作可同时在孵化厅进行。在选择种蛋时，肉鸭对蛋壳质量和形状的要求可比蛋鸭放宽些。以下各类种蛋不宜用于孵化：脏蛋、破蛋、薄壳蛋、蛋壳表面粗糙或不均匀的蛋、畸形蛋、气室不正常、血斑和肉斑较大的蛋。种蛋可以用水洗，但勿用沾了水或醋的布去擦。正确清洗的种蛋对孵化率无不良影响。

五、种蛋的消毒

蛋在产出后会受到微生物的污染，所以对每天所产的蛋必须马上进行消毒。消毒种蛋应在特别设计的小室内进行，温度、湿度以及消毒时间和通风都可以得到控制。消毒的目的是杀死蛋壳表面的细菌、霉菌以及病毒，以防它们穿过蛋壳上的无数气孔而进入种蛋。

消毒剂可采用粉状或液状的福尔马林加高锰酸钾。消毒 1 米^{3}空间，方法一：用 6 克甲醛置于特殊的电热盘中加热至 204.4℃；方法二：用 15 克高锰酸钾和 30 毫升 40％的福尔马林，将福尔马林加入盛有高锰酸钾的瓷盆中，温度 25℃、相对湿度 75％条件下消毒 30 分钟。

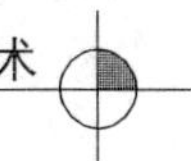

第三节　种蛋的孵化

一、胚胎发育规律

鸭属卵生禽类，受精卵产出体外后，还需通过孵化才能繁殖后代。胚胎发育分为母体内发育和体外发育两个阶段。母体内发育阶段即蛋形成过程中的胚胎发育，从受精卵的形成到蛋的产出需24～26小时，在此期间受精卵不断分裂，形成一个多细胞的白色盘状囊胚，称为“胚盘”。体外发育阶段，鸭蛋完全脱离母体，只能利用蛋内的营养物质和外界适宜条件发育。种蛋入孵后，其内外胚层之间形成中胚层，随着胚胎不断发育，外、中、内3个胚层逐渐形成各种器官和组织。

正常的受精蛋，在合适的孵化条件下，27.5天出壳。如出壳时间提前或迟后12～14小时，对雏鸭体质影响不大，若超过14小时出壳就会有所影响。鸭胚胎的发育规律见表4-1。

表4-1　鸭胚胎的发育规律

胚龄（天）	俗称	照蛋时看到的特征
1	小圆点	胚胎在蛋黄上呈一较为透明的小圆点
2	鱼眼珠	圆点较前略大，似鱼眼珠，又称“白光珠”
3	樱桃珠	胚胎较前扩大，形似樱桃粒
4	蚊虫珠	胚胎和伸展的卵黄囊血管形状似蚊虫
5	小蜘蛛	卵黄囊血管形状似蜘蛛，蛋转动时，卵黄不易跟着转动
6～7	单珠	明显看到黑色眼点，又称起珠
8	双珠	可看到两个小圆团，为头部和弯曲的躯干部
9	沉底	胚胎在羊水中不易看清
10	浮游	胚胎似在羊水中浮游，蛋黄的边不易移动
11～12	发边	尿囊血管迅速伸展，越出卵黄

（续）

胚龄（天）	俗称	照蛋时看到的特征
13～14	合拢	尿囊血管在小头合拢，除气室外都有血管
15～19	收亮	血管加粗，颜色加深，小头发亮部分日益缩小
20～21	封门	以小头对准光源，看不到发亮部分，又称关门
22～23	转身	因胚胎转身，气室向一边倾斜
24～25	闪毛	气室内可看到黑影在闪动
26	起嘴	胚胎喙部穿破壳膜，深入到气室内
27	啄壳	头部突入气室更多，部分已将蛋壳啄开一个小洞
27.5～28	出壳	雏鸭破壳而出

二、孵化条件

孵化期间，鸭胚胎发育所需的外界条件包括温度、湿度、通风换气、翻蛋和凉蛋等。孵化条件是否适宜，直接影响胚胎的正常发育，从而影响孵化率和雏鸭品质。

1. 温度　温度是孵化的首要条件。只有适宜的孵化温度，才能保证胚胎正常发育。由于鸭蛋较大，蛋壳和蛋壳膜较厚，受温慢、吸温时间较长，因而在孵化初期需要稍高而稳定的孵化温度，以促进胚胎的早期发育。

根据胚胎发育不同阶段施以不同孵化温度的孵化方法称为变温孵化。一般不同阶段的温度要求为：前期 37.9～38.1℃、中期 37.6～37.9℃、后期 37.2～37.4℃。

如果每隔数天入孵一批，机内有数批不同胚龄的胚蛋时，则孵化温度应为 37.8～37.6℃，孵化后期 37.3～37℃，这种孵化方法称为恒温孵化。由于恒温孵化与鸭胚不同发育阶段所需不同温度不一致，不利于胚胎发育，所以一般利用温热上升的特点，将孵化机的上层放置刚入孵的种蛋，将孵化胚龄长的往下面

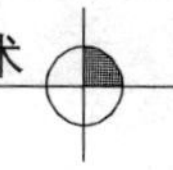

放置。

在实际孵化过程中，孵化温度还受孵化机类型、性能、种蛋类型以及外界气温等因素的影响，需视具体情况，加以灵活掌握。

2. 湿度　在相同温度下，湿度不同，胚胎所感受的温度也不同。孵化初期要求稍大的湿度，使胚蛋受热良好，并减少蛋中水分的蒸发，这样有利于形成胚胎的尿囊液和羊囊液，一般以55%～60%为宜；孵化中期，随着胚胎发育、胚体增大，需排出尿囊液、羊囊液以及代谢产物，故需降低湿度，一般为50%～55%，以利于胚蛋中水分的蒸发；孵化后期，为了促进胚胎破壳出雏，应提高湿度到65%～70%。在啄壳出雏阶段要有足够的湿度，水分与二氧化碳作用产生碳酸，碳酸使蛋壳的碳酸钙变为碳酸氢钙，从而使蛋壳变脆，同时使胚胎不致脱水及绒毛干枯而与壳膜粘连。出雏机湿度一般为65%～70%，当出壳达10%～20%时，应将湿度提高到75%以上，以促使雏鸭顺利出壳。

3. 空气　胚胎在发育过程中必须不断进行气体交换，吸入新鲜空气，排出二氧化碳。气体交换量随着胚龄的增长而增多，出壳时，需氧量和二氧化碳排出量约为1胚龄的100倍。孵化机内二氧化碳含量达到0.5%以上时，对胚胎就会产生不良影响；达到2%时，就会使孵化率急剧下降；达到5%时，孵化率可降至零。通风量的大小会影响机内湿度变化，通风量过大，机内湿度降低，胚胎内水分蒸发加快，通风量过小，机内湿度增加，气体交换缓慢，这些都会影响孵化率。因此，通风与湿度的调节要兼顾。冬季或早春孵化时，机内温度与室温的温差较大，冷热空气对流速度增快，应注意控制通风；夏季机内温度与室温温差小，冷热空气交换的变化不大，应注意加大通风。

4. 翻蛋　翻蛋的主要作用是为了防止胚胎与壳膜粘连，使胚胎血管循环受阻，影响胚胎的正常发育。同时，定时转动蛋的位置，可增加胚胎运动，增加卵黄囊、尿囊血管与蛋黄、蛋白的接触面，有利于营养物的吸收。大型电孵机每昼夜应转动蛋10～12次，转蛋的角度应达到90°。平面孵化器或缸孵时，采用手工转蛋，昼夜转蛋次数应不少于4次，转蛋角度应达180°。

5. 晾蛋 鸭胚胎发育到中期以后，由于脂肪代谢增强而产生大量的生理热。因此，定时晾蛋有助于鸭蛋的散热，促进气体代谢，提高血液循环系统机能，增加胚胎调节体温的能力，又可防止机内出现超温，对提高孵化率有良好的作用。

晾蛋的方法归纳起来可分3种：一种为机外晾蛋，孵化8～10天或15～16天将蛋盘移出机外，每次放晾至蛋温降到30℃左右，晾后在蛋面上洒些温水。另一种为机内晾蛋，从孵化1～2天起，每天降低机温2次，每次降至32～35℃，然后恢复正常孵化温度，每次30分钟左右。第三种为逐期降温，从孵化初期的37.8℃降至孵化末期的37.0℃。这3种方法对提高孵化率均有一定效果。但实践证明，采用同批入孵、变温孵化和机内晾蛋或喷水晾蛋的方法，不仅可节约劳力，而且孵化效果较好。

三、胚胎发育的监控

在孵化过程中，导致胚胎死亡的原因是多方面的。通过照蛋、称重、解剖以及啄壳出雏等一系列方法，及时发现胚胎发育是否正常，了解胚胎死亡情况，分析原因，根据实际情况调整孵化条件，以提高孵化效果。

1. 照蛋 通过照蛋可以全面了解胚胎的发育情况，了解孵化条件是否合适，便于及时调整孵化条件，使胚胎正常发育，提高孵化率和鸭雏质量。照蛋时要剔出无精蛋和死胚蛋，以免变质腐败而污染活胚蛋和孵化机。

（1）*照蛋方法* 照蛋是利用蛋壳的透光性，通过阳光、灯光透视观察所孵种蛋的胚胎发育情况。目前规模孵化厂一般均采用手持照蛋器（图4-2），照蛋时将孔按在蛋的大头，逐个点照。此外，还有装上光管的反光镜的照蛋框，将蛋盘置于其上，可一目了然地检出无精蛋和死胚蛋。

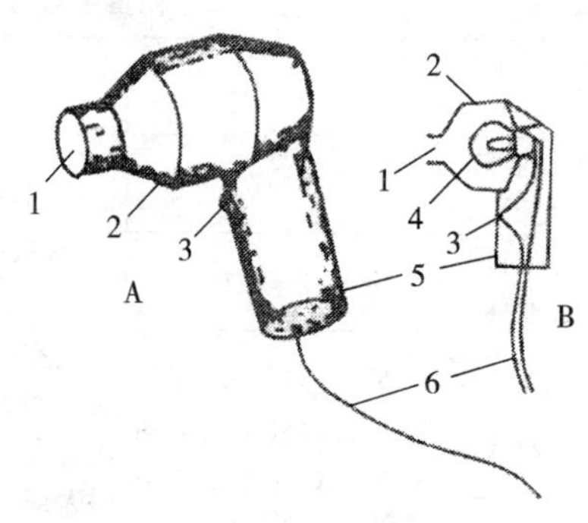

图4-2 照蛋器
A. 外形 B. 结构模式
1. 照蛋口 2. 外壳 3. 开关
4. 灯泡 5. 手把 6. 电线

为了增加照蛋的清晰度，照蛋室需保持黑暗。如没有专用的照蛋间，则可在晚上进行照蛋。照蛋之前，如遇严寒应加热提高室温至28～30℃。照蛋时要逐盘从孵化器内取出。头照时为防止照蛋时蛋温过度下降，种蛋在孵化机外停留的时间不应超过20分钟，如时间过久会使蛋温过度下降，影响胚胎发育而延迟出雏。

（2）*照蛋次数* 种蛋在孵化期中，照蛋的次数应视孵化场规模、孵化方式、孵化设备以及照蛋器类型而定。孵化场刚开始孵化时，为了能掌握孵化机性能以及摸清各阶段孵化的注意点，可适当增加照蛋次数。使用平面孵化机时，由于容蛋量较少，可分头照、二照和三照进行。立体式八角形蛋架的孵化机容蛋量较大，头照和三照均全照，二照时只抽样检查尿囊是否在蛋的小头“合拢”。至于巨型房间式或翘板蛋车式孵化机，孵蛋量较多，孵化条件比较稳定，如种蛋新鲜、受精率较高时，只需在胚蛋转移到出雏机时进行一次照蛋，以减少照蛋的工作量和破损率，但是不能及时剔出无精蛋和死胚蛋，往往引起死胚蛋变质发臭，污染孵化机。表4-2为各次照蛋的胚龄及胚胎发育情况。

表 4-2　鸭蛋生物学照蛋检查情况

		头照	二照	三照
照蛋胚龄（天）		6～7	13	24～25
照蛋特征通称		起珠至双珠	合拢	闪毛
无精蛋情况		蛋内透明，看不到胚胎、血管、蛋黄的暗影，隐约可见气室边缘，不明显	气室增大，边缘界线不明显。蛋内颜色浅黄发亮，蛋黄暗影增大或散黄浮动，不易见暗影	—
胚胎发育情况	活胚蛋（正常）	气室边缘界线明显，胚胎上浮，隐约可见胚体弯曲，头部大，有明显黑点，躯体弯，有血管向四周扩张分布，如“蜘蛛状”	气室增大，边界明显，胚体大，尿囊血管在小头“合拢”，包围全部蛋白	气室明显增大，边缘界线更明显，除气室外，胚胎占蛋的全部空间，漆黑一团，只见气室边缘弯曲，血管粗大，有时见胚胎黑影闪动
	活胚蛋（弱）	胚体小，血管色浅，扩张面小	胚胎发育迟缓，尿囊血管还未“合拢”，蛋的小头色淡透明	胚胎气室边缘不齐，可见明显的血管
	死胚蛋	气室边缘界线模糊，蛋黄内出现一个红色的血圈或半环或血线条	气室显著增大，边界不明显，蛋内半透明，看不见血管分布，中央有死胚团块，随转蛋而浮动，无蛋温感觉	气室更增大，边界不明显，蛋内发暗，混浊不清，气室边界有黑色血管，小头色浅，无蛋温感觉
	照蛋目的	1. 观察初期胚胎发育是否正常 2. 剔出无精蛋和死胚蛋	1. 观察前、中期胚胎发育是否正常 2. 剔去死胚蛋和头照遗留的无精蛋	1. 观察后期胚胎发育是否正常 2. 剔出死胚蛋

如果各次照蛋符合标准75%以上，只有少数胚蛋稍快或稍慢、差异有限，死胚蛋数占受精蛋总数的比率头照3%～5%、二照2%～4%、三照2%，说明孵化条件掌握得当，胚胎发育正

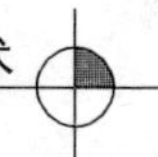

常。如果只有少数胚蛋符合要求，死胚蛋比率低，说明孵化温度偏低。如果绝大多数胚胎发育超过标准要求，而死胚蛋在同一胚龄中显著增多，这是短期超温所致。相反，胚胎发育绝大多数未达到标准要求，说明孵化温度偏低，造成胚胎发育缓慢。

2. 测量蛋重

（1）*测量蛋重*　孵化过程中，由于蛋内水分的蒸发，蛋的重量逐渐减轻，其快慢程度与孵化湿度有密切关系，但也受蛋的大小、蛋壳厚薄、温度高低以及气流快慢等影响。同时蛋的失重在整个孵化期中并不是每天都相同的，孵化开始时较慢，以后迅速增加。出雏时胚蛋重量约为入孵蛋重量的70%～73%，初生雏鸭体重约为入孵蛋重的65%。

（2）*计算蛋重减轻的方法*　入孵以前，将1～2个蛋盘称重，然后装入中等大小的种蛋，再次称重。在总重量中减去蛋盘的重量即为种蛋入孵时的重量（计算平均蛋重）。如孵化种蛋少，可随机抽取50～100个，做上记号称重，并计算平均蛋重。以后定期称重时，减去无精蛋和死胚蛋数，求得活胚蛋的总重（计算平均蛋重），然后算出减重率，根据标准减重率（5胚龄2.0%～2.5%、15胚龄7.0%～8.0%、25胚龄12.0%～15.0%）进行核对，检查是否相符。如不相符，应根据减重率相差幅度调整孵化湿度。

3. 分析死胚原因

（1）*死胚剖检*　剖检死胚以查明胚胎死亡的原因。种蛋品质不良和孵化条件不适当时，死胚往往出现许多病理变化。因此每次照蛋后，特别是最后一次照蛋和出雏结束时，如果胚胎死亡数超出正常死亡数，应将死胚进行解剖。检查死胚外部形态特征，判别死亡胚龄，然后剖检皮肤、肝、胃、心脏、肾、胸腔、腹膜以及气管等组织器官，注意其病理变化，如贫血、充血、出血、水肿、肥大、萎缩、变性以及畸形等，从而分析死亡原因。

（2）*死亡原因分析*　一般孵化正常时，胚胎有两个死亡高峰时期：一是在孵化的16胚龄，二是在孵化的24～27胚龄。

为了便于检查胚胎死亡原因，每次照蛋时剖检死胚蛋判别其死亡胚龄，并登记数量，即可绘制胚胎死亡曲线，然后与正常胚死亡曲线比较。正常曲线为无精蛋不超过4%～5%，头照死胚蛋占2%，17日龄死胚蛋占2%～3%，18日龄以后死胚蛋占6%～7%，后期死胚率约为前期、中期的总和。

如果孵化前期死胚绝对数量增加，多属遗传因素、种蛋贮藏或消毒不当、孵化温度不当、翻蛋不足或晾蛋不当所致。孵化中期死胚率高，多因种蛋中维生素和微量元素缺乏、温度不当或种蛋带有病原体所致。后期死胚绝对数量增加，多因孵化条件不正常、遗传因素影响、胚胎有病、气室异位等造成。如果在孵化过程中某一日死胚数量增多，很可能是突然超温或低温所致。不良孵化结果及其产生原因见表4-3和表4-4。

表4-3　不良孵化结果及其产生原因

不良孵化结果	产生的原因
无精蛋	公鸭无授精能力，公鸭年龄过大，种鸭营养不良；公母鸭比例不当；种鸭饲养密度过大
孵化早期死亡的蛋	种蛋经长途运输震动；种鸭缺乏营养；种蛋贮存期的温度过高；种蛋消毒（熏蒸）不当，孵化初期温度不当
胚胎发育中途死亡的蛋	种鸭营养缺乏；孵化温度不当；孵化期换气不良；孵化期翻蛋不当
胚胎发育正常，但在破壳前死亡	孵化温度不当；孵化湿度不当；换气不良；翻蛋不当，出雏器温度不当
啄壳后死亡	温度过低；短时间高温；换气不足
因胎位不正而造成的死亡	种鸭缺乏营养；孵化温度过高或过低；换气不足；温度不够；翻蛋不足
过早出雏，脐带出血	孵化器和出雏器温度过高
出雏晚	孵化温度低；种蛋过大；种鸭年龄过大；种蛋贮存时间过长

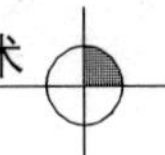

（续）

不良孵化结果	产生的原因
出雏时间不整齐	种蛋贮存不当；孵化器、出雏器温度不当；孵化器内温度不均匀
雏鸭粘着干燥的蛋壳	种蛋在贮存期内温度过低；孵化器内湿度过低
雏鸭黏附黏液	孵化器内温度低；孵化器内高温、高湿；换气不足
脐带收缩不良	出雏器内高温或温度变化幅度过大；出雏器内湿度过高
雏鸭毛短	出雏器内温度高；出雏器内湿度低
弱雏	种鸭饲料中缺乏维生素 A、维生素 D、维生素 B_2、维生素 B_{12} 等；种鸭饲料中缺乏矿物质；孵化室温度低；出雏器内温度高；出雏器换气不足
雏鸭过小	种蛋过小；孵化器内温度过高；孵化器内湿度过低
雏鸭大而软弱	孵化器内温度过低，湿度过高；患脐带炎

表 4-4　孵化不良原因分析一览表

原因	入孵前	一照	开蛋检查	二照	死胎	初生雏
维生素 A 缺乏	蛋黄颜色浅淡	受精率不高，有较多死胚	发育较迟缓	肾及其他器官有盐的沉淀，眼肿胀	许多雏无力破壳，或虽破壳但不出来	有眼病
维生素 B_2 缺乏	蛋白稀薄		发育较迟缓	死亡率增高，营养不良	羽毛“萎缩”，脑膜浮肿	很多雏软弱，颈、脚麻痹
维生素 D 缺乏	壳薄而脆，蛋白稀薄	破壳多，死亡率高	胚囊生长迟缓	死亡率增高	胚胎有营养不良症状	出雏不齐，幼雏衰弱
蛋白中毒	蛋白稀薄，蛋黄流动	—	—	死亡率提高，死胚腿短而弯曲成“鹦鹉嘴”，蛋重减轻不多	胚胎营养不良，腿短而弯曲成“鹦鹉嘴”	许多弱雏，颈、腿麻痹

（续）

原因	入孵前	一照	开蛋检查	二照	死胎	初生雏
陈蛋	气室大，壳陈旧，系带、蛋黄膜软弱	胚胎多在2胚龄内死亡，胚盘表面多为泡沫状	发育迟缓	发育迟缓	—	出壳时期延迟
运输中受强力震动	系带折断，蛋白流入气室，气泡流动	许多散黄蛋	蛋白、蛋黄混为一体	许多臭蛋	—	—
入孵头2天过热	—	胚胎发育加速，很多畸形并粘在蛋壳上	—	很多头、眼、颌畸形	很多头、眼、颌畸形	出壳早，很多畸形
入孵3～5天过热	—	许多部位充血、溢血和异位	—	尿囊早期包围蛋白，心、肝、胃畸形,胚胎异位	尿囊早期包围蛋白，心、肝、胃畸形,胚胎异位	出壳早
短期强烈过热	—	胚胎干而粘着壳	尿囊血管暗黑色，血液凝结	皮肤、肝、肾、心、脑充血、溢血	皮肤充血，头的位置不正常	—
孵化后半期长期过热	—	—	—	—	啄壳时死亡多，不能很好地吸收卵黄，卵黄囊、心、肠充血，心脏小	出壳早，时间拖长，雏鸭弱小，羽毛红枯，粘壳，脐出血，蛋壳上布满血丝
热量不足	—	生长发育比较迟缓	生长发育比较迟缓	生长发育非常迟缓，气室边界平齐	活胚不出壳，尿囊充血，心肥大，卵黄吸入，但呈绿色，肠内充满卵黄和粪	出壳延期，时间拉长，雏萎缩，站立不稳，腹及全身浮肿，有时下痢，蛋壳内污秽多粪

（续）

原因	入孵前	一照	开蛋检查	二照	死胎	初生雏
湿度过高	—	—	尿囊闭塞迟缓	气室界线平齐，蛋重减轻不多	啄壳时，喙粘于外壳，肠胃满是黏性液体	出雏期延迟，期限拖长，绒毛发达，雏与蛋壳粘着，腹大
湿度不足	—	死亡率增高	蛋重减轻较多，胚胎充血黏附于蛋壳	—	蛋壳膜黏附结实，啄壳困难，绒毛干枯	早期出雏，雏轻，绒毛干燥，多橘红色
通风换气不良	—	—	在羊水中有血液	内脏充血、溢血，死亡率增高	在蛋的小端啄壳，不能出雏	—
翻蛋不正常	—	蛋黄粘于蛋壳上，不能转动	尿囊没有包围蛋白	尿囊之处有黏着性剩余蛋白	死胎增多	—
种蛋未消毒，受到双球菌污染	—	蛋壳污秽，多弱精蛋	发育迟缓	气室处的蛋白膜上有绿色霉斑，以后扩大到全部气室	死前胚胎衰弱，发育迟缓，死亡率增高，死胎腐败，混浊，具臭味	—

四、孵化方法

人工孵化技术可分为传统人工孵化法（如缸孵、炕孵与桶孵）和现代人工孵化法（电子调控电气孵化设备）。传统人工孵化设备简陋，不易掌握，且消毒处理困难，影响操作者身体健康。而电气孵化设备日益凸显其优越性，已成为集约化养鸭业、现代化养鸭业的重要标志，是标准化的一个重要方面。

1. 传统孵化法 传统孵化法包括桶孵法、缸孵法、炕孵法。优点是设备简单、不需用电、成本低廉；缺点是靠经验探温和调温，初学者不易掌握，操作时劳动强度大。这三种传统孵化法孵化过程均分为两个阶段进行：前半期靠孵桶、孵缸、火炕供热和保温，后半期上摊床，靠胚胎自温孵化。

（1）桶孵法　由于孵化初期用炒谷为热源，又称炒谷孵化法。主要优点是利用蛋孵蛋，可节约能源，设备简单，孵化量大，成本低廉，对广大农村发展养鸭业具有重要价值。

前期的孵化器具是用竹桶或木桶（俗称炉桶），内壁糊纸，底部填谷壳。种蛋用麻布或网袋包裹，初期热源是炒热稻谷，桶上下可用麻布包裹或用砂纸包裹。种蛋入孵前需先晒蛋或焙蛋加热，然后炒热稻谷放 2 层在桶底，再将种蛋与热谷相间分层放入桶内，至顶层蛋面上又放热谷 2 层。每天经过两次调桶更换热谷，通过上下对调蛋层和加减桶面覆盖物以调节孵化的温度、湿度和换气，一般经过 14～16 天、入孵 4～5 批蛋（每 3 天入孵一批）后，首批胚龄长的胚蛋所产生的热量能满足新蛋胚胎发育的需要时，就可进入自温孵化，即老蛋孵新蛋。此时将各批不同胚龄的胚蛋间隔排列放置桶内孵化。每天须进行调桶，即由上至下更换蛋层两次。自温孵化期的蛋层排列、蛋数变化、加减覆盖物，是孵化过程的关键性操作，须凭经验，灵活掌握。

（2）缸孵法　前期的孵化器具是用稻草和黏土缸，中间放置铁锅，上层放竹编的箩筐，内盛种蛋，盖上稻草编成的缸盖保温，下层是缸灶，设有灶口。热源是用木炭作燃料供温，通过控制炭火的大小，灶门的开闭和缸盖的揭覆，并每天定时换箩筐，把箩筐内上下、内外的种蛋位置相互对调，以调节温湿度和换气。胚蛋在缸内给温孵化至 13～14 胚龄时可上摊床自温孵化。

（3）炕孵法　前期孵化器具是用土坯砌成，像北方冬季保暖用的土炕。炕面铺一层麦秸，再铺上苇席，四周设隔条，炕下设有灶口，有烟囱通向室外，以供烧柴草给温之用。种蛋入孵前须烫蛋或晒蛋并烧炕加温，待炕温恒定时，将种蛋分上下 2 层放在炕席上并盖棉被。通过控制烧炕次数、火力大小、翻蛋、增减覆盖物和调节室内温湿度等措施来调节胚胎所需的温度、湿度和

换气。

（4）摊床孵化　不论桶孵法、缸孵法或炕孵法，胚蛋经过前半期孵化，后半期均是借助胚胎产热而自热孵化，此时将胚蛋移上摊床孵化至出雏，称为摊床孵化。

摊床是木制形长架，一般分为2～3层，摊床的大小长短视室内面积和布置形式而异，床面铺纸撒置谷壳再加上草席，床内边沿围以旧棉条做隔条。初上摊床时，视室内温度的高低，将胚蛋平放一层或叠放两层，在蛋面上盖以覆盖物，以后每日翻蛋2～3次，当蛋温增加后则平放一层，蛋的疏密也视室温而定。翻蛋是将位于中心的蛋与边蛋位置相互调换，以调节温差，促进胚胎活动。翻蛋完毕，是否再加上棉被或棉毡或麻布，则视胚蛋胚龄和室温等情况而定，翻蛋操作直至出雏为止。此外，还视室温变化，随时检查蛋温高低，通过加减覆盖物调节温度和换气，以利出雏。摊床孵化能利用孵化后期的胚蛋进行自温孵化，不需给热。

2. 机器孵化法

（1）孵化前的准备

①校正门表温度　可将各式温度计放在温水中，用标准温度计与之校正。然后用有色笔做一记号，或用橡皮膏写上±差度。

②易损件及其他用品的准备　主要有门表温度计、水银导电表、照蛋器灯泡、指示灯泡、行程开关、微动开关、可控硅、浮球阀、减速箱、同步电机等。必须备好一套控制系统的线路板，以便及时更换。每台机要配备一台自动稳压器。塑料孵化盘与出雏盘应多备一些。

③试机

a. 检查温度、湿度系统。检查水银导电表的水银柱有无断裂，磁钢调节后铂金丝与水银柱应随磁钢的顺反旋转而分离或接触，一旦达到预定温度应拧紧磁钢固定螺丝。另开启加热装置，根据电流表所示电流大小可知是否处于加热状态，或观察指示灯或数据显示装置。加水盘装置应检查浮球阀是否灵敏，能否控制一定水位高度，开启加湿装置，指示灯明亮，数显清晰。开机入孵一段时间后，应检查温湿度能否稳定在设定值附近。有两套控温、控湿装置时，应予统一调控。

b. 检查风扇、风门系统。应检查风扇转向，有些孵化机的风扇是按特定方向（单向或能定时正反转）旋转的，应予测定转向。定期检查（据风速指示灯）风扇皮带的松紧度，以控制风量。还应注意扇叶的变形度，扇叶与轴间的紧固螺丝是否松动，风扇电机运转声音如何，机壳有无过热现象。另将风门旋钮按从小到大的顺序逐一扭动，然后上机顶检查风门大小是否与旋钮所处的位置相符。

c. 检查翻蛋系统。检查翻蛋摆动梁（动杆）销轴上的开口销有无脱落；具有翻蛋减速箱的孵化机要检查箱内油面高度，并检查减速蜗杆轴与蜗轮之间以及蜗杆轴与月牙盘之间的咬合度；蜗轮各齿面要保持良好的润滑状态，应定期用油清洗并涂加黄油。手按翻蛋正常后，将选择钮转到自动翻蛋位置，每隔一段时间从观察窗或翻蛋显示灯检查能否自动翻蛋、翻蛋间隔时间及角度是否正常。

d. 检查冷却报警系统。人为调低温度定值，使孵化温度超出定值一定范围，或人为短接超温报警用导电表，检查能否自动报警并启动冷却系统（如风冷电机、电磁阀等）。

e. 检查蛋车。检查蛋车上每一销轴，丢失一个销轴会造成孵化盘压蛋，销轴及蛋车轮轴要定期加注机油。还要检查车轮、翻蛋角度。

f. 码蛋。把蛋车推入码蛋处，将鸭蛋大头向上或平放码入孵化盘，标好系别与入孵时间。孵化盘一定要完全推入蛋车架；蛋车应推入孵化室预热。要求码蛋处通风良好。

g. 预热。由于种蛋从蛋库运至码蛋处或直接由蛋库运至孵化室，常因温差而发生“出汗”现象，从而促使种蛋污染细菌。

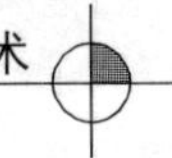

应在23℃下预热18小时，夏季一般预热6～8小时，冬季可预热24小时。

h. 上机。将装满种蛋的蛋车缓缓（或沿轨道）推入孵化机，应将蛋车长轴（销轴）完全插入动杆圆孔，再将机底锁销卡在蛋车导向轮下的轮槽内，以防翻蛋时蛋车自行退出；无自锁销的蛋车，要拔出蛋车上锁定销轴，以免酿成重大事故（具体详见各孵化机的使用说明书）；再用手按翻蛋钮，检查有无卡壳现象，如发现异常立即关机检查。

对八角式翻蛋装置的孵化机，其孵化盘规格不一，上蛋架要对号入架，保持前后平衡，以防失衡，并检查孵化盘卡牙是否卡住蛋架的卡缝内。

（2）孵化期操作

①入孵时间　为使出雏时间高峰便于管理，历来有两种入孵时间的计算方法：第一种，上午10：00入孵，当天入孵时间即作为第一天计算；第二种，下午4：00入孵，则入孵当天不计，而从第二天开始作为孵化第一天计算。

②看胎施温　必须掌握好鸭胚逐日发育特征和照蛋技术，以便实施正常的各种孵化条件，并使之统一。

③入孵　一切准备就绪，孵化机加温，如上午入孵，箱温达到36.1℃就控制不再升温，到晚上再陆续升温，21:00达38.1℃，24:00时加到37.8℃，清晨3:00加到38.3℃，6:00加到38.6℃，以后则按要求施温。

④照蛋　孵化期内共照2～3次蛋。这几次照蛋是对胚蛋全面检查，视其发育情况鉴定施温适当与否。其他时间照蛋仅是抽查。

⑤温度调节　依照各孵化机最高孵化成绩的用温方案，不断进行细致调整，即可筛选出一定条件下的最佳施温方案。初学者根据他人的施温方案，结合本场孵化条件与看胎施温实践，经数批孵化后，再制订出合理的施温方案。成熟的基本施温方案最好

张贴在各台孵化机门上。凡发现数显测量温度超出规定范围±0.3℃,要立即寻找原因，及时调整。

遇到停电时，须立即启动备用发电机组。此外，应根据室温、胚龄、孵化设备功能不同而采取相应措施。

⑥晾蛋　先进孵化设备可根据需要和指令按时自动喷水雾进行晾蛋。喷水雾的量和次数随胚龄而增加。冬季从14胚龄开始晾蛋14～16胚龄每天喷水雾晾蛋1次，17胚龄2次，19～20胚龄3次，21～26胚龄2次；春秋季从10胚龄开始晾蛋，10～14胚龄每天喷水雾晾蛋1次，16胚龄2次，19～20胚龄3次，22～26胚龄2次，夏季从6胚龄开始晾蛋，6～9胚龄每天喷水雾晾蛋1次，10～15胚龄2次，16～18胚龄3次，19～20胚龄4次，21～26胚龄3次。有在箱体内喷水雾晾蛋的；也有的将蛋架车拉出箱体外，稍晾一会儿后，待温度稍有下降后即行喷水雾。喷水雾速度要均匀，自蛋架车由上而下，前期速度快，后期速度较慢，水温为37℃左右。当蛋温晾至35℃左右时，水分蒸干后便可推入箱体内。在1小时内将蛋温升至设定值。

⑦照检　主要检查受精率与死胚率的情况，并检查胚胎发育的情况，以便适时调节孵化温度。

⑧应急措施　当室温高、孵蛋处于前期时，以保温为主，不要开门或过于通风，但要注意手动翻蛋；当室温高、孵蛋处于中后期时，要以通风为主，防止缺氧超温，可打开全部的通气孔并留有适当的门缝，如果胚龄超过16天，可采取晾蛋措施。当室温低、孵蛋处于前期时，要以保温为主，采取供热措施，如室内用取暖炉提高室温，或用沸水装入塑料桶里，放入机内供热；当室温低、孵蛋处于中后期时，要保温与通风兼顾，除供热源外，每小时开通风孔5分钟，并开门晾蛋，以满足胚蛋呼吸、散热需要。

⑨湿度的调节　用水银导电表控湿时要注意定时向水银探头下的水盒内添加蒸馏水；检查是否停水口、进水口堵塞、水位低

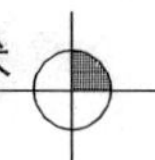

或加湿电机故障。若利用湿度传感器则简单多了。出雏期间的最佳湿度，依不同品种最佳失水率来确定。出雏期要注意提高湿度，一般保持在75%左右，工作人员在开机门时，能感到有一股湿热空气扑面而来（戴的眼镜全部模糊）。而低湿往往使绒毛飞扬，雏鸭绒毛干黄。

⑩翻蛋　现代孵化机已可做到每0.5小时、1小时、2小时或3小时翻蛋1次，可手动或自动，直翻到落盘时止。启用自动翻蛋系统后，要注意每隔一段时间检查所显示的翻蛋次数和角度是否正常。在超温时，应先调节至正常温度后再予翻蛋，以减少死胚数。

⑪风门的调节　通风量因胚龄而异，应据此来调整风门的大小。晾蛋也包括通风。

⑫调盘　少数机型因温差大，可结合孵化生物学检查，酌情调整孵化盘，以减少温差的不利影响。

⑬记录　印制并记载孵化记录表与统计表。

（3）出雏期操作

①出雏机准备　出雏机在装胚蛋前和每次出雏后，应及时彻底冲洗、消毒。于落盘前12小时开机升温、加湿，待运转正常，温度、湿度稳定后，再行落盘。出雏机的温度一般均比孵化机低0.3～0.5℃，具体实施时要考虑到胚蛋发育情况、室温、出雏机内胚蛋等因素。如落盘时，75%以上胚蛋的气室已发育到“斜口”状态，属发育正常；如达不到“斜口”，属发育迟缓，可维持原来的温度到27天再行降温。出雏机湿度要比孵化机高15%以上，以利于出雏及防止雏鸭脱水。

②落盘　落盘即鸭胚蛋于第26天落盘到出雏机的出雏盘内。在落盘过程中要防止压碎蛋壳，并将胚蛋平放，蛋间勿过于挤压。出雏盘必须卡牢，最顶层的出雏盘上要加盖网盖，以防雏鸭跌落。进机后将风门开到最大位置。

③捡雏　雏鸭出壳后，须待70%的雏鸭绒毛基本干燥即可

捡出，不可长期留在出雏盘内，以防脱水。最后捡出扫摊雏。

④人工助产　在出雏后期，有的胚蛋已被啄破一个洞，但雏鸭绒毛干燥，甚至与壳膜粘连，壳膜已发黄的蛋，需要人工助产。如尿囊、血管尚有血液不得助产，否则易引起死亡。

⑤清理　雏鸭大批出雏以后，留下的胚蛋可进行一次照蛋，取出死胚，把剩下的活胚蛋合并盘子，适当提高机内温度和湿度，以利弱胚出雏，同时将孵化废品及时处理。

⑥孵化成绩统计　各种记载，力求统一表格、计算方法，以利工作总结与改进。

（4）初生雏鸭的分级　为确保初生雏鸭的质量，在发货前，仍须按种雏和商品雏的规格进行选择和分级。种雏除采用外貌选择外，还需进行称重、编号和登记，公母雏搭配好。强、弱雏的鉴别见表4-5。

表4-5　强、弱雏的鉴别

项目	强　雏	弱　雏
出壳时间	正常时间内	过早或最后出雏
绒毛	整洁，长短合适，色素鲜浓	蓬乱污秽，缺乏光泽，有时绒毛短缺
体重	大小均匀，符合标准	大小不一
脐部	愈合良好，干燥，覆盖绒毛	愈合不好，脐孔大，有硬块，有黏液，有血，或脐部裸露
腹部	大小适中，柔软	特别膨大
行为	活泼，反应快	痴呆，闭目，站立不稳，反应迟钝
感触	饱满，挣扎有力	瘦弱，无挣扎力

（5）初生雏鸭的雌雄鉴别　性别鉴定是我国的传统技艺。蛋用型商品雏，初生时就要捡出公鸭另行处理，可节约育雏的房舍、设备和饲料；蛋用型和肉用型种雏，可行公母分群饲养，发育整齐，可按性比配套提供；淘汰的、多余的种公雏可快速育肥

出售。因此，现代化养鸭业都非常重视雏鸭雌雄鉴别。

①捏肛法　我国孵坊多采用此法。用左手托住初生雏鸭，鸭头朝下，腹部朝上，背靠手心，鉴定者以大拇指和食指夹其颈部，用右手大拇指和食指轻轻平捏肛门两侧，先向前按，随即向后退缩。如手指皮肤感觉有芝麻粒或小米粒大小的突起状物，这便是公雏阴茎；反之，无此突起状物的即为母雏（虽有泄殖腔的肌肉皱襞随着移动，但无芝麻点感觉）。鉴定者必须感觉灵敏，并勤学苦练才能掌握。准确率可达到99%以上。

②翻肛法　将初生雏鸭握在左手掌中，用中指和无名指夹住其颈部，使头向外，腹朝上，成仰卧姿势，再用右手大拇指和食指挤出胎粪，轻轻翻开肛门。如为公雏，则可见一长约0.2～0.4毫米的阴茎，而母雏则无。

③外貌鉴别法　把雏鸭托在手上观看，凡头较大，身体圆，尾巴尖，鼻孔小，鼻基粗硬的为公雏；头小，身扁，尾巴散开，鼻孔较大（略呈圆形），鼻柔软的则为母雏。此法需有经验，因为各品种间也有差异。

第五章 商品鸭的饲养管理

商品鸭，包括商品肉鸭、商品蛋鸭和填鸭三个不同类型鸭。商品鸭饲养是整个养鸭生产过程中的终端养殖环节，是直接产出商品的重要环节。加强商品鸭的饲养管理，对于提高经济效益具有重要意义。

第一节 商品肉鸭的饲养管理

一、商品肉鸭的生理特点

1. 生长速度快 肉用仔鸭的早期生长速度是所有家禽中最快的一种，7 周龄体重可达 3.2～3.5 千克，6～7 周龄即可上市出售，全程耗料比降到 1∶2.6～2.7。因此，肉用仔鸭的生产要尽量利用早期生长速度快、饲料报酬高的特点，在最佳屠宰日龄出售。

2. 出肉率高 大型肉鸭的上市体重一般在 3 千克以上，比麻鸭上市体重高出 1/3～1/2，尤其是胸肌特别丰厚，因此出肉率高。据测定，8 周龄上市的大型肉用仔鸭的胸腿肉可达 600 克以上，占全净膛屠体重的 25%以上，胸肌可达 350 克以上。这种肉鸭肌间脂肪含量多，肉质细嫩可口。

3. 生产周期短 肉用仔鸭由于早期生长特别快，饲养期为 6～8 周，因此，资金周转很快，对集约化经营十分有利。由于大型肉用仔鸭是舍饲饲养，加以配套系的母系产蛋量高，可以长年均衡生产，不受季节性限制。

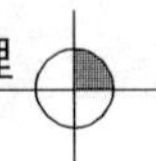

4. 产业化发展　肉用仔鸭的生产采用分批全进全出的生产流程，根据市场的需要，在最适屠宰日龄批量出售，以获得最佳经济效益。为此，必须建立屠宰、冷藏、加工和销售网络，实行产业化发展模式，以保证全进全出制的顺利实施。超过最适屠宰日龄没有出售，或者未能实施全进全出制，则会带来严重的经济损失。

二、育雏阶段的饲养管理

商品肉鸭的饲养管理，实践中一般分为育雏和育肥两个阶段。育雏阶段为 0～3 周龄，育肥阶段为 3 周龄到 6 周龄左右，直至出栏为止。

0～3 周龄的育雏阶段，是肉鸭生长发育最快、饲料转化率最高的时期，其体重可增加到初生重的 10 多倍。雏鸭阶段，由于对外界环境适应差，抗病力较弱，饲养管理略有疏忽，即影响生长发育和导致疾病的发生，甚至死亡。所以，育雏阶段是商品鸭养殖十分重要的阶段，育雏好坏直接影响到鸭的成活率、生长速度，与经济效益关系十分密切。因此必须认真仔细，严格执行各项操作规程，科学管理，给雏鸭创造理想的环境和条件，如适宜的温度、湿度、空气、光照、营养和清洁安静的环境等，尽量减少恶劣应激的影响，饲养好雏鸭，必须做好以下工作。

1. 育雏前的准备工作

（1）制订育雏计划

①育雏时间　主要考虑三方面的因素：一是鸭群周转计划。大规模鸭场每年都要出栏多批商品鸭，要在上一批出栏前，就制订好进雏计划，以便生产周期的延续。二是市场变化。一年中不同季节商品鸭价格的变化较大，根据市场需求，合理安排好生产计划。三是季节的变化。许多普通鸭舍保温和防暑性能不佳，尤以夏季高温的影响更为明显，所以也要根据天气的变化合理安排好生产计划。

②进鸭数量　应考虑更新鸭舍的容量、资金条件和技术与管理水平等。饲料价格对资金的需求影响最大，其次为鸭苗、疫苗、药品、水电暖、人工和折旧费等，尚不包括房舍和设备投资，对于资金条件不很好的鸭场应提前做好预算。技术与管理水平决定育雏、育肥期成活率和合格率，要心中有数。根据自身以上条件决定进鸭数量。

(2) 鸭舍和设备的检修　对鸭舍进行的检修，包括对门、窗、墙、顶棚等保温设施的检修，以及安装好取暖设备，使育雏舍保温良好，干燥通风，调整舍内光照强度。还要对育雏器具，喂料喂水设施进行检修，备好料盘、水盆。

(3) 消毒　对原来已使用过的鸭舍应全部清除垫料，并在远处集中严格处理（如深埋消毒等），清扫舍内，地面和网上的积粪要刮干净，用水冲洗干净，舍外杂草，瓦砾和垃圾应清理干净，疏通水沟，排除污水。然后彻底消毒，舍内舍外面面俱到，不可遗漏。同时，进行灭蚊、灭蝇、灭鼠等工作。

消毒方法有喷洒法、熏蒸法、灼烧法等，视具体情况而定。消毒药水须强效广谱，且不能腐蚀舍内设施，消毒后要让育雏舍空置1周以上，以便晾干和消除异味。

所有设备、用具，洗净、消毒。小件的浸于消毒水中（3%克辽林或1%苛性钠等），大件的可用喷洒法。育雏室采用熏蒸法消毒时，可将所有洗净的设备、用具放入舍内，关闭门窗，每立方米空间用甲醛溶液15毫升和高锰酸钾7.5克，加少许水混合后，人迅速离开，密闭1天以上。消毒后空置几天，可更多地杀灭细菌和病毒，增强消毒效果。

(4) 预热试温　当天气温度较低时，在进雏前2～3天，开始供暖，使舍内温度达到30～32℃的适宜水平，温度计应悬挂在离地面20厘米处测量，观察舍内温度是否均匀、平稳，尤其是昼夜温度变化，给雏鸭创造温暖、安静、舒适的生活环境。

(5) 其他物资与用具　包括饲料、添加剂、药品、疫苗、温

度计、湿度计、照明用具、清扫用具、记录表格、台秤、垫料等。

2. 育雏方式　根据鸭舍的具体情况，可采取多种育雏方式。生产实践中有地面平养、网上平养和笼养等方式。随着生产技术的不断提高，目前也有很多地方采取先进的生态发酵床的“自然养鸭法”。

（1）地面平养　水泥或砖铺地面撒上垫料即可。垫料切忌霉烂，要求干燥、清洁、柔软、吸水性强、灰尘少，常用的有稻草、谷壳、锯木屑、碎玉米芯、刨花、秸秆等。若出现潮湿、板结，则局部更换厚垫料。一般随鸭群的进出全部更换垫料，可节省清舍的劳动量。采用这种方式舍内必须通风良好，否则垫料潮湿、空气污浊、氨浓度上升，易诱发各种疾病。各种肉用仔鸭均可用这种饲养管理方式。注意饮水和采食区不铺垫料，饮水器最好放于铁丝网上，下设地漏，以防沾湿垫料。料槽与水槽要均匀分布于舍内，使任何一只鸭距离饮水、采食点不超过3米。

这种育雏方式的优点是投资少，费用低，适合于鸭的习性，可促进鸭群在垫草上活动，减少啄癖的发生，寒冷季节有利于舍内增温，节省燃料，降低饲养成本等。

缺点是易于通过粪便传播疾病，舍内空气中灰尘和细菌较多，饲料报酬较低，用工较多，饲养定额较低，鸭舍必须要有隔热性能，通风良好。

（2）网上平养　在地面以上60厘米左右铺设金属网或竹条、木栅条。这种饲养方式粪便可从空隙中漏下去，省去日常清舍的工序，防止或减少由粪便传播疾病的机会，而且饲养密度比较大。网材采用塑料或铁丝编织网时，网眼孔径0～3周龄为10毫米×10毫米，4周龄以上采用15毫米×15毫米，网下每隔30厘米设一条较粗的金属架，以防网凹陷，网状结构最好是拆装式的，以便装卸时易于起落。网面下可以采用机械清粪设备，也可用人工清理。采用竹条或栅条时，竹条或栅条宽2.5厘米、间距

1.5 厘米，这种方式要保证地面平整，网眼整齐，无刺及锐边。实际应用时，可根据鸭舍长度和宽度分成小栏。饲养雏鸭时网壁高 30 厘米，每栏容 150～200 只雏鸭。食槽和水槽设在网内两侧。应用这种结构必须注意饮水设施不能漏水，以免鸭粪发酵。这种饲养方式可饲养大型肉用仔鸭，0～3 周龄的其他肉鸭也可采用。

优点是环境卫生条件好，雏鸭不与粪便接触，感染疾病的机会少；不用垫料，平常不必清扫，饲养密度大，便于喂食、添水，节省劳力；温度比地面稍高，容易满足雏鸭对温度的要求，可节约燃料，成活率较高等。

缺点是一次性投资大，成本高，鸭表现出高度神经质，羽毛较为蓬乱，易损伤腿部等。

（3）笼养　笼养育雏的布局采用中间两排或南北各一排，两边或当中留通道。笼子可用金属或竹木制成，长 2 米、宽 0.8～1 米、高 20～25 厘米。底板采用竹条或铁丝网，网眼 1.5 厘米^2。两层叠层式，上层底板离地面 120 厘米，下层底板离地面 60 厘米，上下两层间设一层粪板。单层式的底板离地面 1 米，粪便直接落到地面。食槽置于笼外，另一边设长流水。

优点是可提高饲养密度，一般每平方米饲养 60～65 只。若分两层，则每平方米可养 120～130 只。笼养可减少禽舍和设备的投资，减少清理工作，还可采用半机械化设备，减轻劳动强度，饲养员一次可养雏鸭 1 400 只，而平养只能养 800 只。笼养鸭不用垫料，既免去垫草开支，又使舍内灰尘少，粪便不掺杂其他物料。同时笼养雏鸭完全处于人工控制之下，受外界应激小，可有效防止一些传染病与寄生虫病。笼养属于小群饲养，环境特殊，通风充分，饲粮营养齐全，采食均匀。因此，笼养鸭生长发育迅速、整齐，比一般放牧和平养生长快，成活率高。笼养育雏一般采用人工加温，因此鸭舍上部空间温度高，较平养节省燃料；且育雏密度加大，雏鸭散发的体温蓄积也多。一般可节省燃

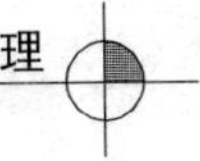

料80%。

缺点是笼养的造价高，对饲养管理技术上的要求也较高。

（4）自然养鸭法　“自然养殖法”最早发源于日本，是将微生物菌种、锯末、稻壳等按一定比例掺和发酵，形成发酵床，作为畜禽养殖舍的垫料，可应用于肉鸭、肉鸡、生猪等养殖的生态环保型养殖方法。发酵床中的有益微生物菌群，可将畜禽粪尿不断分解转化，减少臭味，形成有利于畜禽生长生活的有益菌群和菌丝蛋白，具有“三省”、“两提”、“一增”、“零排放”的优点。“三省”指省水、省力、省料；“两提”指提高生长速度、提高抗病能力；“一增”指增加经济效益；“零排放”指粪便污物自然发酵，对外不造成污染。还有由于发酵床能够产生热量，冬天不用人工增温就能养鸭，这是传统的方法做不到的。使用发酵床养鸭只要铺好垫料以后，随着粪尿的增多，发酵床产生的热量足以满足鸭对温度的需要，节省了冬天取暖的投资。据测定，“自然养鸭法”养殖肉鸭成活率达99.2%以上，37天体重可达2.8千克，平均每只肉鸭少耗饲料400多克，节约水电70%以上，节省劳动力40%以上，除在育雏期常规用药外，其他时段不需用药，每只可增加纯利润1元以上。同时，发酵床垫料使用2～3年后，经堆积发酵可直接将鸭粪转化为生物有机肥，变废为宝，有机环保。“自然养鸭法”的具体操作事项简述如下：

①鸭舍建设　发酵床鸭舍对通风要求比较高，为了取得最大的通风强度，栏舍一般采用单列式。栏舍每栋400～800米^{2}为适，栏舍窗檐高度为2～2.2米，顶高为2.5～3米，鸭舍跨度为6～10米，长20米或不限，四周除门外设0.8米高围墙，全开放卷帘式，便于根据外界温度、季节调节舍内气温，屋顶设隔热层，避免鸭舍的闷热，屋顶间隔5米左右留一个天窗便于换气，有条件的安装引风机或冷风机，便于一年四季通风换气。

②发酵床建设　可根据当地的地下水位高低建成地下、半地下、地上等方式，不论哪种方式，发酵床的垫料厚度一般都要达

到40厘米以上。发酵床垫料配方见表5-1，作为参考。

表5-1 发酵床垫料配方（千克）

配方	锯木屑	稻糠粉	新鲜生土	食盐	玉米面	红糖	水
配方一	3 300		300	6	150	20	2 000
配方二	2 300	1 000	300	6	80	20	2 000
配方三	1 800	1 500	300	6	20	20	2 000

养殖场、户可以再在配方中加入一定量的菜园土（菜园10厘米以下的地下泥土），这层土壤中的微生物比较丰富，并含有大量放线菌，对于生态垫料，可起到良好的催化效果。垫料制作成本大约每平方米20～50元不等，使用年限为2～3年左右。

③先期发酵　发酵床做好以后，不要立即把鸭群放进去，将菌种按其添加数量，喷洒在垫料上，充分搅拌，混合均匀，先期进行密封发酵，大约1周以后可以放入雏鸭。

④垫料温度　垫料经过微生物发酵后，温度会迅速升高，从而分解粪便，杀灭有害菌，保留有益菌。生产实践中可以对垫料温度进行测量，用以判断垫料发酵程度。测量方法是先用小棒在垫料上面插出一个小洞，深度大约20厘米，再立即把温度计插入进行测量。读数时，不要拔出温度计，保持插入的状态。不能用铁铲挖开后进行测量，因为如果外界温度比较低时，挖开后，垫料温度会立即降低，影响测量结果。垫料温度见表5-2。

表5-2 垫料温度

垫料使用时间（天）	垫料温度（℃）	说　明
1～7	30～50	当中层垫料温度低于35℃时即可进雏鸭
8～60	40～28	一般在20天后温度基本维持在30℃左右
60天以后	22～35	即使环境温度在0℃以下，垫料中的温度也能维持在22℃以上

⑤防水措施　发酵床要有适宜的湿度，应尽可能地避免多余的水分进入发酵床，如果发酵床湿度变大，将导致发酵床出现“水泡床”现象，失去发酵作用。如地面容易潮湿，一定要采用地上式，同时深挖排水沟，安装排水设备，排水沟渠尽量深挖，沟深不低于1米，防止雨水过多浸泡发酵床。水槽应设置在旁边，下面有漏缝地板，便于溢出的水分排出去，防止进入发酵床。平时多注意表面层的水分，如果太干，则需要洒上点水，如果阴雨天气发现表层垫料过于潮湿，则需要进行适当松料，将耙铲插入料中约15厘米左右，抖动几下，让微生态垫料适当松动，以便进入更多的空气，加速发酵产热，蒸发更多的水分，也便于水分从垫料中蒸发出来。太湿的情况下，也可以采用掺入新鲜的含水量少的垫料中和水分，适当打开卷帘和天棚窗口等进行通风。表面层垫料的含水量要始终保持在不干不湿的状态，目测有湿的感觉，含水量大约在25％～30％，但又不太湿，较松散不板结的样子。如果用手抓起垫料能攥成团，但不流出水珠，松开手，又能够产生松动现象，则含水量适宜，生产实践中可用此法来进行水分检测。

⑥分栏管理　鸭群的生长阶段不一样，鸭只大小、粪尿排泄量也不一样，所以要合理安排密度。如针对25天以前，发酵床养殖能承受每平方米7～8只的养殖密度，但25天后随着排泄量的逐步增加，发酵床不能分解多余的粪便，超出发酵床的承受负荷，应减少养殖密度，使发酵床保持长期、稳定、持续发挥功效。

⑦垫料维护　垫料的维护直接影响着发酵床分解粪便的速度，也影响着发酵床的长期运行。正常运转良好的微生态垫料气味应该清香、有原料味，当然随着垫料的使用，原料味会越来越淡，直到消失，而多了点发酵粪便的气味，但没有臭味。如果垫料中有氨味和轻臭味，则说明粪便分解不了，排泄的粪尿超过了微生态垫料的消解能力。日常饲养管理工作中要加强垫料的翻

倒，一般一周1～2次，翻倒深度为10～20厘米。如果长期不翻，粪便将很难被发酵分解，会产生有害气体，同时出现发酵床死床现象。生产中要根据需要补充一定量的垫料与菌种，不可为节省成本减少用量。

⑧正确消毒　对于空栏期的发酵床，如有需要可以正常喷洒消毒剂消毒，不影响发酵床的继续使用。一般主要是对周边用消毒药水和石灰进行消毒处理，如果消毒药物喷洒在发酵床上，会对有益菌产生杀伤作用。

⑨空栏处理　肉鸭出栏后对发酵床进行一次全面的清翻，补充部分新鲜垫料，喷洒一定量的发酵菌液，堆积在一起，密封发酵。一个好的微生态垫料，一般一次制作后，可以连续使用3年以上。垫料如果板结成块，分解粪便能力下降，可以考虑更换垫料。更换时，挖出老垫料层上面的10～20厘米即可，如果最下层垫料气味正常，甚至还有香味，可以留作下一批垫料制作的部分菌种来源，只要补充上面垫料层即可。

3. 育雏条件　肉鸭育雏，需要有适宜的温度、湿度、密度、光照、通风、营养等条件，才能保证其健康生长。

（1）温度　商品肉鸭长期以来是用舍饲方式饲养的鸭种，不像蛋鸭那样比较容易适应环境温度的变化。因此，在育雏期间，特别是在出壳后第一周内要保持适宜的环境温度，这也是育雏能否成功的关键所在。育雏的温度随供温方式不同而不同。

采用保温伞供温，伞可放在房舍的中央或两侧，并在保温伞周边围一圈高约50厘米的护板，距保温伞边缘75～90厘米。护板可保温防风，限制幼雏活动范围，防止雏鸭远离热源。待幼雏熟悉到保温伞下取暖后，从第3天起向外扩大，7～10天后取走护板。保温伞和护板之间应均匀地放置料槽和水槽。保温伞直径2米，可养护雏鸭500只，2.5米可养护750只。保温伞育雏，1日龄的伞下温度控制在34～36℃，伞周围区域为30～32℃，育

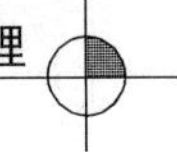

雏室内的温度为24℃。用火炕或烟道供热，热源利用较为经济。若用地下烟道或电热板室内供温，则1日龄时的室内温度保持在29～31℃即可，2周龄到3周龄末降至室温。

无论何种供温方式，育雏温度都应随日龄增长，由高到低逐渐降低。一般从第三天开始，至3周龄即20天左右时，应把育雏温度降到与室温一致的水平，一般室温为18～21℃最好。起始温度与3周龄时的室温之差是这20天内应降的温度。须注意的是，降温应每周分为几次，使雏鸭容易适应。不要等到育雏结束时突然脱温，这样容易造成雏鸭感冒和体弱。每天应检查或调节温度，使温度保持适当和稳定。保温伞的温度计应在伞边缘、距离垫料与底网5厘米处，舍内温度计应在墙上，距地面约1米高处。笼养育雏时，一定要注意上、下层之间的温差。采用加温育雏取暖时，除了在笼层中间观察温度外，还要注意各层间的雏鸭动态，及时调整育雏温度和密度。若能在每层笼的雏鸭背高水平线上放一温度计，根据此处温度来控制每层的育雏温度，则效果最好。

育雏温度是否合适，除根据温度计显示确定外，还需要从雏鸭的动态表现来确定，这也是最简易实用的方法。当育雏温度合适时，雏鸭活泼好动，采食积极，饮水适量，休息时均匀散开；若温度过低，则雏鸭密集聚堆，靠近热源，并发出尖厉叫声；若温度过高，则雏鸭远离热源，张口喘气，饮水量增加，食欲降低，活动减少；若有贼风（缝隙风、穿堂风等）从门窗吹进，则雏鸭密集在热源一侧边。饲养人员应该根据雏鸭对温度反应的动态，及时调整育雏温度。做到“适温休息、低温喂食、逐步降温”，提高雏鸭的成活率。为便于掌握，现将雏鸭对不同温度的直观表现，列入表5-3。

（2）湿度　雏鸭体内含水量大，约75%。若舍内高温、低湿会造成干燥的环境，很容易使雏鸭脱水，羽毛发干。若群体大、密度高，活动不开，会影响雏鸭的生长和健康，加上供水

表5-3　雏鸭对不同温度的直观表现

温度	过　高	合　适	过　低
直观表现	雏鸭远离热源，张口喘气，饮水量增加，食欲降低，活动减少，易患感冒	雏鸭活泼好动，采食积极，饮水适量，休息时均匀散开，毛色干净漂亮	雏鸭密集聚堆，靠近热源，并发出尖厉叫声，造成压伤和死亡，极易患感冒

不足，甚至会导致雏鸭脱水而死亡。湿度也不能过高，高温、高湿易诱发多种疾病，这是养鸭最忌讳的环境，也是雏鸭球虫病最易暴发的条件。平养时地面垫料特别要防止高湿。在育雏第一周应该保持稍高的湿度，一般相对湿度为65%，以后随日龄增加，注意保持鸭舍的干燥。要避免漏水，防止粪便、垫料潮湿。第二周湿度控制在60%，第三周以后为55%。

（3）密度　密度是指每平方米地面或网底面积上养的雏鸭数，密度要适当。密度过大，雏鸭活动不开，采食、饮水困难，空气污浊，不利于雏鸭生长；而过稀则房舍利用率低，多消耗能源，经济效益降低。适当的密度既可以保证高的成活率，又可充分利用育雏面积和设备，从而达到减少肉鸭活动量、节约能源的目的。育雏密度依品种、饲养管理方式、季节的不同而异。一般最大饲养量为每平方米25千克活重。不同饲养方式肉鸭的饲养密度见表5-4。

表5-4　肉鸭的饲养密度（只/米^2）

饲养方式	1周龄	2周龄	3周龄	育肥	种鸭
地面平养	30～20	15～10	10～7	6～5	3～2
网上平养	50～30	25～15	15～10	8～6	5～4
笼　养	65～60	40～30	25～20	8～6	5～4

（4）光照　光照可以促进雏鸭的采食和运动，有利于雏鸭的健康生长。出壳后的头3天内采用白炽灯23～24小时光照，以便于雏鸭熟悉环境，寻食和饮水；关灯1小时保持黑暗，目的在

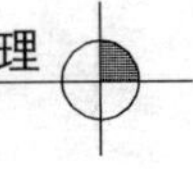

于使雏鸭能够适应突然停电的环境变化，防止一旦停电造成的扎堆死亡。光的强度不可过高，过于强烈的照明不利于雏鸭生长。一般开始每平方米的光照强度应为10勒克斯（相当于1只5瓦的白炽灯，灯泡离地面2～2.5米），以后逐渐降低。在4日龄以后，可不必昼夜开灯。白天利用自然光照，早、晚喂料时，只提供微弱的灯光，只要能满足采食即可，这样既省电，又可保持鸭群安静，不会降低鸭的采食量。但值得注意的是，采用保温伞育雏时，伞内的照明灯要昼夜亮着。因为雏鸭在感到寒冷时要到伞下去，伞内照明灯有助于引导雏鸭进伞。

（5）通风　雏鸭的饲养密度大，排泄物多，育雏室容易潮湿，积聚氨气和硫化氢等有害气体，病菌病毒也易散布于舍内空气之中。因此，保温的同时要注意通风，以排除有毒有害气体，交换新鲜空气。舍内湿度保持在55%～65%为宜。适当的通风可以保持舍内空气新鲜，夏季通风还有助于降温。良好的通风对于保持鸭体健康、羽毛整洁、生长迅速非常重要。开放式育雏时维持舍温21～25℃，尽量打开通气孔和通风窗，加强通风。如在窗户上安装纱布换气窗，既可使室内外空气对流，并以纱布过滤空气，使室内空气清新，又可防止贼风，则效果会更好。

（6）营养　刚出壳雏鸭的消化器官功能较弱，同时消化器官的容积很小，但生长速度很快，育雏期末的体重是初生重的10多倍。因此，要满足雏鸭的营养需要，日粮中的能量、蛋白质、氨基酸和维生素、矿物质等营养要全面，而且要平衡，比例适当，所配的饲料要容易消化。在饲喂上要少喂多餐，才能满足雏鸭快速生长的需要。

4. 雏鸭的饲养与管理

（1）挑选雏鸭　雏鸭应来自健康种鸭及卫生和技术管理严格的孵化厂，以外观表现选择健雏，不符合要求的个体均应淘汰。选择的方法可通过“一看、二摸、三听”进行。

“一看”指看雏鸭的精神状态。强雏一般活泼好动，眼大有神，羽毛整洁光亮，腹部柔软，卵黄吸收良好；弱雏一般缩头闭眼，羽毛蓬乱不洁，腹大、松弛，脐口愈合不良、带有血斑等。

“二摸”指触摸雏鸭的膘情、体温等。强雏手握感到温暖、有膘，体态匀称，有弹性，挣扎有力；弱雏手感身凉，瘦小，轻飘，挣扎无力。

“三听”指听雏鸭的鸣叫声音。强雏一般叫声洪亮有力，清脆悦耳；弱雏叫声微弱无力，嘶哑难听。

（2）雏鸭接运　雏鸭出壳后尽量在 24 小时内运抵育雏舍，运输应放置在雏鸭箱内，雏鸭箱有硬纸和塑料两种。纸质雏鸭箱是一次性的，塑料雏鸭箱则可重复使用，使用前必须消毒。装雏后应在箱外侧标明品种（系）、数量和接雏单位、地址等项目。运输途中雏鸭箱可叠放 4～6 层，每两层间应留有一定通风间隙，途中定时检查雏鸭状态，注意防寒、防暑、防闷、防风吹雨淋、防挤压、防颠簸等。

（3）雏鸭安置　雏鸭运抵后先将雏鸭箱搬到育雏室内，根据每笼或每栏饲养量分别放入，以尽快让雏鸭饮水和开食。放置雏鸭时将每个箱内的死雏、弱雏、残雏留于盒内，统计每笼或每栏实际放入数、死雏、弱雏、残雏数。

雏鸭转入育雏室后，应根据出壳时间的早迟、体质的强弱和体重的大小，把强雏和弱雏分别挑出，组成小群饲养，特别是弱雏，要把它们放在靠近热源即室温较高的区域饲养。弱雏最好采用厚垫料饲养，这样可使脐部闭合不良的弱雏，在垫料作用下使脐部尽早愈合，有利于提高成活率。

不同日龄、不同批次的鸭不能同群饲养，必须按体质和发育情况进行分群管理，可按第一周 400～500 只、第二周 250～300 只、第三周 150～200 只 3 次分群。合理分群可减少因挤压造成伤亡的损失，避免采食不均和啄食癖现象的发生，保证正常生长发育和提高育雏期的成活率。

(4)“开水” 雏鸭第一次饮水称为“开水”。一般雏鸭出壳后24～26小时，在“开食”前先“开水”。由于雏鸭出壳的时间较长，且出雏器内的温度较高，体内的水分散发较多，因此，必须适时补充水分。雏鸭一边饮水，一边嬉戏，雏鸭受到水的刺激后，生理上处于兴奋状态，促进新陈代谢，促使胎粪的排泄，有利于“开食”和生长发育。常用的方法有：

①用鸭篮“开水” 通常每只鸭篮放40～50只雏鸭，将鸭篮慢慢浸入水中，使水浸没脚面为止，这时雏鸭可以自由地饮水，洗毛2～3分钟后，就将鸭篮连雏鸭端起来，让其理毛，放在垫草上休息片刻就可“开食”。

②雏鸭绒毛上洒水 在草席或塑料薄膜上“开食”之前，向雏鸭绒毛上喷洒些水，使每只雏鸭的绒毛上形成小水珠，雏鸭互相啄食小水珠，以达到“开水”之目的。

③用水盘“开水” 用白铁皮做成两个边高4厘米的水盘，盘中盛1厘米深的水，将雏鸭放在盘内饮水、理毛2～3分钟后，抓出放在垫草上理毛、休息后即可“开食”。以后随着日龄的增加，盘中的水可以逐渐加深，并将盘放在有排水装置的地面上，任其饮水、洗浴。

④用饮水器“开水” 即用雏鸭饮水器注满干净水，放在保温器四周，让其自由饮水，起初要先进行调教，可以用手敲打饮水器的边缘，引导雏鸭来饮水；也可将个别雏鸭的喙浸入水中，让其饮到少量的水，只要有个别雏鸭到饮水器边来饮水，其他雏鸭就会跟上。以后随着日龄的增加，逐步将饮水器撤到另一边有利排水的地方。

以上四种方法，前两种适用于小群的自温育雏，后两种适用于大群的保温育雏。“开水”后，必须保证不间断供水。

(5)“开食” 雏鸭第一次喂食称为“开食”。传统喂法是用焖熟的大米饭或碎米饭，或用蒸熟的小米、碎玉米、碎小麦粒，食物往往较为单一。应提倡用配合饲料制成颗粒料直接开食，最好用破碎的颗粒料，更有利于雏鸭的生长发育和提高成活率。雏鸭“开食”过早不行，过迟也不行，一般饮水后1小时左右就可以喂食。“开食”过早，一些体弱的雏鸭，活动能力差，本身无吃食要求，往往被吃食好的雏鸭挤压、受伤，影响今后“开食”。而“开食”过迟，因不能及时补充雏鸭所需的营养，致使雏鸭因养分消耗过多、疲劳过度，降低雏鸭的消化吸收能力，造成雏鸭难养，成活率也低。雏鸭一般训练“开食”2～3次后，自己就会吃食，吃上食后一般掌握雏鸭吃至七八成饱就够了，不能吃得过饱。

（6）喂料　第一周龄的雏鸭也应让其自由采食，经常保持料盘内有饲料，随吃随添加。一次投料不宜过多，否则堆积在料槽内，不仅造成饲料的浪费，而且饲料容易被污染。1周龄以后还是让雏鸭自由采食，不同的是为了减少人力投入，可采用定时喂料。喂料次数安排按2周龄时昼夜6次，一次安排在晚上。3周龄时昼夜4次。每次投料时若发现上次喂料还有剩余，则应酌量减少。最初第一天投料量以每天每只鸭30克计算饲喂量。第一周平均每天每只鸭35克，第二周105克，第三周165克，在21和22日龄时喂料内分别加入25%和50%的生长育肥期饲粮，逐步过渡到全部采用生长育肥期饲粮。

（7）洗浴和运动　雏期内进行洗浴和运动，可以促进鸭体的新陈代谢，增强体质，促进发育，对防止伤残有很大作用。但雏鸭尾脂腺尚不发达，初期洗浴时间要短，水的深度要浅。一般在地上铺塑料薄膜，把四边垫高3～5厘米，薄膜中间倒入温水，从出壳后的第三天起，每天把雏鸭分批赶入浅水嬉戏5～8分钟，然后赶回到无风的太阳下或垫有干草的舍内，使羽毛迅速干燥，以免受凉。天冷时洗浴在中午进行，每天1次；夏季可每天洗浴2～3次，时间稍长一些。夏天洗浴，不但可增加运动，还可起防暑降温的作用。1周龄以后可在5～10厘米深的水池内洗浴，每次洗10分钟左右。2周龄以后可放到15～20厘米深的水池中

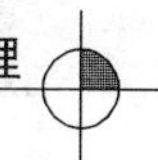

洗15～20分钟，以后逐渐延长洗浴时间。

除水浴外，雏鸭的运动还有两种形式。一种是室内运动，每隔20分钟左右，将卧睡着的鸭子徐徐轰赶，沿鸭舍四周缓慢而行，避免雏鸭久卧在潮湿的垫草上，导致胸部及腿部疾患。如果此时垫草已经潮湿，可一边驱赶一边撒上一层干净的新鲜垫草，并将雏鸭徐徐赶到运动场上，使它们接触阳光和呼吸新鲜空气。1周龄左右的雏鸭，在室内外温差不超过3～5℃时，即可把它们放到运动场上。初放时，以中午为好，每次活动15～20分钟，随日龄增加，逐步延长室外活动时间。雨雪天气，切不可外放。夏季气温高，阳光强烈，室外运动场要搭凉棚遮阴，以免中暑。运动场的前方，最好有水面，或人工挖一水池，天热时，稍大的雏鸭能自由到池中洗澡，可以防暑降温。人工挖的水池要有一定的深度和坡度，最浅处水深5～10厘米，最深处30～40厘米。池水必须清洁，最好是活水，否则必须每天更换，以免腐臭。

工厂化培育肉鸭时，也可采用整个育雏期均在舍内网上或笼内饲养，而不进行洗浴和运动，这样既可防止洗浴和运动消耗能量，又可杜绝雏鸭饮用洗浴后的脏水，减少消化道病的发生，提高雏鸭的成活率和生长速度。

(8) 清洁卫生　雏鸭抵抗力差，要创造一个干净卫生的生活环境。随着雏鸭日龄的增加，排泄物不断增多，鸭舍或鸭篮的垫料极易潮湿。因此，垫料要经常翻晒、更换，保持生活环境干燥，所使用的食槽、饮水器每天要清洗、消毒，鸭舍也要定期消毒等。

三、育肥阶段的饲养管理

肉鸭3周龄以后直至出栏为止，称为育肥期。也有的习惯上将4周龄开始到上市这段时间的肉鸭称为仔鸭。这段时期，商品肉鸭的生理特点及身体状况，已不同于育雏期，自身发生了较大变化，相应的饲养管理措施也须进行适当的调整。

商品肉鸭的生长育肥期，体温的调节机制已趋完善，骨骼和肌肉生长旺盛，绝对增重处于最高峰时期，采食量大大增加，消化机能已经健全，体重增加很快。所以在此期要让其尽量多吃，加上精心的饲养管理，使其快速生长，达到上市体重要求。从4周龄开始，换用育肥期饲粮，蛋白质水平低于育雏期，而能量水平与育雏期的相同或略微提高。育肥期肉鸭生长旺盛，需能量大，这时如果不提高日粮能量水平，或者育肥期日粮的能量水平相对降低，肉鸭可以根据日粮能量水平调整采食量。相对降低日粮中的能量水平可促使肉鸭提高采食量，有利于仔鸭快速生长。而且饲料中蛋白质水平的降低，也降低了成本，比较经济实惠。育肥期的颗粒料直径可变为3～4毫米或6～8毫米。地面平养和半舍饲时可用粉料，粉料必须拌湿喂。

1. 过渡期的饲养管理 雏鸭从21天前后的3～5天，应从雏鸭舍转入育肥舍，这一阶段是从雏鸭到育肥阶段的过渡适应期。这一时期的饲料、温度等条件都要逐渐变化，以减少应激的发生。

（1）饲料 从雏鸭舍转入育肥舍的前3～5天，将雏鸭料逐渐调换成育肥料，使鸭只慢慢适应新的饲料。

（2）温度 育肥舍一般不加温，但在寒冷季节，如自然温度与育雏末期的舍温相差过大，超过3～5℃会引起鸭只感冒或其他疾病，应在开始几天适当增温。

（3）转群 从育雏舍转到育肥舍时，转群前必须空腹，避免因转群带来的挤压、伤残。

（4）面积 从网上育雏转到地面饲养时，雏鸭一下地，活动面积增加，一时不适应，会造成喘气、拐腿，重者瘫痪。因此刚下地时，地上面积不宜过大，应当圈小些，待2～3天再逐渐扩大。继续在网上饲养的仔鸭，应转到网眼较大、面积较大的鸭舍。

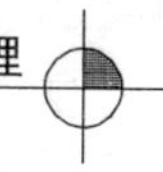

2. 育肥期的饲养管理　雏鸭经过过渡适应期后，便可正式进入育肥阶段的饲养。

（1）饲养方式　商品肉鸭4～8周龄多采用舍内地面平养或网上平养，育雏期地面平养或网上平养的，可不转群，既避免了转群给肉鸭带来的应激，也节省劳力。但育雏期结束后采用自然温度肥育的，应撤去保温设备或停止供暖。对于由笼养转为平养的，则在转群前1周，平养的鸭舍、用具须做好清洁卫生和消毒工作。地面平养的准备好5～10厘米厚的垫料。转群前12～24小时饲槽加满饲料，保证饮水不断。

（2）温度　舍温以15～18℃最为适宜。夏季应降温，使舍温达到30℃以下；冬季应加温，使舍温达到10℃以上。

（3）湿度　湿度控制在50%～55%，保持地面垫料干燥。

（4）光照　光照强度以能看见吃食为准，每平方米的光照强度相当于1只5瓦白炽灯，白天利用自然光，早晚加料时才开灯。

（5）密度　地面垫料饲养，每平方米地面养鸭数量为：4周龄7～8只，5周龄6～7只，6周龄5～6只，7～8周龄4～5只。具体视鸭群个体大小及季节而定。冬季密度可适当增加，夏季可适当减少。气温过高，可让鸭群在舍外过夜。

（6）饲喂　饲喂次数可按照白天3次，晚上1次。喂料量原则与育雏期相同，以刚好吃完为宜。为防止饲料浪费，可将饲槽宽度控制在10厘米左右。每只鸭饲槽占有长度在10厘米以上。

（7）饮水　采用自由饮水，不可缺水，应备有蓄水池。每只鸭水槽占有长度在1.25厘米以上。

（8）垫料　地面垫料要充足，随时撒上新垫料，且经常翻晒，保持干燥。垫料厚度不够或板结，易造成胸囊肿，影响屠体品质。

（9）洗浴　为促进新陈代谢与鸭体肌肉和羽毛的生长，育肥鸭需有洗浴条件，每天定时洗浴。但时间不可过长，尤其在后期，以免能量消耗过多，影响经济效益。

(10) 沙砾　为满足其生理机能的需要，应在育肥鸭的运动场上，专放几个沙砾小盘，或在精料中加入一定比例的砂粒。这样不仅能提高饲料转化率，节约饲料，而且能增强消化机能，有助于增强鸭的体质和抗病能力。

(11) 清洁干燥　育肥鸭易管理，要求鸭舍条件比较简易。但鸭舍仍要保持清洁、干燥，夏天运动场要搭棚遮阴。

3. 商品肉鸭饲养管理流程　综合上述商品肉鸭的饲养管理原则和要求，将烟道加保温伞育雏，饲养商品肉鸭的各周龄操作步骤列出，以供参考。

(1) 进雏前1～2周　准备育雏舍，搞好清洁卫生和消毒工作。1%新洁尔灭消毒后，用福尔马林熏蒸。空闲1～2周，于进雏前1～2天打开育雏室，通风换气。将育雏伞下温度升到34～36℃，室温达到24℃。烟道供热，室温可升到29～31℃。水槽、料槽内加满饮水和饲料。水槽长1.9厘米/只。饲槽长7.6厘米/只。并及时修补已坏的器具或房室。每平方米安装5瓦的白炽灯。

(2) 1周龄（1～7日龄）

①1日龄　进雏后，300～500只/群一个育雏伞或一小栏，及时开水、开食。自由采食，随吃随添，平均全天每只30克左右。光照24小时，饮水充足。饲养密度为20～30只/米^2（垫料平养）、30～50只/米^2（网养）、60～65只/米^2（笼养）。

②2日龄　光照23小时，1小时黑暗。自由采食、饮水。平均每只全天采食约31克。

③3日龄　光照23小时，1小时黑暗。温度降低1℃，伞下为33～34℃，烟道供温为28～30℃。自由采食，保温伞护围直径扩大。平均每只全天采食约32克。

④4日龄　自由采食、饮水，每只鸭全天采食34克，光照改为早晨5：00开灯，晚上9：00关灯，白天利用自然光照。温

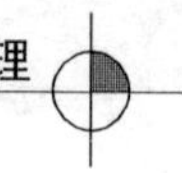

度降1℃。扩大保温伞护围。

⑤5～7日龄　温度调节同4日龄，每天降温1℃。采食量每只每天34～36克。至1周龄结束，温度降至伞下29～31℃，烟道供热为24～26℃。早晚补充光照。

(3) 2周龄（8～14日龄）　饲喂量平均每只每天105克，8～10日龄65～90克，9～14日龄95～115克。饲养次数改为每天6次，早晚喂料时补充光照。饲养密度，垫料平养由20～30只/米^{2}降为10～15只/米^2，笼养由60～65只/米^{2}降为30～40只/米^2，网养由30～50只/米^{2}降为15～25只/米^2。并可视情况去掉保温伞及护围。温度每天降1℃，伞下2周龄结束时降至22～24℃，烟道供热的舍温不必每天降温，可隔日降温，使舍温在14日龄时降到20～22℃。

(4) 3周龄（15～21日龄）　饲喂量平均每只每天约150～165克。在20日龄和22日龄分别加入25％和50％的生长育肥期饲料。整个育雏期，一定要保证充足饮水。饲喂次数改为每日5次，早晚喂料时补加光照。饲养密度，垫料平养由10～15只/米^{2}降为7～10只/米^2；网上平养由15～25只/米^{2}降为10～15只/米^2；笼养由30～40只/米^{2}降为25～30只/米^2。每日降温1℃，至3周龄结束，使其能适应自然温度。

(5) 4周龄（22～28日龄）

①转群　笼养转为平养、舍饲平养转为半舍饲平养的，应提前1周作好新鸭舍的准备，做好清洁卫生和消毒工作。

②换料　育雏料换为育肥料，料槽10厘米/只以上，水槽1.5厘米/只以上。

③温度、光照　采用自然温度育肥，冬季舍温不到10℃时应加温。采用自然光照，早晚开灯喂料，每平方米的光照强度相当于1只5瓦白炽灯。

④密度　地面垫料平养7～9只/米^2，网上养可加至14～18只/米^2。

⑤饲喂　每天共喂 4 次，早上 6:00 开灯饲喂，上午 11:00，下午 5:00，晚上 11:00 时开灯加料。4 周龄平均每只每天饲喂 165 克，自由饮水。

⑥垫料　垫料要清洁干燥。

(6) 5～8 周龄（29 日龄以后）

①密度　5～7 只/米^2，网养可加至 10～14 只/米^2。

②饲喂　时间安排不更改，7 周龄平均每只每天喂料量 220 克，8 周龄 250 克。特别注意，如果 7 周龄末上市，则 7 周龄初即停止添加促生长剂、某些有残留性的药物、有刺激气味的饲料等；如果 8 周龄末上市，则 8 周龄初开始停喂。要严格遵守国家规定的添加量和休药期，杜绝不符合产品质量标准的肉鸭上市，确保质量安全。

4. 影响商品肉鸭生长的因素　商品肉鸭的生长、耗料受上市肉鸭的生长速度、饲料消耗和饲料效率等诸多因素的影响。饲养商品肉鸭争取的就是高的生长速度和高的饲料效率，同时还要讲究生产成本。下面将体形较大的北京鸭和樱桃谷鸭全价配合饲料条件下生长和耗料标准分别列入表 5－5。

表 5－5　北京鸭平均体重、耗料量累计及饲料转化效率

周龄	体重（克）	耗料（克）	料肉比
1	270	230	0.85
2	760	970	1.28
3	1 350	2 130	1.58
4	1 810	3 280	1.81
5	2 320	4 760	2.05
6	2 800	6 390	2.28
7	3 150	8 140	2.58
8	3 420	9 680	2.83

为了获得较高的生产效益，生产者应根据肉鸭的生长状况及市场价格选择合适的上市日龄。商品肉鸭7周龄后相对生长率已降得很低，而5～7周龄绝对增重处于高峰时期，7周龄肌肉丰满，且羽毛已基本长成，饲料转化效率也高。若再继续喂，则肉鸭偏重，绝对增重开始下降，饲料转化效率也降低。所以选择7周龄为上市日龄为宜。一般不选择6周龄上市，除非仔鸭已长得很大，因为7周龄的绝对增重处于较高水平。若市场要求稍小的肉鸭，价格效益较高，则可考虑7周龄之前根据市场需求上市。如果是生产分割肉，则建议养至8周龄最好。因为后期胸腿着生肌肉较多，而分割肉中以胸部和腿部肌肉最贵。一般分割肉价格以胸部基数为100，腿部为75，翅部为60，背部为30，所以分割肉生产最好养至8周龄。由于7～8周龄，肉鸭的皮脂较多，不易被部分消费者接受，许多饲养者选择在4～5周龄上市，饲养效益也较好。

第二节　商品蛋鸭的饲养管理

根据蛋鸭的生长利用阶段，分为雏鸭（0～4周龄）、育成鸭（5～18周龄）、产蛋鸭三个阶段，对其饲养管理分别进行讲述。

一、雏鸭的饲养管理

蛋鸭的雏鸭是指0～4周龄的鸭，雏鸭饲养的成败直接影响到鸭群的健康、鸭场生产计划的完成、蛋鸭的生长发育以及今后种鸭的产蛋量和蛋的品质。在育雏期提高雏鸭的成活率是中心任务，在生产实际中，成活率的高低是衡量生产管理水平和技术措施的重要指标。刚出壳的雏鸭个体小，绒毛少，体温调节能力差，对外界环境的适应性差，抵抗力弱，若饲养管理不善，容易引起疾病，造成死亡。为此，从雏鸭出壳起，必须创造适宜的生活条件和精心地进行饲养管理。要培育好雏鸭，必须抓好以下几个环节：

1. 雏鸭的来源

(1) 符合国家的法律法规　种鸭场要具备国家颁发的《种畜禽生产经营许可证》和《动物防疫条件合格证》等证件执照，种鸭质量符合品种标准，并具有良好的社会信誉度。

(2) 雏鸭应产自无疫情地区的种鸭　若种鸭场或鸭场所在地区有雏鸭病毒性肝炎、鸭瘟或禽霍乱发生，那么这个鸭场的种鸭所孵出的雏鸭，往往被感染，引进这种雏鸭，有可能导致发病，造成损失。

(3) 根据经济条件选择蛋鸭品种　经济发达地区，饲料、饲养条件好，可以引进一些高产品种。因为高产品种鸭，需要有良好的饲养管理条件，其生产性能才能充分发挥。

(4) 选择饲养方式　根据本地的自然饲养条件和采用的饲养方式选择蛋鸭品种。所谓饲养方式，是指放牧还是圈养。圈养的可以引进高产的蛋鸭品种；而放牧饲养的要根据其自然放牧条件和传统养殖习惯而定。在农田水网地区，要选择善于觅食，善于在稻田之间穿行的小型蛋鸭；在丘陵山区，要选善于山地爬行的小型蛋鸭；在湖泊地区，湖泊较浅的可以选中、小型蛋鸭，若是放牧的湖泊较深，可选用善潜水的蛋鸭；在海滩地区，则要选择耐盐水的蛋鸭。

2. 育雏季节的选择　采用关养或圈养方式，原则上一年四季均可饲养，只是产蛋高峰期，最好避开盛夏或严冬。全期或部分靠放牧觅食天然饲料和农田的落谷，就要根据自然条件和农田茬口来安排育雏的最佳时期。因此，育雏期的季节性很强。根据育雏期不同，所饲养的雏鸭一般可分为：

(1) 春鸭　从春分到立夏、甚至到小满期间，即 3 月下旬至 5 月份饲养的雏鸭为春鸭，而谷雨前，即 4 月 20 日前饲养的春鸭为早春鸭。这个时期天气较冷，要注意保温。但是，育雏期一过，天气日趋变暖，自然饲料丰富，又正值春耕播种阶段，放牧

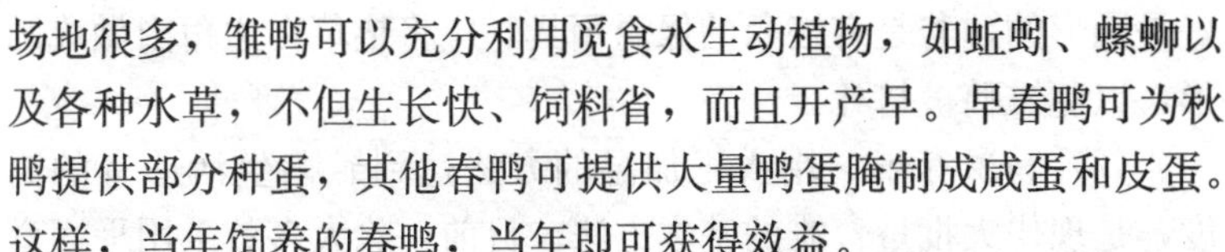

场地很多，雏鸭可以充分利用觅食水生动植物，如蚯蚓、螺蛳以及各种水草，不但生长快、饲料省，而且开产早。早春鸭可为秋鸭提供部分种蛋，其他春鸭可提供大量鸭蛋腌制成咸蛋和皮蛋。这样，当年饲养的春鸭，当年即可获得效益。

（2）夏鸭　从芒种至立秋前，即从6月上旬至8月上旬饲养的雏鸭，称为夏鸭。这时期的特点是气温高，雨水多，气候潮湿，农作物生长旺盛，雏鸭育雏期短，不需要什么保温，可节省大量育雏设备和保温费用。6月上、中旬饲养的夏鸭，早期可以放牧于稻秧田，采食的同时可起到稻田锄草的作用，还可充分利用早稻收割后的落谷，节省部分饲料，而且开产早，当年可以得效益。但是，此期间天气闷热，给管理带来困难，要注意防潮湿、防暑和防病工作。同时，开产前要注意补充光照。

（3）秋鸭　从立秋至白露，即从8月中旬至9月初饲养的雏鸭称为秋鸭。此期的特点是秋高气爽，气温由高到低逐渐下降，是育雏的好季节。秋鸭可以充分利用杂交稻和晚稻的稻茬地放牧，放牧的时间长，可以节省很多饲料，故成本较低。但是，秋鸭的育成期正值寒冬，气温低，天然饲料少，放牧场地少，要注意防寒和适当补料。过了冬天，日照逐渐变长，对促进性成熟有利，但仍然要注意光照的补充，促进早开产，开产后的种蛋可提供一年生产用的雏鸭。我国长江中下游大部分地区都利用秋鸭作为种鸭。

3. 育雏方式

（1）自温育雏　利用竹条或稻草编成的箩筐，或利用木盆、木桶、纸盒等作为育雏用具，内铺垫草，依靠雏鸭自身的热量来保持温度，并通过增加或减少覆盖物来调节温度。此法设备简单、经济，但温度很难掌握，管理麻烦，一般只适用于饲养夏鸭和秋鸭，而饲养早春鸭时天气还冷，绝对不能采用，以免造成巨大的损失。应用此法育雏时，其覆盖物要留有通气孔，不能盖得太严密，以免不透气，而致使雏鸭闷死。所使用的保温用具，最好是圆形的，若是有棱角的保温用具，应将垫草在边角内做成圆形，以免雏鸭被挤死。

(2) 加温育雏　用人工加温的方法达到雏鸭生活适宜的温度，是现代大批量育雏的基本方法。目前，除大多数采用平面育雏外，在饲养量大的地区，也可采用网养和立体笼养的育雏方法。笼养育雏有许多优点：与平养比较，可提高单位面积的饲养量；笼养全在人工控制下饲养，不进行放牧，从而有利于防疫卫生，有效地防止一些传染病和寄生虫病发生，可提高育雏成活率；笼养可以充分利用育雏空间的热气，节省燃料；同时，可提高管理效率，减轻艰苦的放牧劳动，节约垫料，便于集约化的科学饲养和管理。笼养及网上平养的要求同肉用雏鸭。

4. 育雏的环境条件　蛋鸭育雏的环境条件与肉雏鸭相似，只是在温度、密度及光照控制方面略有不同。

(1) 温度　蛋用雏鸭育雏期温度可较肉用仔鸭略低，刚出壳后12～24小时内的雏鸭，应保持在35～30℃，即接近或略低于孵化器温度，弱雏，冬季和夜晚可适当提高1℃。待毛干后到育雏室的温度掌握见表5-6。

表5-6　雏鸭培育的温度（℃）

日龄	育雏室温度	育雏器温度
1～7	25	30～25
8～14	20	25～20
15～21	15	20～15
22～28	15	—

3周龄以后，雏鸭已有一定的抗寒能力，如气温达到15℃左右，就可以不再人工供温。一般饲养夏鸭，在15～20日龄即可完全脱温。饲养春鸭或秋鸭，外界气温低，保温期长，需养至15～20日龄才开始逐步脱温，25～30日龄才可以完全脱温。脱温时要注意天气的变化，在完全脱温的头2～3天，如遇到气温

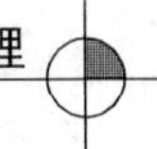

突然下降，仍要适当增加温度，待气温回升时，再完全脱温。

（2）密度　蛋用雏鸭的饲养要保持合理的密度，饲养密度过大，由于饮水量增多，排出的粪便也多，鸭舍容易潮湿。雏鸭卧地休息时，腹部的羽毛容易霉烂或脱落，密度过大还容易造成舍内空气污浊，严重时可能会引起氨气及硫化氢中毒。蛋用雏鸭的饲养密度可高于肉用雏鸭，见表5-7。

表5-7　蛋用雏鸭平面饲养的密度（只/米^2）

日龄	1～10	11～20	21～30
夏季	30	25～30	20～25
冬季	35～40	30～35	20～25

（3）光照　光照是影响鸭产蛋的重要因素。光线的刺激可促使鸭的卵泡发育和排卵。一般光照时间长，产蛋旺盛；冬天或梅雨季节，光照时间短，影响产蛋。因此，根据自然光照时间长短变化，采取人工补充光照的办法，是提高圈养鸭产蛋量的有效办法。白天采用自然光照，晚上以人工光照补足。1周龄雏鸭光照时间为24小时，或23小时光照加1小时的黑暗，可防止突然停电引起的惊群现象。2～4周龄雏鸭光照时间逐步减少，过渡到利用自然光照，同时光照强度也逐渐降低到每平方米相当于1只1瓦灯泡。

5. 雏鸭饲养管理要点　蛋用雏鸭的饲养管理与肉用雏鸭的饲养管理基本相同，结合蛋鸭半舍饲及放牧的特点，育雏期还应注意以下环节。

（1）适时“开青”、“开荤”　“开青”即开始喂给青绿饲料。饲养量少的养鸭户为了节约维生素添加剂的支出，往往采用补充青绿饲料的办法，弥补维生素的不足。青绿饲料一般在雏鸭“开食”后3～4天喂给。雏鸭可吃的青绿饲料种类很多，如各种水草、青菜等。一般将青绿饲料切碎单独喂给，也可拌在饲料中喂，以单独喂给好，以免雏鸭先挑食青绿饲料，影响精饲料的采食量。

“开荤”即给雏鸭开始饲喂动物性蛋白质饲料，指给雏鸭饲喂新鲜的“荤食”，如小鱼、小虾、黄鳝、泥鳅、螺蛳、蚯蚓和蛆等。一般在5日龄左右就可“开荤”，先以黄鳝、泥鳅为主，日龄稍大些以小鱼、螺蛳和蛆为主。

（2）*放水和放牧*　放水要从小开始训练，开始的头5天可与“开水”结合起来，若用水盆给水，可以逐步提高水的深度，然后将水盆由室内逐步转到室外，即逐步过渡，连续几天雏鸭就习惯下水了。人工控制下水，必须掌握先喂料后下水，且要等待雏鸭全部吃饱后才放水。待习惯在陆上运动场下水后，就要逐步引诱雏鸭到水上运动场或水塘中任意饮水、游嬉。开始时可以先引3～5只雏鸭下水，然后逐步扩大下水鸭群，以达到全部自然下水，千万不能硬赶下水。雏鸭下水的时间，开始每次10～20分钟，逐步延长，可以上午、下午各一次，随着适应水上生活，次数可逐步增加。下水的雏鸭上岸后，要让其在无风而温暖的地方理毛，使身上的湿毛尽快干燥后，进育雏室休息，千万不能让湿毛雏鸭进育雏室。

雏鸭能够自由下水活动后，就可以进行放牧训练。放牧训练的原则是：距离由近到远，次数由少到多，时间由短到长。开始放牧时间不能过长，每天放牧两次，每次20～30分钟，就让雏鸭回育雏室休息。随着日龄的增加，放牧时间可以延长，次数也可以增加。适合雏鸭放牧的场地：稻秧棵田、茨菰田、荸荠田、水芋头田以及浅水沟、塘等，这些场地水草丰盛，浮游生物、昆虫较多，便于雏鸭觅食。放牧的稻秧棵田，必须等稻秧返青活棵以后，在封行前、封行后，不能放牧，其他水田作物也一样。茎叶长得过高后，不能放牧。施过化肥、打过农药的水田、场地均不能马上放牧，以免中毒。

（3）*分群*　雏鸭分群是提高成活率的重要一环。雏鸭在“开水”前，根据出雏的迟早、强弱分开饲养。笼养的雏鸭，将弱雏

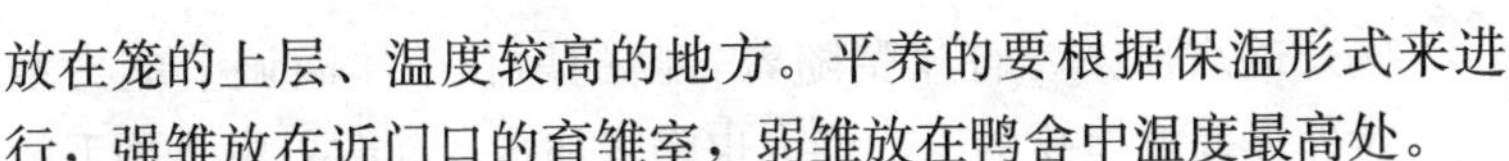

放在笼的上层、温度较高的地方。平养的要根据保温形式来进行，强雏放在近门口的育雏室，弱雏放在鸭舍中温度最高处。

第二次分群，一是在“开食”以后，一般吃料后3天左右，可逐只检查，将吃食少或不吃食的放在一起饲养，适当增加饲喂次数，比其他雏鸭的环境温度提高1～2℃。同时，要查看是否有疾病原因等，对有病的要对症采取措施，如将病雏分开饲养或淘汰。二是根据雏鸭各阶段的体重和羽毛生长情况分群，各品种都有各自的标准和生长发育规律，各阶段可以抽称5%～10%的雏鸭体重，结合羽毛生长情况，未达到标准的要适当增加饲喂量，超过标准的要适当减免部分饲料。

二、育成鸭的饲养管理

育成鸭一般指5～18周龄开产前的青年鸭，这个阶段称为育成期。育成期的饲养管理，主要是促使群体生长发育整齐，开产期一致，为产蛋的高产稳产打下良好基础。

1. 育成鸭的生理特点

（1）体重增长快　根据蛋鸭的体重和羽毛生长规律，28日龄以后体重快速增加，42～44日龄达到最高峰，56日龄起逐渐降低，然后趋于平稳增长，至16周龄的体重已接近成年体重。

（2）羽毛生长迅速　育雏期结束时，雏鸭身上还覆盖着绒毛，42～44日龄时胸腹部羽毛已长齐，平整光滑，达到“滑底”，48～52日龄青年鸭身体左右和背部羽毛长齐，达到“三面光”，52～56日龄长出主翼羽，81～91日龄蛋鸭腹部第二次换好新羽毛，102日龄蛋鸭全身羽毛长齐，两翅主翼羽已“交翅”。

（3）性器官发育快　青年鸭到10周龄后，在第二次换羽期间，卵巢上的滤泡快速长大，到12周龄后，性器官的发育尤其迅速，有些青年鸭到90日龄时便可见蛋。为了保证青年鸭的骨骼和肌肉的充分生长，必须严格控制青年鸭过速的性成熟，对提高今后的产蛋性能是十分必要的。

（4）适应性强　青年鸭随着日龄的增长，体温调节能力增强，对外界气温变化的适应能力也随之加强。同时，由于羽毛的着生，御寒能力也逐步加强。因此，青年鸭可以在常温下饲养，饲养设备也较简单，甚至可以露天饲养。青年鸭随着体重的增加，消化器官也随之增大，容积增大，消化能力增强。此期的青年鸭表现出杂食性强，可以充分利用天然动植物性饲料。在育成期，充分利用青年鸭的特点，进行科学的饲养管理，加强锻炼，提高生活力，以使生长发育整齐，开产期一致，为产蛋期的高产稳产打下良好基础。

2. 育成鸭的饲养方式　根据我国的自然条件和经济条件，以及所饲养的品种，其饲养方式主要有以下几种。

（1）放牧饲养　这是我国传统的饲养方式。由于鸭的合群性好，觅食能力强，能在陆上的平地、山地和水中觅食各种天然的动植物性饲料，可以节约大量饲料，降低成本，同时使鸭群得到很好锻炼，增强鸭的体质。根据我国的自然条件，放牧饲养可分为农田、湖泊、河塘、沟渠放牧和海滩放牧。随着大规模生产的发展，采用放牧饲养的方式将会越来越少。

（2）全舍饲　育成鸭的整个饲养过程始终在鸭舍内进行，称为全舍饲圈养或关养。一般鸭舍内采用厚垫草（料）饲养，或是网状地面饲养，或是栅状地面饲养。由于吃料、饮水、运动和休息全在鸭舍内进行，因此，饲养管理比放牧饲养方式要求严格。舍内必须设置饮水和排水系统。采用垫料饲养的，垫料要厚，要经常翻松，必要时要翻晒，以保持垫料干燥。地下水位高的地区不宜采用厚垫料饲养，可选用网状地面或栅状地面饲养，这两种地面要比鸭舍地面至少高 60 厘米，鸭舍地面用水泥铺成，并有一定的坡度，每米落差 6～10 厘米，便于清除鸭粪。网状地面最好用涂塑铁丝网，网眼为 24 毫米×12 毫米，栅状地面可用宽 20～25 毫米，厚 5～8 毫米的木板条或 25 毫米宽的竹片，或者是用竹子制成相距 15 毫米空隙的栅状地面，这些结构都要制成

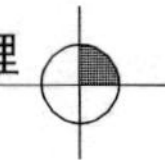

组装式，以便冲洗和消毒。

这种饲养方式的优点是可以人为地控制饲养环境，受自然因素制约较少，有利于科学养鸭，达到稳产高产的目的。由于集中饲养，便于向集约化生产过渡，同时可以增加饲养量，提高劳动效率。由于不外出放牧，可减少寄生虫病和传染病感染的机会，从而提高成活率。

（3）半舍饲　鸭群饲养固定在鸭舍、陆上运动场和水上运动场，不外出放牧。吃食、饮水可设在舍内，也可设在舍外，一般不设饮水系统，饲养管理不如全圈养那样严格。其优点与全圈养一样，可减少疾病传染源，便于科学饲养管理。这种饲养方式一般与养鱼的鱼塘结合一起，形成良性循环。它是我国当前蛋鸭生产中采用的主要方式之一。

3. 育成鸭的饲养管理

（1）饲料与营养　育成期与其他时期相比，营养水平宜低不宜高，饲料宜粗不宜精，目的是使育成鸭得到充分锻炼，使蛋鸭长好骨架。因此，代谢能只能含有11.3～11.5兆焦/千克，蛋白质为15%～18%。半圈养鸭尽量用青绿饲料代替精饲料和维生素添加剂，约占整个饲料量的30%～50%，青绿饲料可以大量利用天然的水草，蛋白质饲料约占10%～15%。

（2）限制饲喂　放牧鸭群由于运动量大，能量消耗也较大，每天都要不停地找食吃，整个过程就是很好地限喂过程，只是饲料不足时，要注意适当补充。而圈养和半圈养鸭则要重视限制饲喂，否则会造成不良的后果。限制饲喂一般从8周龄开始，到16～18周龄结束。当鸭的体重符合本品种的各阶段标准体重时，不需要限喂。

采用哪种方法限制饲喂，各种养鸭场可根据饲养方式、管理方法、蛋鸭品种、饲养季节和环境条件等确定。不管采用哪种限喂方法，限喂前必须称重，每两周抽样称重1次，整个限制饲喂过程是由体重（称重）—分群—饲料量（营养需要）三个环节组成，最后将体重控制在一定范围，如小型蛋鸭开产前的体重控制在1.4～1.5千克，超过1.5千克则为超重，会影响其产蛋量。小型蛋鸭育成期各周龄的体重和饲喂量见表5-8，供参照。

表5-8　小型蛋鸭育成期各周龄的体重和饲喂量

周龄	体重（克）	平均喂量［克/（只·天）］	周龄	体重（克）	平均喂量［克/（只·天）］
5	550	80	12	1 250	125
6	570	90	13	1 300	130
7	800	100	14	1 350	135
8	850	105	15	1 400	140
9	950	110	16	1 400	140
10	1 050	115	17	1 400	140
11	1 100	120	18	1 400	140

（3）分群与密度　分群可以使鸭群生长发育一致，便于管理。在育成期分群的另一原因是，育成阶段的鸭对外界环境十分敏感，尤其是在长羽毛血管时期，如饲养密度较高，互相挤动会引起鸭群骚动，使刚生长的羽毛轴受伤出血，甚至互相践踏破皮出血，导致生长发育停滞，影响今后的开产和产蛋率。因而，育成期的鸭要按体重大小、强弱和公母分群饲养，一般放牧时每群为500～1 000只，而舍饲鸭则分成200～300只为一小栏分开饲养。其饲养密度，因品种、周龄而不同。一般5～8周龄，每平方米地面养15只左右，9～12周龄，每平方米12只左右，13周龄起每平方米10只左右。

（4）光照　光照的长短与强弱也是控制性成熟的方法之一，育成鸭的光照时间宜短不宜长。育成鸭于8周龄起，每天光照8～10小时。为方便管理和鸭子夜间饮水，防止鼠害等，舍内可通宵微弱照明，每平方米设置0.3～0.5瓦灯泡。光照时间从17

周龄或19周龄开始逐步加长，直至22周龄开产后，达到16小时为止，以后始终维持在这个水平上，不要改变。

三、产蛋鸭的饲养管理

1. 产蛋鸭的生理特点　我国所饲养的蛋鸭各品种的最大特点是已失去就巢性，因此，为提高其产蛋量提供了极有利的条件。由于蛋鸭的产蛋量高，而且持久，小型蛋鸭的产蛋率在90%以上的时间可持续20周左右，整个主产期的产蛋率基本稳定在80%以上。蛋鸭的这种产蛋能力，需要大量的各种营养物质，除维持鸭体的正常生理活动外，大多用于产蛋。因此，进入产蛋期的母鸭代谢很旺盛，蛋鸭表现出很强的觅食能力，尤其是放牧的鸭群。产蛋鸭的另一个特点是性情温驯，在鸭舍内，安静地休息、睡觉，不到处乱跑乱叫；生活和产蛋的规律性很强，在正常情况下，产蛋时间总是在凌晨的3：00～4：00。

鉴于蛋鸭在产蛋期的这些特点，在饲养上，要求最高水平的饲养标准和最多的饲料量。在环境的管理上，要创造最稳定的饲养条件，才能保证蛋鸭高产稳产，且蛋品优质，种用价值最高。

2. 产蛋鸭的环境条件要求

（1）*饲养方式*　产蛋鸭饲养方式包括放牧、全舍饲、半舍饲三种。半舍饲方式最为多见，而笼养极少见到。半舍饲时每平方米鸭舍可饲养产蛋鸭7～8只。

（2）*温度*　鸭对外界环境温度的变化，有一定的适应范围，成年鸭适宜的环境温度是5～27℃。由于禽类没有汗腺，当环境温度超过30℃时，体热散发较慢，在高温的影响下，采食量减少，正常的生理机能受到干扰，就要影响蛋重、蛋壳质量，蛋白也稀薄，产蛋量下降，饲料利用率降低，种蛋的受精率和孵化率均会下降，严重时会引起中暑死亡；如环境温度过低，为了维持鸭体的体温，就要多消耗能量，降低饲料利用率，在0℃以下时，鸭的正常生活受阻，产蛋率明显下降。产蛋鸭最适宜的外界环境温度是13～20℃，此时期的饲料利用率、产蛋率都处于最佳状态。

(3) 光照　在育成期，控制光照时间，目的是防止育成鸭过早成熟，当将进入产蛋期时，要逐步增加光照时间，提高光照强度，促使性器官的发育，适时开产；进入产蛋高峰期后，要稳定光照时间和光照强度，使之持续高产。

光照一般可分自然光照和人工光照两种。开放式鸭舍一般使用自然光照加上人工光照，而封闭式鸭舍则采用人工光照解决。

在整个产蛋期内，其光照时间不能缩短，更不能忽长忽短。光照时间的延长可以采用等时制增加法，即每天增加15～20分钟，产蛋期的光照强度，一般达到5勒克斯即可。日常使用的灯泡按每平方米鸭舍1.3瓦计算，如灯泡离地面2米，一只25瓦的灯泡，就可供18米^{2}鸭舍的光照。蛋鸭的光照时间和光照强度可参见表5-9，各阶段的光照时间有互相跨越范围。

表5-9　蛋鸭的光照时间和光照强度

周　龄	光照时间	光照强度
1	24小时	8～10勒克斯
2～7	23小时	5勒克斯，另1小时为微弱光照
8～16或8～18	8～10小时或自然光照	晚间微弱光照
17～22或19～22	每天均匀递增，直至16小时	5勒克斯，晚间微弱光照
23以后	稳定在16小时，临淘汰前4周可增加到17小时	5勒克斯，晚间微弱光照

3. 产蛋期的分期饲养管理　根据绍兴鸭、金定鸭、康贝尔鸭产蛋性能的测定，150日龄时产蛋率可达50%，至200日龄时可达90%以上，在正常饲养管理条件下，高产鸭群高峰期可维持到450日龄左右，以后逐渐下降。因此，蛋鸭的产蛋期可分为产蛋初期（150～200日龄）、产蛋前期（201～300日龄）、产蛋中期（301～400日龄）、产蛋后期（401～500日龄）四个阶段。

（1）*产蛋初期和前期的饲养管理*　当母鸭适龄开产后，日粮营养水平，特别是粗蛋白质要随产蛋率的递增而调整，并注意能量蛋白比要适度，促使鸭群尽快达到产蛋高峰，达到高峰期后要稳定饲料种类和营养水平，使鸭群的产蛋高峰期尽可能长久些。此期内白天喂 3 次料，晚上 9：00～10：00 给料 1 次。如是自由采食，每只蛋鸭每天约耗料 150 克左右。此期内光照时间应达到并保持 16 小时。在 201～300 日龄期内，每月应空腹抽测母鸭的体重，如超过或低于此时期的标准体重 5%以上，应检查原因，并调整日粮的营养水平。

（2）*产蛋中期的饲养管理*　此期内的鸭群因已进入产蛋高峰期，并持续产蛋 100 多天，体力消耗较大，对环境条件的变化敏感，如不精心饲养管理，难于保持高峰产蛋率，甚至引起换羽停产，这是蛋鸭最难养好的阶段。此期内的营养水平要在前期的基础上适当提高，日粮中粗蛋白质的含量应达 20%，并注意钙量的添加。日粮中含钙量过高会影响适口性，可在粉料中添加 1%～2%的颗粒状贝壳粉，或在舍内单独放置碎壳片槽（盆），供其自由采食，并适量喂给青绿饲料或添加多种维生素。光照总时间稳定保持 16 小时。在日常管理中要注意观察蛋壳质量有无明显变化，产蛋时间是否集中，精神状态是否良好，洗浴后羽毛是否沾湿等，以便及时采取有效措施。

（3）*产蛋后期的饲养管理*　蛋鸭群经长期持续产蛋之后，产蛋率将会不断下降。此期内饲养管理的主要目标是尽量减缓鸭群的产蛋率下降幅度，不要过大。如果饲养管理得当，此期内鸭群的平均产蛋率仍可保持在 75%～80%，此期内应按鸭群的体重和产蛋率的变化调整日粮营养水平和给料量。如果鸭群体重增加，有过肥趋势时，应将日粮中的能量水平适当下调，或适量增加青绿饲料，或控制采食量。如果鸭群产蛋率仍维持在 80%左右，而体重有所下降，则应增加一些动物性蛋白质的含量。如果产蛋率已下降到 60%左右，已难于使其上升，无需加料，应及早淘汰。

4. 产蛋鸭管理注意事项 产蛋鸭可采用自由采食或定餐制两种方式。一般建议采用自由采食的方法，若用定餐制，一昼夜饲喂4次，定时定量地投放。产蛋期不得使用霉烂、变质或被污染的饲料，不可随意变换饲料。若调整配方，需有10天的过渡期，不能一步到位地更换。使用清洁的饮水，保证充足水源，24小时不间断供应。

5. 产蛋鸭的日常管理程序 日常管理要形成规律，培养产蛋鸭稳定的行为习惯，不得随意更改，否则，会对蛋鸭生产带来很大的损失。现将时间安排及管理事项，做成如下程序，以供参考。

（1）4:00～6:00 分2～3次捡蛋，装箱。

（2）6:00～8:00 放鸭出舍，让鸭在水中嬉戏、理毛休息；饲养员进鸭舍巡查，清洗料盆、水盆，加足饮水和饲料。

（3）8:00～11:00 赶鸭入舍吃料，吃料后让鸭子在鸭舍、运动场、水场休息。

（4）11:00～12:00 第二次投喂饲料，加足饮水。

（5）12:00～16:00 鸭子自由活动、休息，舍内外例行消毒，清洗料盆、水盆。

（6）16：00～17:00 舍内铺上干净垫草，将产蛋窝整理好。

（7）17:00～18:00 第三次投喂饲料，加足饮水。

（8）18:00～22:00 第四次投喂饲料，加足饮水，天黑时开灯补充光照，按开关灯时间和光照强度要求严格执行。在补充光照结束时，舍内应有微弱光通宵照明。

6. 季节管理 蛋鸭的产蛋性能受温度、湿度、通风、光照以及饲料变化等许多因素的制约，要结合季节的变化，采取相应的技术措施，避免鸭群产生大的应激，保证鸭群健康无疫，达到稳产高产。现将春、夏、秋、冬四个季节的不同饲养管理技术分述如下。

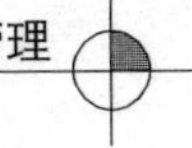

(1) 春季饲养管理技术　春季气温由冷变暖，日照时数逐日增加，鸭群活跃，气候条件对产蛋很有利，应充分抓住这一有利时期，为鸭群创造稳产高产环境。

①充足喂料　气温由冷转暖，日照增长，鸭群的代谢增加，产蛋量上升。要从数量和质量上满足蛋鸭对饲料的需要，日粮中粗蛋白质16%～18%，代谢能每千克11.3～11.7兆焦。

②环境整洁　应保持舍内干燥、通风，搞好清洁卫生，定期更换垫料，定期消毒鸭舍和料槽、饮水器。

③延长放鸭时间　力争做到早出晚归，让鸭多觅食，多晒太阳。放鸭要坚持“空腹快赶，饱腹慢赶，上午多赶，下午少赶”的原则。

④补充光照　春天自然光照仍然不足，每天人工补充光照4～5小时，刺激鸭性腺发育，为产蛋做好准备。

⑤保证青绿饲料　青绿饲料白天可撒在水面供鸭自由采食，晚上盛入筐内放在鸭舍中央饲喂，青料与精料各占50%，缺乏青绿饲料时可添加蛋用多维代替，效果也很好。

(2) 夏季饲养管理技术　夏季气温高，雨水多，天气多变，蚊蝇滋生，蛋鸭尤其怕热，必须防止中暑。如果管理失当，会对鸭群产蛋造成不利影响。

①防暑降温　适当疏散鸭群，降低饲养密度。鸭舍周围的草帘全部卸下，加强空气流通，有条件的可安装通风设备，降低舍内温度。坚持早放鸭、迟关鸭，傍晚不赶鸭入舍，夜间乘凉至12:00再赶入舍内。保证鸭群充足的饮水，最好是新鲜的井水。

②提高蛋白质含量　饲料要保持新鲜，防止变质。对春季大量产蛋、羽毛没换的鸭，在饲料中加入1%～2%炒熟研碎的芝麻或菜子等，提高夏季产蛋率。

③保持清洁卫生　鸭舍和运动场要勤打扫，及时清除垃圾。鸭舍、饲养用具、孵化室、孵化器具、车辆等都要定期进行全面地清洗和消毒。夏季来临之前，饲料中要加抗球虫药物。

④注意天气变化　雷雨前应及时赶鸭入舍，避免夏天鸭群遭遇暴雨淋浇，以防感冒。如果在池塘、湖泊中放牧，要避免大雨形成的洪流冲散鸭群，造成损失。

⑤防治中暑　鸭中暑的主要症状是体温升高，呼吸急促，精神沉郁，步态踉跄，站立不稳，食欲下降，甚至废绝。治疗方法是：

a. 在中暑鸭脚梗充血的血管上，针刺放血，一般放血后10～20分钟即可恢复正常。

b. 用冷水缓淋鸭头部，并用2%浓度的十滴水灌服，每只每次4～5毫升，一般20～30分钟后即可恢复正常。

（3）秋季饲养管理技术　秋季天气转凉，是蛋鸭饲养的关键时期，各种牧草结子，稻谷收后落粒较多，放牧食物丰富，这时要控制鸭长膘。因为体重增加，必然脂肪积累增加，脂肪浸入卵巢，产蛋力就要下降。保持蛋鸭中等偏上肥度，整个秋季一定会稳产高产。但是秋季昼夜温差大，天气多变，如果管理不当，产蛋率也有急剧下降的危险。

①人工补充光照　为克服日照逐渐变短的现象，需要人工补充光照，保持每天光照时间达到16小时。

②舍温保持稳定　克服气候变化的影响，特别在冷空气到来前做好准备，尽量使舍内的小气候变化幅度不要过大。从10月底开始就要做好防寒保温工作，防止寒风侵袭，放牧时应将鸭群赶到暖和的沙滩、塘沟、水渠等避风处，以免受寒受冻。

③保证充足营养　适当增加营养，补充动物性蛋白质饲料和青绿饲料，满足产蛋的营养需要。

④分群　对鸭群进行一次挑选，把已停止产蛋的鸭分出，或提前淘汰，或强制换羽，按照不同的营养水平分群饲养。

⑤驱虫　在秋末产蛋下降或人工换羽前对鸭群进行一次驱虫，可用广谱、高效、低毒、使用方便的盐酸左旋咪唑，能够通过虫体表皮吸收，迅速到达作用部位，使虫体肌肉挛缩、麻痹，

加之药物的拟胆碱作用，使虫体迅速排出体外。每千克体重 50 毫克，间隔 2 天重复 1 次。

（4）*冬季饲养管理技术*　冬季气温低，日照时间短，青绿饲料缺乏，鸭群产蛋率下降，鸭舍密闭导致通风换气较差，鸭群易受冷风侵袭，造成疫病流行。

①营养合理　提高饲料中代谢能的水平，达到每千克12.1～12.5 兆焦，粗蛋白质为 20%～22%。青绿饲料缺乏时可用蛋用多维保证正常供给。

②防寒保温　鸭舍周围用防寒草帘围严，防止贼风。冬季期间，垫料只加不换，并保持干燥，有利于提高舍温。鸭群最好喂给温水，以免过凉产生应激。

③赶鸭热身　早上迟放鸭，傍晚早关鸭。放鸭出舍前，在舍内噪鸭 5～10 分钟。轻轻吆喝，使鸭群站起来，然后缓慢驱赶鸭群在棚内做圆圈运动，每次转 5～10 圈，每天至少噪鸭 5 次。有水池或渠、塘、库的也可安排上午、下午各 1 次下水活动，但下水前一定要让鸭充分活动，促使鸭全身发热，提高御寒能力。

④合理密度　加大单位面积饲养密度，每平方米可饲养8～10 只，有利于蛋鸭之间相互取暖，保持较高的体温。

⑤添喂夜食　冬季昼短夜长，而且夜间气温较低，可添喂一次温热饲料，不仅能增加营养，而且能有利于鸭群的御寒，提高产蛋率。

7. 蛋鸭的日常观察　蛋鸭在饲养管理过程中，应对其健康状况进行留心观察，并做到对疾病早预防、早发现、早隔离、早治疗，以期能够保证鸭群的健康无疫，多产蛋，稳产蛋，这就需要加强蛋鸭的日常观察管理工作。

（1）*蛋形状况*　正常鸭群所产的蛋坚固完整，皮滑厚实，气孔排列、大小一致，颜色均衡稳定。如蛋的大端偏小，则欠早食，小头偏小，则欠中食；如产软壳蛋或蛋壳有砂眼，比较粗糙，说明日粮中缺乏矿物元素钙或维生素 D；有明显的产蛋率下降，产薄壳蛋、软壳蛋、沙皮蛋、畸形蛋、白皮蛋、小型蛋等的现象呈上升趋势，甚至停止产蛋，鸭的繁殖机能明显下降，则可能患有卵巢炎、输卵管炎及腹膜炎等。

（2）产蛋时间　鸭产蛋时间的变化有一定的规律，产蛋主要集中在午夜以后到黎明以前这段时间，通常不在白天产蛋。如发现鸭群产蛋普遍晚于早上 5：00，并且蛋较轻小，说明日粮中精料不足，要及时按标准增加精料；若鸭群在白天产蛋，则多是因饲料单一、营养不足，早上出舍过早或鸭舍内温度高、湿度大等恶劣环境所致，应有针对性地改善其饲养管理条件，并暂时推迟鸭群每天的出牧时间至早上 8：00 以后。

（3）体重大小　产蛋一段时间后，要按比例抽检鸭子的体重，若能基本维持产蛋初的体重，则说明饲养管理比较得当，若体重过轻或过重，要及时调整日粮，尽快让鸭子恢复正常体重。

（4）蛋重大小　蛋鸭初产时蛋重仅为 40 克左右，产蛋到 150 天左右蛋重达到标准蛋重的 90％，到 200 天左右达到标准蛋重，大约 70～80 克。若蛋重增加过快或过慢，则要查找原因，改进饲养管理方式。

（5）产蛋率高低　优良的蛋鸭品种，如绍兴鸭、金定鸭、康贝尔鸭等，一般 150 天左右产蛋率可达到 50％，200 天左右进入产蛋高峰期，产蛋率可达到 90％。若产蛋率上升过慢或有上下波动，说明情况异常，注意查找原因。

（6）羽毛变化　羽毛光滑紧密贴身，说明营养状况良好。鸭在换羽结束、开产前及开产初期羽毛是光亮的，如果此期不光滑，可能是缺少维生素、含硫氨基酸等营养物质，或者患有寄生虫病等疫病原因。

（7）食欲情况　健康鸭群食欲旺盛，吃料时抢食强烈，且在一定时间内鸭群采食量相对比较稳定。如果减食，一般是饲料突然改变、饲养员更换、鸭群受惊等因素所致；如果不食，表明鸭处于重病状态；如果异食，说明饲料营养不全、矿物质和微量元

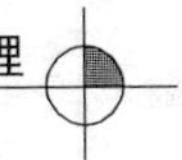

素不足；如果挑食，是由于饲料搭配不当、适口性差所致。

（8）饮水情况　健康鸭群的饮水在一定时间内是相对稳定的，若鸭群需水量突然增加或减少，或者是在供水或喂料时，鸭对水和饲料毫无反应，则为鸭群表现异常，要注意查找原因。

（9）嬉水状况　高产蛋鸭下水后嬉戏活泼，潜水时间长，上岸后羽毛光滑不湿毛。如怕下水、不洗浴或下水后湿毛、行动无力，要查明原因，并加喂动物蛋白饲料和鱼肝油等。

（10）精神状态　健康鸭群活动时表现为精神活泼，行动灵活，休息时安静闲适；病鸭则精神沉郁，离群闭目呆立，羽毛蓬乱，翅膀下垂。当鸭子部分精神委顿，说明有严重疫病出现，应尽快予以诊治。

（11）呼吸变化　除炎热天气外，正常鸭不张口呼吸，若表现为打喷嚏，张口呼吸，时而强力摇头，鼻孔处有黏液或脓性分泌物，有时可见鼻子上黏有饲料，说明鸭群已感染疾病，应及时诊治。

（12）运动状况　健康鸭走路时步态稳重，对外界的各种应激反应灵敏。平时应经常观察鸭群中有无拐脚、眼盲及先天和后天的伤残，以及有无瘫痪出现或瘫痪增多等现象，如有应及时找出原因并对症下药。

（13）粪便颜色　健康鸭群粪便不硬不软，颜色灰黑色，表面有少量尿酸盐沉积。如果粪便有白色、黑色、红色、黄色、绿色及酱黄色稀便和水样粪便等不正常粪便，则是饲料配比不合理或是患病的表现。如白色粪便可能是石粉、骨粉或蛋白质饲料添加量过多，鸭不能完全吸收，通过粪便以尿酸盐形式或未经消化排出；也可能是某些药物中毒症，如磺胺类药物使用过量排出牛奶色粪便；或者法氏囊炎早期、肾型传支早期等疫病导致。

（14）脱肛现象　蛋鸭脱肛大多发生在青年鸭开产的初期，肛门周围绒毛湿润，有时从肛门内流出白色或黄色黏液。随着病情的发展，输卵管连同泄殖腔一同脱出肛门外，长约3～4厘米，时间稍久脱出部分的颜色由红变黑，水肿，接着引起脱水、溃烂，并带有腥臭气味。病鸭行动迟缓，不愿活动，常作蹲伏姿势。要注意调整营养水平，避免过肥；或者光照控制不合理，促使青年鸭性激素分泌加快，趾骨开张，导致开产提前，相应做好调整。

第三节　填鸭的饲养管理

经过北京地区劳动人民的长期精心喂养，不断培育优种，淘汰劣种，并在我国南北朝时即有记载的养鸭“填嗉”法的影响下，独创了人工“填鸭”法，培育出了毛色洁白，雍容丰满，肉质肥嫩，体大皮薄的新品种——北京鸭，亦称北京填鸭。用北京填鸭烤出的鸭子，其鲜美程度远远超过以往的各种烤鸭，被称为“北京烤鸭”，产品皮层酥脆，肉质肥嫩，颜色鲜艳，味道香美，油而不腻，百尝不厌，成为京师名特产。至清朝，北京烤鸭已成为常见的佳肴，亲戚朋友之间也常以烤鸭为厚礼相互馈赠。

北京填鸭的养殖技术虽不复杂，但要遵循科学养殖的原则，严格按照科学的方法进行操作。填饲是一种人工强制肥育方法，当中鸭养到6～7周龄时，一般体重在1.6～1.7千克，便可进入这一阶段。经过填饲，鸭体在短期内体重迅速增加，脂肪在肌肉纤维之间聚集，形成“花间”肉，同时也在皮下积聚了一层脂肪。这是填鸭生产的最后一道工序，也是决定上市质量的重要阶段。填饲好的鸭，屠体特别适合于烧烤，宜做板鸭、烤鸭、腊鸭等，很受欢迎。

一、准备工作

填食前应剪去鸭爪，以免填食时抓伤操作人员及鸭之间互相抓伤。体质差、体重过小的不填，应及时挑除。

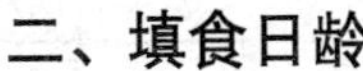

二、填食日龄

当中鸭养到6～7周龄时，体重达到1.6～1.7千克的鸭可开始填食。过早填食，体小身圆，长不大，且伤残多。过晚填食，耗料多，增重缓慢。

三、填食饲料

1. 填鸭料营养水平及饲料配方

（1）填肥前期（前3～6天） 饲料中的粗蛋白质15%以上，代谢能12.55兆焦/千克。填料配方可为：玉米36%、稻谷粉15%、小麦粉20%、大麦粉12.5%、鱼粉5%、豆饼9%、肉禽添加剂2%、食盐0.5%。

（2）填肥后期（后4～8天） 为了提高填鸭肥度，精料中粗蛋白质水平可以降低一些，淀粉饲料要多些，使鸭体充分积聚脂肪。配方可为：玉米30%、谷粉19%、小麦20%、大麦16%、鱼粉5%、豆饼7%、肉禽添加剂2.5%、食盐0.5%。

除上面推荐的外，填鸭的营养水平和饲料配方也可参考表5-10，并按实际情况做适当调整。

表5-10 北京填鸭的饲料参考配方

饲 料	配方1	配方2	配方3	配方4	配方5	配方6
黄玉米（%）	50.0	51.0	55.0	52.5	45.0	55.0
高粱（%）	5.0	—	5.0	—	7.0	5.0
大麦渣（%）	—	—	—	10.0	5.0	—
小麦渣（%）	—	10.0	—	—	—	15.0
麸皮（%）	7.0	12.0	8.0	5.0	8.0	10.0
米糠（%）	—	—	10.0	—	8.0	—
豆饼（%）	10.0	12.0	10.0	12.0	11.0	9.0
鱼粉（%）	5.0	2.0	5.0	3.0	3.0	5.0

（续）

饲　料		配方1	配方2	配方3	配方4	配方5	配方6
	骨粉（%）	1.6	2.0	1.5	1.5	1.5	0.6
	蛎粉（%）	1.0	0.5	0.5	1.0	1.0	—
	食盐（%）	0.4	0.5	—	—	0.5	0.4
	双面粉（%）	10.0	10.0	5.0	—	—	—
	土面（%）	10.0	—	—	15.0	10.0	—
营养水平	粗蛋白质（%）	15.08	14.66	15.17	14.49	14.38	15.24
	代谢能(兆焦/千克)	12.01	11.50	11.54	11.91	11.33	12.16

2. 填鸭料调配和用量

（1）调配　一般填鸭用料皆为稀料，即将混合粉料加水调制成稠粥状，其比例是料水比为1～1.2∶1。初填时饲料可稀些，后期可稠些。为了帮助消化，填前4小时饲料先用水泡好，然后用半自动填鸭机填饲。天热时可不必先用水泡，或只浸泡1～2小时，以免饲料发酸变质。

（2）喂量　填鸭时一般一天填喂4次，第一天每只鸭每次填稀料175克，第二天每次200克，第三天每次225克，即每天每次增加25克，至每次250～260克为止。

（3）注意事项　填食量的掌握应根据体重等因素而定，体重大的多填，体重小的少填。夏季填料适当稀些，冬季以稠些的效果较好。要经常检查粪便，凡消化不良，粪便中有大量未消化物质时，应少填。填鸭期不喂青料，可加少量维生素添加剂和少许河沙。

四、填食方法

填食者左手握鸭的头部，拇指与食指撑开上下喙，中指下压舌部，右手轻握鸭的食道膨大部，轻轻将鸭嘴套在填鸭机的填食

管上。慢慢向前推送，让胶管插入咽下食道中，此时要使鸭体与胶管平行，以免刺伤食道，然后将饲料压进鸭的食道膨大部，注意随着饲料的压进，慢慢向外退出填鸭。如果使用手压填鸭机，右手向下按压填食杆把，把饲料压入食道嗉囊中，填食完毕，将填食杆把上抬，再将鸭头向下从填食管中退出。

五、注意事项

1. 分群管理　填鸭质量好坏及饲料报酬高低，与雏鸭、中鸭阶段饲养管理的好坏有着密切的关系。体质健壮的鸭，填饲日期短，全程成活率高，填鸭效果和质量优良。所以开填前，最好将转入的中鸭按公母、体重、体质分群。分群后，填食可按体躯的大小分别掌握填食量，从而获得较好的肥育整齐度。

2. 填饲技术　熟练掌握填鸭操作技术很重要，要求开嘴快、压舌稳、插管准、进食慢。抓鸭的方法也应注意，必须轻握颈部，轻捉轻放，以防损伤，切不可摔抛鸭子。填饲操作正确时，速度快而安全。

3. 喂料适量　随着日龄增加和生长情况，逐渐增加填料量，切勿突然增加，以防撑死或因消化不良及其他原因造成瘫痪。热天、雨天有时会食欲不振，易患消化不良，此时应减食或不增食，以免浪费饲料和引起鸭子患病。填饲时，遇消化道有未消化的积食，应少填或不填，以防消化不良或胀坏消化道。详细观察鸭的消化情况，一般在填食后1小时，填鸭的食道膨大部普遍出现垂直的凹沟即为消化正常，如果早于1小时出现，表明需要增料，如果晚于1小时出现，表明消化不良或填食量过多。

4. 饮水洗浴　填食时要昼夜不间断供给清洁的饮水。同时，下水洗浴，可清洁鸭体，帮助食物消化促进羽毛生长，炎热天，可延长下水时间。但浴池面积不要过大，时间也不宜过久。

5. 适量运动　填食后，鸭不爱走动，久伏地面，腿部容易瘫痪，胸部也易出现红斑或淤血。因此，每隔2～3小时宜慢慢驱赶使之活动。填鸭体重大，行动笨。饲养人员要细致耐心，赶鸭要慢，不可惊吓鸭群，以免影响消化和增重。道路及运动场要平整，防止扭伤鸭脚。对已瘫痪的填鸭，应让它较长时间浮在水面，增加两脚和全身运动，并减少填食量，使其逐渐得到恢复。

6. 卫生清洁 填鸭栖息的场地要卫生清洁，并保持干燥。要保持鸭舍的安静，闲人不得出入，注意防止猫狗等。

7. 防暑降温 鸭没有汗腺，填鸭的皮下又沉积了大量脂肪，过于闷热能使呼吸加快，影响育肥，甚至造成死亡。因此，在高温、高湿环境下，应采取加强通风除湿，植树遮阳等防暑降温措施，为填鸭生长创造良好的生活环境，以期获得最佳的生产效益。

8. 适时出售 填鸭至 10 天后要及时检查，看到大部分个体膘肥肉满，用手摸到皮下脂肪增厚，翼羽的羽根呈透明状态时便要及时出售。如果错过出售期，则生长迟缓，耗料增多，经济效益下降。

第六章

种鸭的饲养管理

种鸭的饲养管理是整个养鸭生产过程的上游环节，对于商品鸭的饲养至关重要。种鸭养得好，便可生产出质量好、长势旺的合格商品鸭苗，为商品鸭的饲养奠定良好的基础。本章主要对父母代肉用种鸭、蛋鸭种鸭、种鸭人工强制换羽的饲养管理以及种鸭人工授精环节进行讲述。

第一节　父母代肉用种鸭的饲养管理

现代肉鸭主要采用品系配套杂交，分级制种，以充分利用杂种优势。目前商品代肉鸭可以用二系（元）杂交制种，也可用三系（元）杂交和四系（元）杂交制种，该繁育体系包括曾祖代场、祖代场、父母代场、商品代场。本节主要介绍肉用父母代种鸭的饲养管理。

一、育雏期的饲养管理

肉鸭父母代种鸭育雏期为0～4周龄。育雏期的培育是为育成鸭和成年鸭打好基础。因此须科学地饲养管理，才能培育出优良的种雏。

1. 管理方式　雏鸭采用舍饲的饲养方式，一般采用网上平养或地面平养。

2. 营养条件　必须饲以全价配合饲料，颗粒料或粉料均可。种用雏鸭营养要求不同于商品代肉鸭，只要达到其最低营养需要量即可。

3. 育雏准备 在进雏前1周，做好鸭舍及用具的消毒，进雏前48小时，打开经消毒的鸭舍门窗，提前12～24小时将育雏温度调节到适宜范围内，并加满料槽、水槽。

4. 饲养技术 肉用种雏鸭开水、开食方法同肉用仔鸭。

（1）饮水 不能缺少饮水，在前3天，还可以在水中加维生素C、葡萄糖、矿物质等，以减少环境改变引起的应激。

（2）饲喂 种雏鸭的喂料量可以按规定的日粮标准分次饲喂。1～7日龄，自由采食，白昼、夜晚皆喂料。1日龄可以1个小时喂1次，每次量不宜多，以饱而不浪费为原则。8～14日龄，逐渐减少夜间喂料，到14日龄时夜晚不喂料。15～21日龄日喂3次，22～28日龄日喂2次，27～28日龄两次的喂料内分别加25%和50%的育成期饲粮。喂料量参见表6-1。

表6-1 樱桃谷鸭SM父母代种鸭饲喂标准（0～28日龄）

日龄	克/只	累计（克）	日龄	克/只	累计（克）
1	5.1	5.1	12	60.6	391.1
2	10.1	15.2	13	65.7	459.8
3	15.2	30.3	14	70.7	530.5
4	20.2	50.5	15	75.8	606.3
5	25.2	75.8	16	80.8	687.1
6	30.3	106.1	17	85.9	773.0
7	35.4	141.5	18	90.9	864.0
8	40.4	181.9	19	96.0	960.0
9	45.5	227.4	20	101.0	1 061.0
10	50.5	277.9	21	106.1	1 167.0
11	55.6	333.5	22	111.2	1 278.3

（续）

日龄	克/只	累计（克）	日龄	克/只	累计（克）
23	116.2	1 394.5	26	131.4	1 773.4
24	121.3	1 515.7	27	136.4	1 909.8
25	126.3	1 642.0	28	141.5	2 051.3

5. 管理技术

（1）*分群*　按育种公司提供的比例为每群 1 套或 2 套，一般 1 套鸭数量为 140 只，公母混养于一个单元内。

（2）*温度*　育雏伞四周加围护雏圈。1 日龄伞下温度为 34～36℃，圈内温度为 29～31℃，室温为 24℃。加温视鸭舍和气温而定，夏、秋两季白天温度超过 27℃时可以不加温，温度偏低或夜间，尤其在特别寒冷时，应该加温至满足雏鸭对温度的要求。第三天开始降温，降温要逐步进行，前期可每天降温 1℃，后期每天降 2℃或隔日降 1℃。总之，要使雏鸭在 21 日龄前能适应自然温度。若室温低于 5℃，应加温使室内温度达到 15～18℃。

（3）*光照*　1～3 日龄用白炽灯平均 5 瓦/米^2，每天 23 小时光照，1 小时黑暗。4 日龄开始逐渐减少夜间的补充光照，直至 4 周龄结束时与自然光照时间相同。也可以 2～3 周龄即过渡到自然光照。如到 4 周龄结束自然光照 9 小时，4～6 日龄时每天减少 1 小时，以后隔日减少 1 小时或每 4 日减少 2 小时光照。

（4）*密度*　1 周龄至少 25 只/米^2，2 周龄 10 只/米^2，3 周龄 5 只/米^2，4 周龄 2 只/米^2。

（5）*称重*　28 日龄早上空腹称重，每群按公母鸭各 10%称重。若一群少于 140 只鸭，则公鸭要按 50%以上比例称重。种雏鸭育雏结束时，体重与规定标准相差不超过±2%为最好。

二、育成期的饲养管理

育成期指5～26周龄，结束之后即是产蛋期，能否保持产蛋期的产蛋量和孵化率，关键是在育成期能否控制好体重和光照时间。

1. 管理方式 肉用种鸭育成期一般采用半舍饲管理方式。

2. 营养条件 育成期饲以全价饲粮，可以用粉料，也可以用颗粒料。因为粉状饲料容易产生饱感，而育成期又要采取限制饲喂，所以拌成湿粉料喂较好。颗粒料的直径为5～7毫米。

3. 限制饲喂和体重检测

(1) 饲喂量的确定 从5周龄开始完全改喂育成期日粮，每天每只给料150克，或按育种公司提供的标准给料（表6-2）。28日龄早上空腹称重，计算出每群公、母鸭的平均体重，与标准体重（表6-3、表6-4）比较，标准范围±2%内皆为合格，然后按各群的饲料量给料。

表6-2 狄高种鸭育成期日粮定额

周龄	饲料量（每100只千克）	周龄	饲料量（每100只千克）
4～5	12～14	21～24	15～17
6～11	13～14	25周龄至产蛋	16～18
12～20	14～16.5		

表6-3 樱桃谷鸭父母代种鸭标准体重（千克）

周龄	母鸭	公鸭	周龄	母鸭	公鸭
4	0.967	1.112	7	1.945	2.226
5	1.335	1.532	8	2.133	2.439
6	1.757	2.015	9	2.210	2.523

（续）

周龄	母鸭	公鸭	周龄	母鸭	公鸭
10	2.287	2.606	19	2.851	3.204
11	2.365	2.691	20	2.885	3.327
12	2.442	2.774	21	2.918	3.269
13	2.520	2.858	22	2.962	3.313
14	2.597	2.941	23	2.996	3.346
15	2.675	3.025	24	3.040	3.390
16	2.752	3.107	25	3.072	3.421
17	2.785	3.140	26	3.105	3.452
18	2.807	3.160			

表 6-4　北京鸭（Z 型）标准体重（千克）

周龄	母鸭	公鸭	周龄	母鸭	公鸭
4	1.6	1.65	14	2.50	2.60
5	1.80	1.85	16	2.55	2.65
6	1.90	2.00	18	2.60	2.75
7	2.00	2.10	20	2.68	2.80
8	2.10	2.20	22	2.75	2.85
9	2.20	2.30	24	2.80	2.95
11	2.30	2.40	26	2.85	3.00
12	2.40	2.50	28	2.90	3.10

以后直到 23 周龄，每周第一天早上空腹称重，抽样比例为 10%（公鸭可按 20%～50%）。若低于标准体重，则增加给料 10 克/（只·天）或 5 克/（只·天）；若高于标准体重，则减少 5 克/（只·天）。若增加（或减少）饲料还没有达到标准，则每只每天再增加 10 克或 5 克（或减少 5 克）。确保公母鸭都要控制在

标准体重范围。

（2）限喂方法　一种是按限饲量将1天的全部饲料一次投入，或早上投料70%，下午投料30%。另一种是把2天应喂的饲料合为1天1次投入，第二次不喂料，称为隔日限饲。实践证明隔日限饲的效果更佳。无论哪种限饲法，在喂料的当天都是早上4：00开灯，按每群分别称料，然后定时投料。

（3）限饲时注意事项

①饲粮营养要全面，一般不供应杂粒谷物。

②称重必须空腹，应在早上投料前进行。

③一般正常鸭群在4～6小时吃完饲料。喂料不改变的情况下，应注意观察吃完饲料所需时间的改变。

④从开始限饲就应整群，将体重轻、体质弱的鸭单独饲养，不限制饲养或少限制饲养，直到恢复标准体重后再混群。

⑤限饲过程中可能会出现死亡，应照顾好弱小个体。

⑥限饲要与光照控制相结合，一定要按照光照程序操作。

⑦喂料在早上1次投入，加好料后再放鸭吃料，以保证每只鸭都吃到饲料。若每天分2次或3次投料，则抢食能力强的个体几乎每次都吃饱，而弱小个体则过度限饲，影响群体的整齐度。

4. 光照　此期光照原则是不要延长光照时间或增加光照强度，以防过早性成熟。5～20周龄，每天固定9～10小时的自然光照，实际生产中多在此期采用自然光照。但若日照是逐渐增加的，则与光照原则相矛盾，不利于后期产蛋。解决办法是将光照时间固定在19周龄时的光照时间范围内，不足时人工补充光照，但应注意整个育成期固定光照以不超过11小时为宜。若日照渐减，就要利用自然光照。而21周龄开始到26周龄，逐渐增加光照时间，直到26周龄时达到17小时的光照。由20周龄时的光照时间与26周龄开始的17小时光照的差值计算出每周或每周2次应增加的光照时间，分别在早上和晚上增加，直到26周龄时从4:00至21:00接受光照。下面所列的加光时间可供参考：

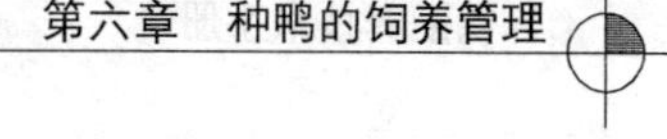

21 周龄，天黑开灯，晚上 6:00 关灯。

22 周龄，天黑开灯，晚上 6:00 关灯。

23 周龄，天黑开灯，晚上 7:00 关灯。

24 周龄，早上 5:00 开灯，天亮关灯，天黑开灯，晚上 8:00 关灯。

25 周龄，早上 4:00 开灯，天亮关灯，天黑开灯，晚上 8:00 关灯。

28 周龄，早上 4:00 开灯，天亮关灯，天黑开灯，晚上 9:00 关灯。

5. 转群和分群　育雏期网上平养转为地面垫料平养，在 28 日龄转群前 1 周应准备好育成鸭舍，并在转群前 12～24 小时加满 29 日龄的饲喂量，加满池水。每群 1 套（140 只鸭）或 2 套鸭，各群之间用 0.7 米高的栅栏隔离，以防混群。公母混养，密度以每只鸭 0.4 米^2 鸭舍＋0.6 米^2 运动场（含 0.1 米^2 水池），计算密度。对于中型鸭，最多不得超出 7 只/米^2（舍内面积）。

6. 饲料量的调整　在 24 周龄开始改喂产蛋期饲料和增加饲喂量。一种方式是 24 周龄开始连续 4 周加料，每周增加 25 克产蛋期饲料。4 周后足量饲喂产蛋期饲料，自由采食。另一种方法是 24 周龄起改用产蛋期饲料，并在 23 周龄饲喂量的基础上，增加 10％的饲料；产第一枚蛋时，在此基础上增加饲喂量 15％。如 23 周龄饲喂量为 140 克/只・天，则下周龄饲喂量为 154 克，产第一枚蛋时饲喂量为 177 克。正常鸭群 26 周龄开产，并达到 5％产蛋率。

三、产蛋期的饲养管理

产蛋期（27 周龄至产蛋结束）的饲养目的是产蛋量高、受精率和孵化率高，最终能够提供数量多、质量优的商品鸭苗。要做到这一点，必须进行科学的饲养和管理。进入产蛋期后，各种饲养管理日程要稳定，不轻易变动，以免造成产蛋率急剧下降。

1. 饲养方式 与育成期相同，可以不转群。

2. 设置产蛋箱 每个产蛋箱尺寸为长40厘米、高40厘米、宽30厘米，每个产蛋箱供4只母鸭产蛋，可以5～6个产蛋箱连在一起组成一列。产蛋箱底部铺上干燥柔软的垫料，垫料至少每周更换2次，越清洁则蛋壳越干净，孵化率越高。产蛋箱于种鸭24周龄前，一般在22周龄放入鸭舍，在舍内四周摆放均匀，位置不可随意更改。

3. 光照管理 每天提供16～17小时光照，时间固定，不可随意更改，否则严重影响产蛋。

4. 垫料管理 地面垫料必须保持干燥清洁，当垫料潮湿时应及时清除，换上新垫料，可以每天增添新垫料，并尽可能保持鸭舍周围环境的干燥清洁。

5. 种蛋收集 及时将产蛋箱外的蛋收走，不要长时间留在箱外，被污染的蛋不宜作种用。鸭习惯于凌晨3:00～4:00产蛋，早晨应尽早收集种蛋。初产母鸭可在早上5:00捡蛋。饲养管理正常，通常母鸭在7:00以前产完蛋，而到产蛋后期产蛋时间可能集中在早上6:00～8:00。应根据不同的产蛋时间固定每天早晨收集种蛋的时间。迟产蛋也要及时捡走，若迟产蛋数量超过总蛋数的5%，则应检查饲养管理是否正常。收集的种蛋尽快放入烟熏消毒柜（室）中消毒，并转入蛋库贮存。种蛋贮存时间不宜过长，一般15～20天后应进行孵化。

6. 种公鸭管理 配种比例为1∶4，有条件的可按1∶5～7的比例混养。公鸭过少，可能精液质量不均衡；而若公鸭过多也不好，会引起争配而使受精率降低。应淘汰阴茎畸形、发育不良或阴茎过短的公鸭，大型肉鸭正常阴茎长9～10毫米。对性成熟的种鸭还可进行精液品质鉴定，不合格的予以淘汰。

7. 预防应激反应 要有效控制鼠类和寄生虫，并维持种鸭场周围环境清洁安静，保持环境空气尽可能的新鲜，必要时可调节通风设备，使环境温度在适宜范围内。

8. 分群管理　种鸭产蛋经过一段时间后，可能有部分种鸭会换羽停产，而另一部分种鸭则仍在继续产蛋，为了合理利用饲料和便于管理，此时可把低产母鸭和停产母鸭进行分群管理。产蛋鸭与停产鸭的鉴别方法见表 6-5。

表 6-5　产蛋鸭与停产鸭的鉴别方法

项目	产　蛋　鸭	停　产　鸭
羽毛	整齐，有光泽或膀尖有锈色，羽毛紧收	羽毛松散，不整齐，无光泽
颈	颈羽紧，脖子细	颈羽松、脖子粗
喙	浅白色或带有黑色素	橘红色
臀部	下垂，接近地面	不下垂
行动	行动缓慢，不怕人	行动灵活，怕人
趾骨	三指以上，间距大	间距小，少于三指

将停产鸭分出后，可喂后备鸭料，且减少喂料量和饲喂次数。合理地分群，不但可以节约饲料，还有利于停产鸭尽快恢复产蛋。待停产鸭开始产蛋后再放回产蛋群集中管理。

9. 记录分析　做好产蛋记录及疾病等记录，如有异常，要分析原因，有针对性地采取应对措施。所有记录要建立档案，妥善保存。

四、种鸭饲养效果的检查

育雏期和育成期饲养效果可从体重和成活率体现出来。种雏饲养得好，体重在标准范围内，育雏率可达 90%以上，育成期成活率可达 90%～95%。产蛋期可以用产蛋期死淘率、产蛋高峰、全程产蛋孵化率和受精率来衡量。樱桃谷鸭和北京鸭的大型配套系全程产蛋可达 230～260 枚/只，孵化率 75%～85%，受精率 90%左右，而死淘率每个月仅 1%。种鸭的产蛋规律除了反映出品种的生产性能以外，更重要的是反映了育成期和产蛋期饲养管理工作的好坏。一般正常产蛋率在 26 周龄达到 5%，28～

30周龄达到15%，33～35周龄达到90%或90%以上，进入产蛋高峰期。产蛋高峰期可持续1～3个月，平均1个半月，高者可达4个月。如果在生产过程中各项指标与标准相差过大，则应及时采取补救措施。

第二节　蛋鸭种鸭的饲养管理

我国蛋鸭生产，虽然也有选种选配等育种方式，以促使其高产、稳产，但是并没有像肉鸭等生产中实行专门父母代配套系生产模式。目前，蛋鸭产区依然采取从秋鸭（8月中旬至9月孵出的雏鸭）中选留种鸭的传统养殖模式，予以专门的饲养管理，以生产种蛋进行孵化。

一、秋鸭留种的优点

秋鸭留种正好满足次年春孵旺季对种蛋的需要，同时在产蛋盛期的气温和日照等环境条件最有利于高产稳产。由于市场需求和生产方式的改变，常年留种常年饲养的方式也越来越多地被采用。种鸭饲养管理的主要目的是获得尽可能多的合格种蛋，能孵化出品质优良的雏鸭。

二、种鸭的饲养管理

1. 育雏期（1～4周龄）**的饲养管理**　种鸭育雏期的饲养管理同商品蛋鸭育雏相似。

2. 后备期（5～22周龄）**的饲养管理**

（1）公母分群　公鸭生长速度比母鸭快，体重也大于母鸭，采食量差异也较大，为更好地满足各自生长发育的营养需要，从4周龄起应实行公母分群饲养。为了提高种蛋的受精率，种公鸭应早于母鸭1～2个月孵出。

（2）饲喂　这阶段主要是采取限饲措施，其目的是避免后备

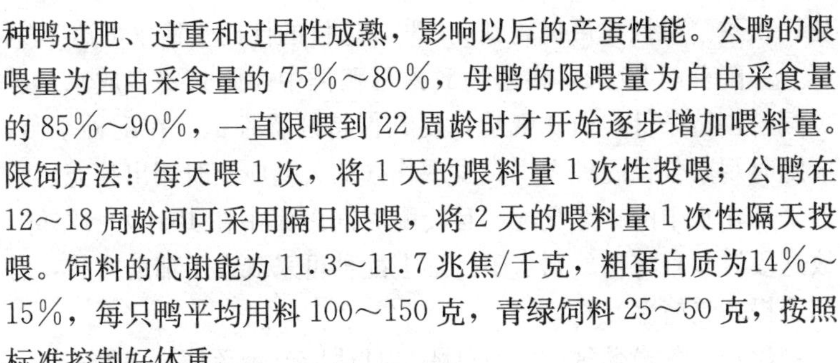

种鸭过肥、过重和过早性成熟，影响以后的产蛋性能。公鸭的限喂量为自由采食量的75%～80%，母鸭的限喂量为自由采食量的85%～90%，一直限喂到22周龄时才开始逐步增加喂料量。限饲方法：每天喂1次，将1天的喂料量1次性投喂；公鸭在12～18周龄间可采用隔日限喂，将2天的喂料量1次性隔天投喂。饲料的代谢能为11.3～11.7兆焦/千克，粗蛋白质为14%～15%，每只鸭平均用料100～150克，青绿饲料25～50克，按照标准控制好体重。

（3）选种　在9周龄左右进行初选，按公母1∶4～5选留公鸭。对不符合种用要求的淘汰。留下的按后备种鸭的要求培育，养至22周龄时进行第二次选择。按公母1∶6～8选留公鸭，同时公母合群饲养，每群应多配几只公鸭，以备补充淘汰用。公鸭要求个大体长，背直而宽，胸骨长而正直，头大颈粗，两眼圆亮，脚长且两脚间距宽，羽毛有光泽，尾稍上翘，性情活泼、体魄健壮。母鸭要求头大宽圆，颈粗，喙宽而直，胸部丰满前突，背长而宽，腹深，脚粗而稍短，两脚间距宽，体型较大，身体健康。

（4）管理　从5周龄开始进行生活规律的调教和训练，每天的饮水、吃食、舍外活动、下水、上岸梳理羽毛、入舍休息等要定时，逐渐建立条件反射，这既有利于管理，又可以保证鸭群正常生长发育。保持鸭舍空气新鲜流通，清洁干燥。

3. 产蛋期的饲养管理

（1）饲喂　开产前可适当提高粗蛋白水平，逐渐过渡到产蛋期所需的营养水平。产蛋期日粮每千克代谢能为11.7～12.1兆焦，粗蛋白质17%～19%，钙2.8%，磷0.5%，并适当提高矿物质、维生素含量，自由采食，每只鸭每天用料一般为母鸭120～180克，公鸭200克左右。

（2）配种　我国麻鸭类型的蛋鸭品种，体型小而灵活，性欲旺盛，配种性能极佳。在早春和冬季，公母性比可用1∶20，夏、秋季公母性比可提高到1∶30，这样的性比受精率可达90%以上。配种前20天，将公鸭放入母鸭群中。此时要多放水，少关饲，创造条件，引诱性情，促其保持旺盛性欲。在配种季节，应随时观察公鸭配种表现，发现伤残的公鸭应及时调出补充。一般采用在水中的自然交配，且交配时间多集中在15:00～17:00，故这段时间宜将鸭放到水中。陆上配种可采取人工辅助方法，有利于提高受精率。

(3) 准备产蛋箱　为使母鸭早日适应产蛋环境，在开产前2周应在舍内靠墙四周放入产蛋箱。也可采用简单而实用的产蛋窝，即舍内四周离墙40厘米处，用砖块垒成三块砖高度的围栏，内铺垫草，供鸭产蛋。为使种蛋清洁，产蛋窝每天应清扫和更换垫草。

(4) 种鸭利用年限　公鸭一般利用1～1.5年即淘汰，母鸭利用2年左右。第一个产蛋期结束，接着就是长达7～9周的换羽期，若不采取强制换羽任其自然换羽则需13～17周。

(5) 日常管理　在管理上要特别注意舍内垫草的干燥和清洁，及时翻晒和更换；每天早晨及时收集种蛋，尽快进行烟熏消毒和存入蛋库；气候良好的天气，应尽量早放鸭出舍，迟收鸭；保持鸭舍环境的安静，勿使惊群，骚乱；气温低的季节注意舍内避风保温；气温高的季节，特别是我国南方梅雨季节要注意通风降温。

第三节　种鸭的人工强制换羽

母鸭经过一个产蛋季节连续不断地产蛋，体内营养物质不断消耗，或因日粮中营养不完善及管理不善，都会出现产蛋率大幅下降，甚至停产现象，并伴随着脱毛换羽。自然换羽的时间较长，约3～4个月，换羽后的初期产蛋也参差不齐，影响鸭群的饲养管理和种蛋的孵化。为了保持鸭群产蛋均衡，争取多产蛋，

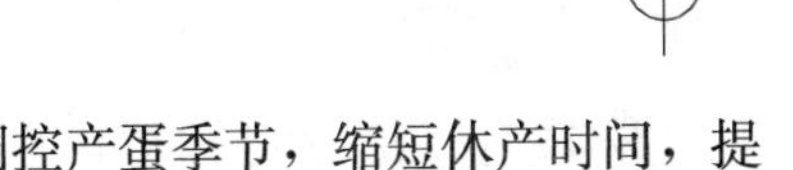

可以实行人工强制种鸭换羽，调控产蛋季节，缩短休产时间，提高种蛋品质，在短期内恢复产蛋，供应市场。

一、时期的选择

水禽自然换羽在秋季发生，人工强制换羽时期的选择主要以市场对鸭的需求来决定。每年的 2～8 月份是全年孵化的旺季，又是种鸭的产蛋盛期，因此，一般不采取强制换羽，以免影响种蛋的供应。秋末冬初这段时间家禽自然换羽速度慢，停产期达 3～4 个月，如果在此时对种鸭群采取强制换羽，可使换羽休产期缩短在 2 个月以内，为次年春季孵化提供优质种蛋。同时，由于羽毛的长成，提高了种鸭越冬的抗寒能力，降低饲养成本。

二、换羽的步骤

1. 换羽前的准备　换羽前，应根据种鸭的状态、市场动态趋势等情况综合考虑是否进行强制换羽。如需进行换羽，应先把弱小、肢残、患有其他病症的种鸭挑选出来淘汰，再规划换羽的操作计划。在人工强制换羽前 1～2 周，对未进行各种防疫注射的鸭群要补注鸭瘟、禽霍乱等疫苗，并进行驱虫、除虱，以强化人工强制换羽所造成应激的抵抗能力，并保持下一个产蛋年鸭群的健康。

2. 限食限水　强制换羽开始的第 1 天将鸭关进遮光鸭舍，停食、停水；第 2 天仅在上午喂 1 次水；第 3 天给足够的饮水；第 4 天开始给少量粗薄的饲料，每只鸭给糠麸类饲料 100 克，1 次或 2 次吃完，但应有足够的吃食面积，并给以足够的饮水；第 7 天～第 12 天所喂的糠麸类饲料增加至 125 克，另给少量青绿饲料，分上、下午 2 次喂给。10 天内不让鸭群出圈、不放牧。10 天后，每隔 3 天让鸭洗浴 1 次，促使脱羽，或进行人工拔羽。

3. 拔羽时机　实行人工拔羽时，必须掌握好适当的时间。由于限制了给料和供水，营养缺乏而导致鸭的喙、趾、蹼等处的色素，由浓黄色变为淡黄色，最后近于苍白色，再过2～3天即可拔羽。当关在舍内的蛋鸭在停止喂饲后，体内所积贮的脂肪、蛋白质等营养物质被分解，以维持生理活动的需要。因此显现消瘦，两翅上的肌肉也随之“收缩”，此时即可实施拔羽。但应注意观察羽管根部的“脱壳”情况。鸭的两翅肌肉“收缩”后，翼羽的羽根部分会出现长3～4毫米的浅色管根痕迹，有的羽管根还处于干涸或收缩状态，羽轴与毛囊脱离，这些现象即是羽管根部“脱壳”。这时羽毛易脱而不出血，是拔羽最适宜的时间。如果以上现象未出现而勉强拔羽，就会损伤蛋鸭身体，拔羽操作也比较困难，过早或过晚都会影响鸭的体重和新羽的生长。

4. 拔羽方法　从停食后第15天～第20天鸭开始换羽，一般先换小羽，后换大羽。为使其大、小羽同时脱换，缩短整个换羽期，可用人工方法将鸭的主翼羽、副翼羽和尾羽依次拔掉。拔羽要选择在晴天上午进行，集中劳力，把所有未脱落的翼羽和主尾羽沿着该羽毛尖端方向，用瞬时力逐一拔除。拔羽完毕后，第一天可让鸭群下水，随即对鸭群进行恢复饲养。

5. 公母分群　强制换羽期中公母鸭分开饲养，同时拔羽。这样可使公母鸭换羽期同步，以免造成未拔羽的公鸭损伤拔羽的母鸭，或拔羽母鸭到恢复产蛋时，公鸭又处于自然换羽期，不愿与母鸭交配，影响种蛋受精率。

6. 光照　在实施强制换羽1周后，将光照时间逐渐减至每天8小时。长日照季节，可将门、窗用2层黑布帘遮挡，9：00将黑布帘卷起，17：00将黑布帘放下。强制换羽进行到9周时逐渐增加光照时间，直至增加到16周时的每天16小时，维持到第二个产蛋期结束。光照强度也随着光照时间的增加而逐渐增加到平均每平方米10勒克斯（相当于1只5瓦白炽灯）。

三、恢复期的饲养管理

在强制换羽后期要加强饲养管理。喂料由少到多，质量由粗到精，逐步过渡到正常。拔羽后第二天开始放牧和洗浴，放牧地点应由近到远，放牧时间由短到长。拔羽后5天内避免烈日暴晒，保护毛囊组织，利于新羽毛的生长。在拔羽后20天左右开始恢复蛋鸭的正常饲养管理。一般在拔羽后的30～40天开始产蛋。到人工强制换羽后第六周时，再按公母配比合群饲养。如果饲养管理得当，鸭群状况良好，接下来的产蛋期可延续9～10个月。

四、注意的问题

种鸭在人工强制换羽期间，生理变化较大，饲养管理上更要精心，以期能够健康平安地渡过换羽期，求得下一个产蛋期的稳产高产。生产实践中要特别注意以下几点。

1. 营养全面　恢复正常的饲料和饮水供给后，尤其要注意添加富含蛋氨酸、胱氨酸等含硫氨基酸的动物性蛋白质饲料，增加鱼粉、羽毛粉等的供给。还应该在日粮中增加一些维生素和微量元素，特别是适当补充含钙较多的矿物质如贝壳等。

2. 自由进食　在恢复给料和饮水时，应该适当增加食槽和水槽，饲料喂量应逐渐增添，少食多餐，让鸭自由采食。

3. 卫生防疫　场区要干净卫生，做好常规性的消毒，特别注重防疫，避免应激抵抗力下降，引起疫病发生。

4. 合理光照　在整个人工强制换羽期间对鸭群要适当减少光照，以免导致恢复期的延长。

第四节　种鸭的人工授精

随着生产的发展和科技进步，种鸭人工授精技术日趋完善，利用率越来越高。采用人工授精可以减少公鸭的饲养量，节省生产成本；人工授精可减少疫病传播机会，有利于鸭群保健；鸭场利用人工采精技术对种公鸭进行选择，可以准确地淘汰生殖器发育不良、精液少和精液品质低劣的公鸭。在公番鸭与母家鸭的种间杂交，生产骡鸭过程中，采用人工授精可克服亲本体重、体型悬殊和交配行为障碍以及受精率低等问题。一般本品种间人工授精受精率可达89%～95%，同属间杂交受精率可达80%～89%，不同属间杂交受精率可达70%～85%。

一、采精训练

人工授精的公母鸭在产蛋前应分开饲养，公鸭选用体质健壮，性欲强盛的进行单笼饲养，隔离1周即开始采精训练，每周2～3次。采精训练前将公鸭泄殖腔周围的羽毛剪干净，训练采精时找一只试情母鸭，用手按其头背部，母鸭会自动蹲伏者即可。将公鸭和母鸭放在采精台上，当公鸭用嘴咬住母鸭头颈部，频频摇摆尾羽，同时阴茎基部的大小淋巴体开始外露于肛门外时，采精者将集精杯靠近公鸭的泄殖腔，阴茎翻出，精液射到集精杯内。性成熟时公番鸭经训练能建立性条件反射的占83.3%，而48周龄再开始训练只为16.7%，因此在性成熟时要及时对公鸭训练采精，同时按公母比例1∶20～30留足配种公鸭数。正常采精时，公鸭一般一个星期采精4～5天，一天1次。

二、采精方法

公鸭的采精方法主要有假阴道法、台鸭诱鸭法、按摩法三种。

1. 假阴道法 用台鸭对公鸭诱情，当公鸭爬跨台鸭伸出阴茎时，迅速将阴茎导入假阴道内而取得精液。不需要在内外管道之间充以热水和涂润滑油。

2. 台鸭诱鸭法 将母鸭固定于诱情台上，离地10～15厘

米，将试情公鸭放出，凡经过调教的公鸭会立即爬跨台鸭，当公鸭阴茎勃起伸出交尾时，采精人员即可迅速将阴茎导入集精杯而取得精液。有的公鸭爬跨台鸭而阴茎不伸出时，可迅速按摩公鸭泄殖腔周围，使阴茎勃起伸出而射精。

3. 按摩法 采精员坐在矮凳上，将公鸭放于膝上，公鸭头伸向左臂下。需要一名助手，助手位于采精员右侧保定公鸭双脚。采精员左手掌心向下紧贴公鸭背腰部，并向尾部方向按摩，同时用右手手指握住泄殖腔环按摩揉捏，一般 8～10 秒钟。当阴茎即将勃起的瞬间，正进行按摩着的左手拇指和食指稍向泄殖腔背侧移动，在泄殖腔上部轻轻挤压，阴茎即会勃起伸出，射精沟闭锁完全，精液会沿着射精沟从阴茎顶端快速射出。助手使用集精管（杯）收集精液。熟练的采精员操作过程只需约 30 秒钟，并可单人进行操作。按摩法采精要特别注意公鸭的选择和调教，要选择那些性欲反应强烈的公鸭，并采用合理的调教日程，使公鸭迅速建立起性反射。调教良好的公鸭只需背部按摩即可顺利取得精液，同时可减少由于对腹部的刺激而引起粪尿污染精液。

上述几种采精方法中以按摩法最为简便易行，故为最常采用的一种方法。

三、器具的准备

人工授精器具主要有输精器、集精杯、灭菌生理盐水、医用棉、剪刀，以及检查精液品质的显微镜、载玻片、红血球计算器等。

四、精液品质测定

鸭的精液为乳白色，略带腥味，精液量较多，正常采精量为 0.82 毫升（0.2～1.5 毫升），精子密度为 20 亿个/毫升。当精液量降到 0.4 毫升以下，密度为 10 亿个/毫升以下，活力差的公鸭应停止采精，待恢复后再用。北京鸭每次精液采集量平均0.4毫升，密度为35亿个/毫升；樱桃谷鸭每次精液采集量平均0.3毫升，密度为28亿个/毫升。

五、输精技术

1. 手指引导输精法 助手将母鸭固定在输精台上，输精者的右手食指从泄殖腔口轻缓地插入泄殖腔内，再向左下侧寻找阴道口所在，手感比较温暖润滑，左手持输精器沿着手指的腹部，插入阴道3～6厘米，然后抽出食指输入所需的精液量。这种方法较适用于母番鸭输精，因为母番鸭泄殖腔收缩较紧，难以翻出。

2. 输卵管口外翻输精法 这种方法较适用于麻鸭和北京鸭等，生产中常用。将母鸭按在地上，输精者用一只脚轻轻踩住母鸭的颈部或把母鸭夹在两腿之间，母鸭的尾部对着输精者，用左、右手的三指（除拇指、食指）轻轻挤压泄殖腔的下缘，用食指轻轻拨开泄殖腔口，使泄殖腔张开。这时，能见到2个小孔，右边一个小孔为排粪尿的直肠口，左边一个小孔就是阴道口，腾出右手将输精器导管前端对准阴道插入输精。

六、输精数量

采用原精液授精时，一般每次用0.05毫升，用稀释的新鲜精液授精一般为0.1毫升，不管是原精液授精还是稀释精液授精，均应授入直线前进运动的有效精子数5 000万～9 000万个。公番鸭与母麻鸭杂交有效精子数在7 000万～9 000万个时，受精率最高，超过9 000万个亦不能提高受精率，造成精液浪费。北京鸭与麻鸭人工授精，有效精子数5 000万个就能得到较高的受精率。另外最好使用2～3只公鸭的混合精液输精，比单只公鸭精液输精受精率高。第一次输精时，输精量可加大1倍或第二天重复输精1次。

七、输精间隔

输精间隔时间取决于精子在输卵管内的存活时间，以及母鸭的持续受精天数。母鸭大约在一次受精后40小时出现第一枚受精蛋，最长受精持续时间可达11～15天。受精的持续时间因鸭子品种的不同而有变化，北京鸭与麻鸭持续受精天数为4～5天，以后受精率显著下降，故间隔3～4天输精一次，就可以维持良好的受精率。如果是番鸭与麻鸭或北京鸭间人工授精，由于不同种，番鸭精了在母鸭输卵管内授精能力的维持时间较短，约为3～4天，因此间隔2～3天输一次精液才能保持良好的受精率。番鸭同品种人工授精高受精率持续时间可达7天，输精间隔以6天为佳。

八、输精时间

许多试验证实，以同一剂量的精液在一天内不同时间给母鸭授精，蛋的受精率存在差异，差异的程度，不同研究者的研究结果不相一致。但有一点是肯定的，输精时子宫中的硬壳蛋越接近临产越影响受精率，这可能是因快产蛋时输精，一些精子还未进入贮精腺，即被蛋带出，或由于产蛋时输卵管内环境暂时出现变化，不利于精子的存活。一般麻鸭的输精时间在上午，因为麻鸭产蛋是在夜里，上午子宫里无硬壳蛋存在，便于输精操作和精子在输卵管中上行运动。番鸭产蛋是在凌晨4：00到早上10：00，以下午输精为好。但总的来说，输精量即输入有效精子数和输精间隔天数比输精时间重要得多，输精时间可依具体情况而定。

九、稀释液

当精子浓度高而精液量少时，精液黏稠，易粘在集精杯的杯壁上，为了减少精子损失及授精量过少，需要添加稀释液。有试验表明，北京鸭精液稀释组比未稀释组好，而番鸭精液稀释组则

比未稀释组差，这可能是番鸭精液量较多，精液浓度较为稀薄呈水样，不必稀释。另外，受精率会因稀释倍数的过高而有降低的现象，麻鸭及北京鸭精液稀释倍数高于4倍时受精率显著降低，以1～3倍为宜。稀释液可直接用0.9%生理盐水或5%葡萄糖生理盐水，也可参照以下2个配方：

（1）蒸馏水96毫升、氯化钠0.4克、柠檬酸0.5克、蛋黄液4毫升，加青霉素8万国际单位。

（2）蒸馏水100毫升、氯化钠1克、乙二胺四乙酸二钠0.05克、磷酸二氢钠0.05克，加青霉素8万国际单位。

十、注意事项

1. 动作轻柔 采精场所要安静，无关人员不得随便进出，以免引起鸭子不安。采精人员相对固定，因为不同采精人员的采精手势，用力轻重不同，引起鸭子性反射的兴奋程度也不一样。授精人员要细心、耐心，有责任心，捉放鸭时，动作要轻巧，不能过猛，否则影响产蛋和受精率。无论采用哪种方法授精，授精人员将授精器插入阴道后，要顺势推进，一旦受阻，将授精器稍微退后，再探索推进，无论如何不能硬推，否则，会将输卵管穿破，引起死亡。

2. 清洁卫生 精液清洁度直接影响精子的存活时间和活力。集精杯、输精器要高温消毒；要注意公鸭肛门周围的清洁卫生，把公鸭肛门周围的羽毛剪干净，用沾有灭菌生理盐水的棉花清洗肛门，由中央向外擦洗，以防止采精时脏物掉入集精杯内；采精最好在公鸭觅食之前进行，以避免或减少采精时排泄粪便；采精前4小时应停水停料；集精杯勿过于靠近泄殖腔；采精宜在上午6:00～9:00进行。当精液被粪尿污染时，在光学显微镜下，可以看到许多精子围绕赃物集聚成团，经过2～3小时以后，还可以见到众多的杆菌和球菌杂生，这时，精液的酸碱度从pH 7左右下降到pH 6～5.4，在这样的酸性环境中，精子很快就会死

去。另外，输精时，每输完一只母鸭，输精器的吸嘴要用沾有灭菌生理盐水的棉花擦拭干净。

3. 时间温度　采集的精液不能曝于强光之下，精液最好在采精后半个小时输完，超过40分钟，受精率就会下降。寒冷季节采精时，集精杯夹层内应加40～42℃温水保暖。

十一、影响因素

1. 公鸭方面的因素

（1）季节光照　一般来说，公鸭每天需要12～14小时的光照才能刺激睾丸最大限度地生长发育，时间短于9小时则会使睾丸的生长发育和精子的产生受到影响。环境温度对公鸭精液的产生也有一定影响，夏季高温，由于采食量降低对精液产生不利。公番鸭在炎热的7～8月份性欲也有明显地降低。

（2）营养状况　在整个配种期间，应以公鸭的体重不下降为标准。生产中可根据具体情况添加维生素A、维生素D、维生素E或多种维生素。采精公鸭日粮中蛋白质保持在17%～19%，代谢能11.29兆焦/千克，各种氨基酸必须达到均衡。日粮中的维生素和矿物质要适当增加，尤其维生素E，这样可以提高受精率和减少种蛋的胚胎死亡率。

（3）公鸭日龄　公鸭的性成熟时间早或迟与品种、气候和饲养管理条件有关。一般蛋用型公鸭成熟较早，平均为100～130天，北京鸭160～180天，番鸭160～190天。过早利用公鸭，因其没有充分发育成熟，不仅会影响受精率，而且影响公鸭自身生长发育，缩短利用时间。因此，为了提高受精率，公番鸭200日龄开始采精，利用1年后淘汰更新。

（4）应激影响　由于生产人员的变换、气候的突变、异常的声光等各种应激因素，可造成公鸭暂时阳痿或性欲低下，进而影响精液的品质。

2. 母鸭方面的因素

（1）龄期和产蛋率　一般种蛋的受精率是随产蛋达到高峰而达到最高，产蛋后期随产蛋量的下降而下降。产蛋初期种蛋的受精率不高，除了公鸭方面的原因外，还与母鸭有关。主要是母鸭多未开产，输精不易输入阴道内，在两次输精时间间隔内开产的母鸭产的蛋几乎是无精蛋。因此，蛋用型母鸭宜在产蛋率达到70%以上时才开始输精，而且要连续输两次后才开始收集种蛋。

（2）产蛋时间　如果部分母鸭当天产蛋时间很晚，在输精时蛋未产出，从而机械性阻止精子的运行，影响受精效果。

（3）蛋壳质量　夏季和产蛋后期往往由于蛋壳质量的下降而导致受精率降低。因此，一定要保证蛋壳质量，夏季和产蛋后期要在饲料中适当增加骨粉、贝壳粉、维生素等以提高蛋壳质量。

3. 精液处理不规范

（1）精液混入其他杂质　采精时混入脏物，如血、粪、尿等，易造成精子死亡，也是造成受精率低的因素之一。

（2）精液存放温度与时间　常温下超过0.5小时就会影响受精率，18～20℃范围内简单稀释可延长精子的寿命。随着精液存放时间的延长，精子活力逐渐降低，死亡精子数上升。

4. 授精方面影响

（1）输精操作　输精关键技术在于输精的一瞬间减低对母鸭腹部的压力，防止部分精液外溢，翻肛时要避免母鸭排便造成污染。

（2）输精部位　应用输卵管外翻输精法配种的，在迫使泄殖腔张开，暴露阴道口后，从阴道口插入输精器的深度把握不准，有的输精员把精液滴在阴道口就松手放开母鸭，部位太浅了。蛋用鸭输精要将输精器插入阴道3厘米左右，番鸭输精要将输精器插入阴道4～5厘米。

5. 其他因素影响

（1）疾病与药物　鸭群患病后会影响产蛋率、受精率和孵化

率，因此，平时要加强公、母鸭的管理，搞好环境卫生。对个别母鸭患有泄殖腔炎、阴道炎时，输精后应更换输精管，并及时予以治疗。大群有病时，尽快进行确诊，选择毒性小的抗菌药物进行治疗，尽量避免使用磺胺类、呋喃类药物，否则会影响受精率和孵化率。疫苗接种也应在母鸭开产前、公鸭训练前接种完毕。

（2）*用具消毒方法*　用具应避免使用药物消毒，如高锰酸钾、酒精等，残留的药物对精子活力损害很大。所以，对用具应以高温煮沸消毒为宜。在精子产生、采精、保存、输精和授精整个过程中的每个环节操作不慎，都可能对受精率造成影响。因此，每个环节都要认真操作，才能提高人工授精的受精率。

第七章 鸭病防制

第一节 养鸭场的生物安全措施

一、加强饲养管理，提高抗病能力

鸭的体温高、生长快、产蛋多，物质代谢旺盛。因而需要更多的能量、蛋白质、矿物质和维生素。如果某种营养成分不足或过多，会使鸭的生长发育受到影响，从而使鸭的抵抗力降低，易患各种疾病。所以，应根据鸭的营养需要合理配制日粮。同时，水质对鸭的生产性能影响很大，劣质水中大量的细菌和病毒会影响鸭体内正常的生理过程，从而引起生产性能降低，引起鸭发病。此外，劣质水中大量的矿物质会使饮水器堵塞，而造成鸭断水并影响生产性能。

鸭的健康与生产性能密切相关，无时无刻不受环境条件的影响，特别是现代化养鸭生产，在全舍饲、高密度饲养条件下，环境问题变得更加突出。如果饲养环境不良，将对鸭的生长、发育、繁殖、生产等产生明显影响。所以，应对鸭提供良好的饲养环境，使其健康得以维护，经济性状的遗传潜力得以充分发挥。在鸭所处的小气候中，产生影响的主要环境条件有温度、相对湿度、气流速度、空气成分等。实行人工控制光照或补充光照也是现代化养鸭生产中不可缺少的重大技术措施之一，光照制度不合理，将严重影响鸭的生长发育、性机能和生产性能，因此要高度重视。

二、建立健全卫生防疫制度

鸭场卫生防疫的一般原则：做好场址选择，严格按照卫生防疫要求做好场内的分区，切断外来传染源，健全场内卫生制度；做好隔离与消毒工作，改善饲养环境、管理条件、营养条件、群居条件，尽量减少应激影响。

三、制订科学的免疫程序

由于不同地区疫病流行情况不同，鸭体健康状态不同，所以没有任何一个免疫程序可以千篇一律地适用于所有地区及不同类型的养鸭场。因此，每一个养鸭场都应从本场的实际情况出发，不断探索，结合当地疫病流行情况及严重程度、母源抗体水平、鸭群健康状态及对生产性能的影响、疫苗的种类及各种疫苗间的相互干扰作用、免疫接种的方法和途径、上次免疫接种至本次免疫的间隔时间等因素，制订出适合本场特点的免疫程序。

常用的免疫接种方法有：滴鼻、点眼、刺种、羽毛囊涂擦、擦肛、皮下或肌内注射、饮水、气雾、拌料等，在生产中采用哪一种方法，应根据疫苗的种类、性质及本场的具体情况决定，既要考虑工作方便，又要考虑免疫效果。

免疫是控制鸭传染病的重要手段，几乎所有的鸭群都需采取免疫接种。然而有时鸭群经免疫接种后，不能抵御相应特定疫病的流行，旧病复发，新病迭出，而造成免疫失败。导致这种现象的因素是多方面的，在实际工作中应全面考虑，仔细分析，找出失败原因。实践中，常见的原因有：母源抗体的影响、疫苗的质量、疫苗使用不当、早期感染、应激及免疫抑制因素的影响、血清型的不同、超强毒株感染等。

四、注重平时药物预防

对于细菌性传染病、寄生虫性疫病，除加强消毒、用疫苗免疫预防外，还应注重平时的药物预防。

用于治疗鸭病的药物很多，一种疫病有多种药物可供选择，实际中可根据以下几个方面进行考虑：敏感性好、副作用小、残留小、经济易得。

药物的使用方法：混于饲料、溶于饮水、经口投服、体内注射、体表注射、蛋内注射、药物浸泡、环境用药等。

用药注意事项：药物浓度要计算准确、首次使用的药物应先进行小群试验，先确诊后用药，切忌乱用药，注意合理地配伍用药，切忌使用过期变质的药物，用药时间不可过长和交替用药。

第二节　鸭场防疫的基础知识

一、鸭病的分类及病因

鸭病的种类很多，引起发病和死亡的原因也不尽相同，一般可分为传染病、寄生虫病和普通病三大类。

1. 传染病　传染病是由细菌、病毒或真菌等病原微生物引起，有传染性和流行性，被感染的病鸭能形成特异性反应，如产生相应的抗体，并可从血清中检测出这种抗体，而抗体效价的高低与抵抗疾病能力的强弱有关。传染病都有一定的流行规律和特征性的临床症状、剖检病变。这类疾病分布最广，危害最大。

2. 寄生虫病　寄生虫病是由各种体内、外的寄生虫侵袭引起的。危害鸭的寄生虫病有球虫病、绦虫病、吸虫病等，主要通过消化道传播，特别是被粪便污染的河沟、池塘等，是传播寄生虫病的主要场所。

3. 普通病　普通病包括营养代谢病、中毒病以及因管理不善所引起的各种疾病。随着养鸭业的发展，传统的分散放养转变为现在的集中圈养，鸭群难以依靠自身觅寻所需要的营养物质。因此，必须依靠饲喂全价营养的配合饲料，一旦饲料中的营养不全面，常常导致营养代谢病的发生，如维生素缺乏症、各种无机

盐缺乏症等。

放牧的鸭子，易发生农药中毒；饲料保管不善、处理不当，可能发生霉菌或肉毒梭菌毒素中毒；在防治疾病过程中，如果用药不当或过量，往往可造成药物中毒。

错误的管理，如不适当的温度、湿度、密度、光照、通风以及各种应激因素，都会影响鸭子正常的生活和生产能力，或诱发其他疾病甚至引起死亡。

二、传染病流行的基本条件

传染病从个体感染发展到群体流行，必须具备三个相互连接的基本条件，即传染源、传播途径和易感鸭群。这三个条件又称为传染病流行过程的基本环节。只有这三个环节同时存在并相互联系时才会造成传染病的蔓延，缺少任何一个环节，传染病就不可能发生，即使个别鸭感染了传染病，也容易控制其流行。因此，了解传染病流行过程的基本条件及其影响因素，能为我们制订正确的防疫措施提供可靠的理论根据。

1. 传染源　传染源是指某种传染病的病原体赖以寄居、生长、繁殖并能排出体外的动物机体，具体说就是被感染的病鸭或其他动物。包括以下两种情况：

（1）*患病鸭和病死鸭的尸体*　这是主要的传染源，尤其在急性过程或病程转剧阶段的病鸭，可从粪便或其他分泌物中排出大量致病力强的病原体。为控制和消灭传染源，要及时淘汰或隔离病鸭，对病鸭尸体做深埋、焚烧或其他无害化处理。

（2）*病原携带者*　病原携带者是指外表无明显症状，但携带并排出病原体的病鸭，其中有潜伏期病原携带者、恢复期病原携带者和健康病原携带者（隐性带菌者）。根据不同的病原携带者，应采取全进全出、限制移动、隔离消毒、检疫淘汰等不同的措施。

2. 传播途径　传播途径是指病原体从传染源（病鸭）排出

后，经过一定的方式再侵入到其他易感鸭体内的途径。引起鸭传染病的常见传播途径有：

（1）经孵化器传播　病原体污染种蛋表面或经种蛋携带的疾病，如曲霉菌病、沙门氏菌病、大肠杆菌病等。

（2）经空气传播　由于鸭群密集饲养，加之通风不良，某些存在于病鸭呼吸道内的病原体可通过喷嚏、咳嗽或呼出的飞沫传播，同时某些污染在环境中的病原体，以尘埃为载体，飘扬在空气中，造成尘埃传播，一般以冬春季多见，如雏鸭肝炎、鸭传染性浆膜炎等。

（3）经饲料和饮水传播（即通过消化道传播）　当病鸭的分泌物、排泄物、尸体、羽毛等污染了水源、饲料或饲料发霉变质，都可能通过消化道感染某些传染病、寄生虫病和中毒性疾病。

（4）经活的媒介传播　活的媒介范围相当广泛，如鼠、猫、犬、野鸭、麻雀，以及蚊、蝇等动物。蚂蚁、蚯蚓和甲壳虫类可以储藏或机械地携带病原体；野鸭和家鸭间可以传播鸭瘟；麻雀可携带巴氏杆菌；鼠类可传播沙门氏菌病。

饲养人员、兽医工作者、外来人员随意进入鸭场或接触鸭群，这些人可能不知不觉地被病原体污染了手、衣服、鞋靴以及身体表面，常常在疾病传播中起着不可忽视的作用，尤其是接触过病死鸭或从疫区过来的人员，其危险性更大，是鸭群暴发急性传染病的一个因素。

3. 易感鸭群　易感鸭群是指对病原微生物的入侵没有抵抗力的鸭群。鸭群对于每种传染病病原体感受性的大小，或鸭群中易感个体所占的百分率高低，直接影响到传染病能否在鸭群中流行或造成危害的程度。鸭群对传染病的易感性决定于下列因素。

（1）鸭群的饲养管理水平　饲料霉变，营养不全，鸭群拥挤，环境恶劣等因素能使鸭子的抵抗力下降，对疾病的易感性

增加。

(2) 鸭群的健康状况　若是鸭群中存在寄生虫病或其他慢性病，则增加对急性传染病的易感性。例如感染球虫或沙门氏菌等疾病的鸭，易暴发鸭霍乱或鸭瘟，并能使发病率和病死率增加。

(3) 鸭体的防御器官受损　如雏鸭的法氏囊遭到损害，可丧失免疫功能；某些药物用量过多，能使机体的白细胞数量下降，造成防御机能减弱。

(4) 免疫接种的质量　鸭的许多传染病，特别是急性、烈性传染病如鸭瘟、高致病性禽流感、传染性肝炎等，都可用疫苗进行免疫接种，产生主动免疫力，其免疫效果的好坏除了与疫苗的质量有关外，还与免疫接种的技术、防疫密度的高低、免疫程序是否合理有关。搞好免疫接种不仅能提高鸭群本身的抵抗力，种鸭还能通过卵黄抗体影响到下一代对传染病的抵抗力。

三、检疫、隔离和封锁

1. 检疫　从广义讲检疫是由专门的机构来执行的，并以法规为依据，应用各种诊断方法对畜禽及其产品进行疫病或病原的检查。在畜禽饲养、收购、交易、运输、屠宰过程中，可通过检疫及时发现患病动物，禁止或限制某些感染疫病的动物及其产品在地区间调运，迅速采取有效措施，就地消灭，防止扩散蔓延。

本节指的是养鸭场内部的检疫，是以保护本场鸭群的健康为出发点，应做好以下几方面的检疫工作。

(1) 对种鸭要定期进行检疫，以确保种鸭的健康，对垂直传播的疾病如沙门氏菌病等进行平板凝集试验检测，若为阳性，应及时淘汰，不得作种用。

(2) 若从外地引进苗鸭或种蛋，必须了解产地的疫情和种鸭免疫接种情况，是否接种过鸭病毒性肝炎、鸭瘟等，以便制订合理的免疫程序。

(3) 定期对孵化过程中的死胚、孵化器中残留的绒毛进行细菌学检查，便于分析、诊断死亡的原因。对鸭舍、笼具在消毒前后应采样做细菌学检查，以便了解消毒的效果。对于饮用水或放牧的池塘、水沟要进行流行病学调查，有无被病鸭污染，以确保安全。

2. 隔离 当传染病在鸭群中流行时，首先要用各种诊断方法和手段做出初步诊断，查明疫病在鸭群中蔓延的程度，将病鸭和健康鸭隔离开来，分别饲养。其目的是为了控制传染源，防止健康鸭继续受到感染，以便将疫情控制在最小范围内就地扑灭。同时隔离之后也便于对病鸭的治疗和对健康鸭开展紧急免疫接种等防疫措施。

隔离的方法根据疫情和鸭场的具体条件不同，一般可划分为三类。

（1）*病鸭* 有典型症状或类似症状，或经某种特殊检查阳性的鸭，是危险的传染源。若是烈性传染病，应根据有关规程和条例规定，认真处理。若是一般传染病的流行初期，可将少量病鸭剔出隔离；若是病鸭的数量较多，则将病鸭留在原舍，对假定健康鸭进行隔离。

（2）*可疑感染鸭* 未发现任何症状，但与病鸭同笼、同舍或有过明显接触，可能已处于潜伏期。因此，也要进行隔离，便于药物治疗或紧急免疫接种。

（3）*假定健康鸭群* 除上述两种情况以外，鸭场内其他鸭群均属于假定健康鸭群，对于这些鸭要注意隔离，加强消毒，并进行必要的紧急免疫接种。

3. 封锁 当鸭群暴发某种传染病时，如鸭瘟等急性、烈性传染病，除执行隔离措施外，还应采取划区封锁措施，防止疫病向安全区扩散和健康鸭群误入疫区而被传染。

封锁区的划分，必须根据该病的流行规律和当时、当地的具体情况而定。执行封锁时应掌握早、快、严、小的原则，即在流行初期，行动果断迅速，封锁严密，范围不宜过大。

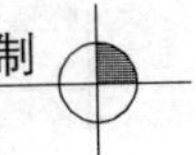

以上是对一般鸭场而言，若是大型鸭场或种鸭场，即使没有疫病流行平时也应与外界严密地封锁和隔离。

四、消毒和消毒药

消毒的目的是消灭被传染源污染在外界环境中的病原微生物，是通过切断传播途径，预防传染病的发生或阻止传染病继续蔓延，是一项重要的防疫措施。

1. 消毒的种类 根据消毒的目的不同，可分为两种情况。

（1）*预防性消毒* 是指传染病尚未发生时，结合平时的饲养管理，对可能受病原体污染的鸭舍、场地、用具和饮水等进行的消毒。预防性消毒的内容很广泛，消毒的对象也多种多样，如鸭群出栏后的笼舍消毒，饮用水的消毒，种蛋的消毒，孵化器的消毒，鸭场进出口人和车辆的消毒等。

（2）*疫源地的消毒* 是指对当时存在或曾经发生过传染病的疫区进行的消毒。目的是杀灭由传染源排出的病原体。

根据实施消毒的时间不同，可分为随时消毒和终末消毒。随时消毒是指疫源地内有传染源存在时实施的消毒措施。消毒对象是病鸭或带菌（毒）鸭的排泄物、分泌物，以及被它们污染的圈舍、场地、用具和物品等，其特点是需要多次反复地进行。终末消毒是指被烈性传染病感染的鸭群已死亡、淘汰或全部处理后，已无传染源存在，对鸭场内、外环境和用具进行全面彻底地大消毒。

2. 消毒的方法 鸭场常用的消毒方法有：

（1）*喷洒消毒* 将消毒药配制成一定浓度的溶液，用喷雾器或喷洒壶对需要消毒的地方进行喷洒消毒。此法简便易行，大部分化学消毒药都适用此法。消毒药液的浓度，按各种药物的说明书配制，一般农用喷雾器均通用。

（2）*熏蒸消毒* 常用的是福尔马林配合高锰酸钾进行熏蒸消毒，此法的优点是熏蒸药物能分布到鸭舍内各个角落，消毒效果较全面，而且省工省力。但要求鸭舍的门窗关闭密封，消毒后有较浓的刺激气味，鸭舍不能立即启用，待彻底通风后方可启用。

（3）*火焰喷射消毒*　用特制的火焰喷射消毒器。因喷出的火焰具有很高的温度，常用于金属笼具、水泥地面和砖墙的消毒。此法的优点在于方便、快速、高效。但需要专用的火焰喷射器，以煤油或柴油为燃料，不能消毒木质、塑料等易燃的物品，消毒时应有一定的次序，以免遗漏。

3. 消毒时应注意的问题

（1）鸭舍大消毒前，应把全部鸭子出栏后进行。

（2）机械清扫是搞好消毒工作的前提。试验表明，用清扫的方法，可使鸭舍内的细菌数减少 20%；如果清扫后再用清水冲洗，则鸭舍内细菌数能再减少 60%；清扫、冲洗后再用药物喷洒消毒，鸭舍内的细菌数可减少 90%以上。

（3）许多鸭舍和运动场多为泥土地面，鸭子全出后应铲除表层泥土。被病鸭污染的河沟、池塘，应停止放鸭两周，让其自行净化。

（4）影响消毒药作用的因素很多。一般来讲，消毒药的浓度、温度及作用时间等因素与消毒效果是成正比的，即浓度越大、温度越高、作用时间越长，其消毒效果越好。

（5）每种消毒药的消毒方法和浓度应按说明书配制，对于某些挥发性的消毒药，应注意其保存方法是否适当，是否已超过保存期，否则消毒效果减弱或失效。

（6）有些消毒药具有挥发性气味，如福尔马林、臭药水、来苏儿等；有些消毒药对人及鸭的皮肤有刺激作用，如氢氧化钠等。因此，消毒后不能立即进鸭，或做无害处理后才能进鸭。

（7）几种消毒药不能混合使用，以免影响药效。但在同一消毒场所，几种消毒药可以先后交替使用，才能提高消毒效果。

（8）有条件的鸭场应对消毒的效果进行细菌学测定。

4. 常用的环境消毒药　环境消毒药用来消灭家禽生长环境

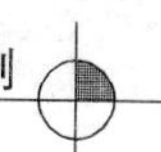

中（饲养设备、禽舍、孵化室、运输车辆及周围环境）的病原体，目的是切断传播途径、预防传染病。目前市场上消毒药的种类很多，应慎重选用。理想的消毒药应具备的条件是：杀灭病原微生物的性能好，对人、畜和家禽无毒无害，性质稳定易于保存，对金属、塑料制品和木质无损害作用，易溶于水便于喷洒，不易燃、无爆炸性，价格低廉等。按不同的化学性质，消毒药大致可分为以下几类。

（1）酚类　如石炭酸、来苏儿、克辽林等，是一类较早使用的消毒药。其药理作用是凝固蛋白质，对组织有腐蚀性和刺激性，并有特殊的气味，不宜用于肉、蛋的运输车辆和贮藏仓库的消毒，常用于环境、运动场及禽舍的消毒。

（2）酸类　包括无机酸和有机酸两类，也有凝固蛋白质的作用，无臭，有酸味，适用于蒸气或喷雾做空气消毒。常用的有乳酸、醋酸等，具有价格低廉、毒性低的优点，但杀菌力不够强。

（3）碱类　代表药物有氢氧化钠、氢氧化钾、生石灰（氧化钙）等。主要药理作用是水解蛋白质和核酸，使细菌的酶系统和细菌的代谢受到损害而死亡。对细菌和病毒都有较强的杀灭作用，可用于禽舍、器具、运输车船的消毒，但须注意高浓度的碱液会灼伤皮肤组织，并对金属和塑料制品、纺织品、漆面等有损坏作用。

（4）氧化剂　常用的有高锰酸钾、过氧乙酸等，是一些含不稳定的结合态氧化物，遇有机物或酶即放出初生态氧，破坏菌体蛋白或酶而起杀菌作用。可用于饮水和某些食物的浸泡消毒。过氧乙酸常用于禽舍、仓库、地面和室内空气消毒。

（5）卤素类　包括氯、溴、碘等，常用于环境消毒的为氯。氯易渗入细菌细胞内对原浆蛋白产生卤化和氧化作用，因而有强大的杀菌、杀病毒能力，其制剂有漂白粉、二氯异氰尿酸钠、碘伏等，用于禽舍、环境和饮水的消毒。

（6）表面活性剂　可分为离子型和非离子型两大类。离子型又可分为阴离子型表面活性剂（如肥皂、合成洗涤剂）和阳离子型表面活性剂（如新洁尔灭、洗必泰、百毒杀等）。阳离子表面活性剂具有强大的抗菌作用，由于其结构中的亲脂基与亲水基团，分别渗入到胞浆膜的类脂质层与蛋白质层，从而改变细菌胞浆膜的通透性，甚至使胞浆膜崩解，使胞内物质外渗而显杀菌作用。可用于皮肤、手指和器械的消毒，饮用水的消毒及禽舍、用具和环境的消毒。

（7）*挥发性烷化剂*　这类药物的化学性质很活泼，可与菌体蛋白、核酸等氨基、羧基和羧基的不稳定氢原子发生烷基化反应，使细胞浆中的蛋白质变性或核酸功能改变而起杀菌作用。本类药物主要用于熏蒸气体消毒，用于禽舍、仓库、孵化器及那些不适合用液体消毒的物品和设备，常用的药物有甲醛、聚甲醛和环氧乙烷。

五、疫苗和预防接种

鸭通常都是成群饲养，数量大，密度高，随时都可能受到传染病的威胁。为防患于未然，在平时就要有计划地对健康鸭群进行预防接种。用于鸭的疫苗有多种，按疫苗的性质可分为弱毒苗（如鸭瘟弱毒苗、鸭病毒性肝炎弱毒苗）和灭活苗（禽流感油乳剂灭活苗、禽霍乱油乳剂灭活苗等）。每种疫苗都有其特点，如保存温度各有不同，接种途径亦有区别，免疫保护期长短不一，免疫程序有先有后，因此在选购疫苗时应了解每种疫苗的特性。接种疫苗时，应按说明书进行。疫苗的质量和接种技术与免疫效果有密切的关系，应掌握以下有关知识。

1. 预防接种的注意事项

（1）生物药品怕热，特别是弱毒苗必须低温冷藏，要求在0℃以下，灭活苗保存在4℃左右为宜。要防止温度忽高忽低，运输时要有冷藏设备，使用时不可将疫苗靠近高温或在阳光下曝晒。

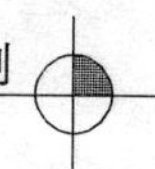

（2）使用前要逐瓶检查，注意疫苗瓶有无破损，封口是否严密，瓶签上有关疫苗的名称、有效日期、剂量等记载是否清楚，并记下疫苗的批号和检验号，若出现问题便于追查。

（3）注意消毒，如注射器、针头、稀释液瓶等，都要事先洗干净，并经煮沸消毒后方可使用。针头要经常更换，在疾病流行时，应做到每只鸭换一个针头，疫苗瓶内的菌液，若一次不能吸完，应固定吸液针头，切勿用注射鸭子的针头吸苗，以免污染整瓶疫苗。

（4）需要稀释后使用的疫苗，要根据每瓶规定的头份，用稀释液进行稀释。无论是生理盐水还是蒸馏水或铝胶盐水，都要求无异物杂质，并在冷暗处存放。已经打开瓶塞的疫苗或稀释液，须当天使用，若用不完则废弃，切忌用热的稀释液稀释疫苗。

（5）要了解和掌握本地区或本场禽传染病的疫情和流行情况，同时根据母源抗体的水平和疫苗的性质，制订合理的免疫程序。

（6）紧急预防接种。如鸭群中早期发现鸭瘟，可进行紧急预防接种，但应剔除病鸭，对假定健康鸭进行接种时应做到只只更换针头，并要向鸭主说明部分潜伏期的病鸭不可能得到保护，或许死得更快一些，一般经 1 周后疫情即可平息。

（7）免疫接种后要搞好饲养管理，减少应激因素（阴暗、潮湿、拥挤、通风不良等），饲喂全价饲料，接种疫苗后，一般要经过 7～14 天才能使机体产生一定的免疫力。

2. 免疫失败的原因分析　免疫失败与正常的免疫反应是有区别的。免疫失败包括两个方面的含意：

严重反应：鸭群在免疫接种后的一定时间内（通常 24～48 小时），普遍出现严重的全身反应，甚至大批死亡。

免疫无效：鸭群经某疫苗接种后，在有效免疫期内，完全不能抵御某种疫病的自然流行而造成严重损失。

正常的免疫反应（同时也存在着应激反应）：鸭群在免疫接

种后的1～2天内，有部分鸭可能出现精神委顿，食欲减少，产蛋鸭的产蛋量暂时下降，但很快即可恢复正常。

免疫反应是一个生物学过程，不可能提供绝对的保护。在免疫接种群体的所有成员中，免疫水平也是不相等的，因为免疫反应受到很多遗传因素和环境因素的影响。在一个随机的动物群体里，免疫反应的范围倾向于正态分布，也就是说大多数动物对抗原的免疫反应呈中等水平，而一小部分则免疫反应很差。这一小部分动物尽管已免疫接种，却不能获得抵抗感染的足够保护力，所以，随机动物群不可能全部都因免疫接种而得到保护。但一般来讲，在一个鸭群中大部分能获得保护，少部分易感鸭即使遭到病原感染，也不至于造成疫病的流行。

造成免疫失败的原因很复杂，首先应到现场做调查研究，具体分析，综合判断才能得出结论。综合分析有以下几方面的情况可供参考：

（1）*疫苗的质量问题*　包括疫苗生产厂家和用户在运输、保存、使用不当所造成的免疫失败。若出现严重反应和死亡，则可能疫苗的毒力过强或污染强毒。若免疫无效，则可能是伪劣产品或保存不当，引起失效。如果同批疫苗，在不同的鸭场都有同样的反应，可能是厂家的问题，如果仅限于个别鸭场，则要从自身找原因。

（2）*接种技术错误*　如注射免疫时稀释液、注射器、针头等消毒不严、针头不更换、污染了病原菌或强毒，往往会造成严重的后果。注射针头过粗、过长或将药液注入到心、胸及神经干上，可造成急性死亡或跛行。免疫程序不合理，达不到应有的免疫效果。

（3）*被免疫机体的影响*　常见的有被免疫鸭营养不良，管理不善，体质衰弱可使免疫功能下降；若患有慢性病如球虫病、沙门氏菌病等，可使急性传染病的易感性增加；若在疫区进行紧急免疫接种，可使潜伏期的鸭或在免疫隐性期感染强毒而发生急性

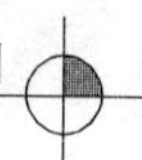

死亡。

3. 鸭常用疫苗简介 参见表7-1。

表7-1 鸭常用疫苗一览表

疫苗名称	用途	性状	用法用量	免疫期	说明
鸭病毒性肝炎弱毒疫苗	①提高种蛋的母源抗体 ②预防雏鸭肝炎	冻干苗呈红色海绵状疏松固体，易溶解温苗微浑浊透明	①种鸭于开始产蛋前1个月注射1头份，间隔2周后再注射1次 ②雏鸭免疫：出壳后当天即可胸肌注射免疫，每次1头份	①种鸭免疫后卵黄抗体可维持1年，并可使3周内的雏鸭获得保护 ②雏鸭免疫后保护期为1个月	母源抗体较高时，雏鸭不必免疫
鸭瘟弱毒冻干苗	预防鸭瘟用	呈红色海绵状疏松固体，加入稀释液后1～2分钟即溶解成均匀乳液	用灭菌生理盐水200倍稀释。1月龄以上鸭胸肌注射1毫升，1月龄以内的雏鸭做50倍稀释免疫苗，每雏胸肌注射0.25毫升	①2月龄以上的鸭接种后3～4天产生免疫力，免疫期9个月 ②幼雏免疫期1个月	在本病流行区的种鸭或蛋鸭应做2次免疫
禽霍乱弱毒冻干苗	预防鸭及其他家禽的禽霍乱	呈淡红色或赤褐色海绵状疏松固体，加入稀释液后1～2分钟即溶解成均匀乳液	按瓶签注明头份，用20%氢氧化铝稀释，对2月龄以上的鸭1次皮下注射0.5毫升	首免后1周产生免疫力，持续2～3个月，免后可保持5个月的免疫力	种鸭或蛋鸭应做2次免疫
禽霍乱油乳剂灭活苗	预防鸭及其他家禽的禽霍乱	呈乳白色均匀一致的乳液	颈部皮下注射，1月龄以内的雏鸭每只注射0.3毫升，1月龄以上每只注射0.5毫升	免疫后2周产生免疫力，可持续5个月	使用时疫苗应充分振摇

（续）

疫苗名称	用途	性状	用法用量	免疫期	说明
鸭巴氏杆菌Ⅰ型福尔马林灭活苗	预防鸭传染性浆膜炎	通常以氢氧化铝为佐剂，上下分层，上层为淡黄色液体，下层为白色氢氧化铝	1周龄雏鸭皮下注射0.3毫升，必要时也可二次免疫，效果更好	保护期1～2个月，保护率80%以上	①本病有多种血清型，故用多价苗效果较好 ②本病往往与大肠杆菌病并发，故采用联菌更好
禽流感（H5N1）油乳剂灭活苗	预防H5N1高致病性禽流感	呈乳白色均匀一致的乳液	参看说明书	6个月	使用时疫苗应充分振摇
番鸭细小病毒弱毒疫苗	①预防雏番鸭细小病 ②提高种蛋的母源抗体	冻干苗呈淡红色海绵状疏松固体，加入稀释液溶解后呈均匀的乳状液	①雏鸭出壳后48小时内，皮下注射0.2毫升 ②种母鸭产蛋前20～50天首免，10～12天后再免	6个月	种鸭经过免疫，其母源抗体较高，雏鸭不必免疫

4. 紧急防治用的生物制剂 目前用于鸭病防治的生物制剂，除了疫苗外还有高免血清、卵黄抗体（常用于鸭病毒性肝炎的紧急防治）和转移因子等生物制剂。

近年来由于养禽业的迅速发展，有些传染病一时难以控制而带来较大的经济损失，特异性的高免血清和卵黄抗体具有被动免疫力，可用于紧急预防和治疗。当家禽感染某种病原微生物时，如能及时注射相应的抗血清或卵黄抗体，可直接抑制已进入病禽体内的病原，使病禽得以康复，这种抗血清或卵黄抗体的特异性很强，只对相应的病原体才起作用。

曾患过病毒性肝炎的康复鸭，其血清或卵黄中均含有较高的抗体，亦可人工用病毒性肝炎弱毒或强毒疫苗多次免疫肉鸭（取

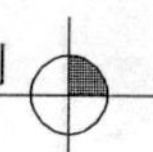

高免血清）和蛋鸭（取卵黄抗体），也能获得较高的抗体，目前常用的测定抗体方法仍为鸭胚中和试验。

无论是高免血清或卵黄抗体，均需冰冻保存，融化后 1 次用完，忌反复冻融。对雏鸭病毒性肝炎的预防剂量，每只雏鸭肌注 0.5 毫升，治疗剂量为 1 毫升。

5. 鸭的免疫程序　见表 7-2、表 7-3、表 7-4。

表 7-2　种（蛋）鸭的免疫程序

序号	接种日龄	疫苗名称	接种方法	说　明
1	1	鸭肝炎弱毒苗	肌内注射 1 头份	若种鸭已免疫则可免除
2	7	禽流感灭活苗	皮下注射 1 头份	H5N1 灭活苗
3	21	鸭瘟弱毒苗	胸肌注射 1 头份	
4	60	禽霍乱弱毒苗	胸肌注射 1 头份	
5	120	鸭瘟、鸭肝炎弱毒苗	肌内注射 1 头份	二次免疫
6	150	禽流感灭活苗	肌内注射 1 头份	二次免疫

注：商品肉鸭可选用序号 1～3 种疫苗。其他疫苗根据具体情况增减。

表 7-3　商品肉鸭免疫程序

序号	接种日龄	疫苗名称	接种方法	说　明
1	1	鸭肝炎弱毒苗	肌内注射 1 头份	若种鸭已免疫则可免除
2	7	禽流感灭活苗	皮下注射 1 头份	

表 7-4　番种鸭的免疫程序

序号	接种日龄	疫苗名称	接种方法	说　明
1	1	鸭肝炎弱毒苗	肌内注射 1 头份	若种鸭已免疫则可免除
2	1	细小病毒弱毒苗	肌内注射 1 头份	
3	7	禽流感灭活苗	皮下注射 1 头份	

（续）

序号	接种日龄	疫苗名称	接种方法	说　明
4	21	鸭瘟弱毒苗	胸肌注射1头份	
5	60	禽霍乱弱毒苗	胸肌注射1头份	
6	120	鸭瘟、鸭肝炎弱毒苗	分别肌内注射1头份	二次免疫
7	150	禽流感灭活苗、细小病毒灭活苗	肌内注射1头份	二次免疫

六、药物和药物防治

许多细菌性的疾病和寄生虫病，如鸭传染性浆膜炎、大肠杆菌病、沙门氏菌病及球虫病等，都是鸭的常见病和多发病，而当前又缺乏理想的预防用菌苗，因此应用药物进行防治是十分必要的。而且有许多药物对禽类有调节代谢、促进生长、改善消化吸收、提高饲料利用率等作用，成为科学养禽、提高生产效率的重要手段，所以越来越多的药物应用于养禽业中。为了正确地使用药物，达到防治禽病与提高饲养水平的目的，简要地介绍常用药物和药物的基础知识。

1. 药物的作用　按照药物的临床效果来说，药物均有其两重性，一方面可以起防治疾病的作用，另一方面若使用不当则有害于家禽的机体，这是药物的普遍规律。这些有害的作用统称不良反应。包括：①副作用。出现与药物治疗无关的、不需要的作用，称为副作用。如长期大量使用磺胺类药物造成食欲不振、精神委顿、白细胞减少，甚至发生血尿、蛋白尿、尿闭等肾脏损害。②毒性反应。许多药用量过多都有毒性反应，特别是驱虫药等类药物对幼禽非常敏感，稍有过量或拌料不均即可危及生命。③过敏反应。如青霉素、链霉素或有的磺胺类药物对少数过敏的禽类能产生水肿、呼吸困难甚至急性死亡。④继发反应。是继发

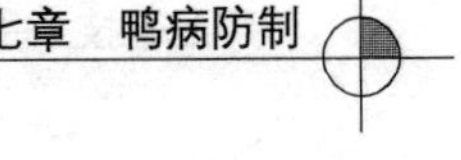

于药物的治疗作用之后的一种不良反应。例如服抗菌药物，影响到胃肠道内正常菌群的平衡，使机体的抵抗力减弱易诱发各种疾病。

若能适当、合理地使用药物，其作用是十分显著的。药物的作用包括预防和治疗两方面的作用。

（1）预防作用　在疾病发生之前（如大肠杆菌病、禽霍乱、球虫病等），在饲料或饮水中添加一定量的抗菌药物或驱虫药物，能有效地防止或减少疾病的发生，是一项重要的预防措施。

（2）治疗作用　可分为病因治疗和对症治疗。如发生细菌性的疾病应使用抗菌药物；查出寄生虫病，则服用相应的驱虫药；代谢病应立即补充其所缺乏的某种维生素或微量元素。

在一般情况下，病症随着病因的消除而消失，称为病因疗法。当病禽消化不良时应用助消化的药物，出现应激反应时应用多种维生素、电解质等抗应激药物，肾脏发生炎症时使用肾肿解毒药等，称为对症治疗。

2. 家禽用药的生理特点　由于家禽的生理解剖等生物学特性与其他动物不同，因此，在用药时要避免套用家畜或人医的临床用药经验，应根据家禽的特点选用药物。

家禽的某些生理特点与选用的药物有密切的关系。如家禽舌黏膜的味觉乳头较少，食物在口腔内停留时间短，所以，当家禽消化不良时，不宜使用苦味健胃药，不能使苦味刺激禽的味觉感受器，也不能引起反射性健胃作用，而应当先用大蒜、醋酸等助消化的药物。

家禽一般无逆呕动作，所以当家禽服药过多或其他毒物中毒时，不能采用催吐药物，通常运用嗉囊切开手术，排除毒物。

家禽的呼吸系统中，具有其他动物所没有的气囊，它能增加肺通气量，在吸气、呼气时增强肺的气体交换。同时，家禽的肺不像哺乳动物那样扩张和收缩，而是气体经过肺运行，并循肺内管道进出气囊。家禽呼吸系统的这种结构特点，可促进药物增大扩散面积，从而增加药物的吸收量，故喷雾法是适用于家禽的有效给药途径之一。

家禽尿液的酸碱度与家畜有明显的区别，一般为 pH5.3～6.4。因此，在使用磺胺类药物时，应考虑家禽尿液的 pH。

家禽的生长期短，当大群用药时，应注意药物的残留问题。为此要根据各种药物的特性，制定必要的休药时间。

3. 使用抗菌药物的注意事项 抗菌药物包括抗生素、磺胺类等，近年来在养鸭实践中应用日益广泛，不仅能防治某些疾病，有的还能提高饲料的利用率，有促生长、缓解应激反应、增加产蛋量及提高孵化率等作用，但使用不当，也会产生不良后果。应用抗菌药物时应注意下列问题：

（1）*严格掌握适应证* 根据临床诊断，弄清致病菌的种类，有条件时要做药敏试验，选择最敏感的药物治疗。一般由革兰氏阳性菌引起的感染可选用青霉素、四环素类药物；对革兰氏阴性菌引起的感染可用链霉素等药物；由霉形体感染可用泰乐菌素、林可霉素；对真菌感染则应选用制霉菌素、灰黄霉素。

（2）*要考虑到用量、疗程、给药途径、不良反应、经济效益等* 首次剂量宜大，以便维持血液中的有效浓度，以后再根据病情酌减用量。一般急性感染的疗程不必过长，可于感染控制后 3 天左右停药。用药期间应密切注意药物可能产生的不良反应，及时停药或改药。

给药途径也十分重要。一般感染或消化道感染则以内服为宜，少数病鸭则以个别投服，大群感染则可将药物混于饲料或饮水中。

（3）*耐药性* 为了防止细菌产生耐药性，可将几种抗生素和磺胺类药物交替或联合应用。

（4）*注意事项* 注意药物的批号及有效期。抗生素的保存有一定的期限，为了防止伪劣假冒和过期失效的药品流入鸭场，特

介绍药物的批号和有效期的标志。

兽药产品批准文号的格式为：兽药类别简称＋年号＋企业所在地省份（自治区、直辖市）序号＋企业序号＋兽药品种编号。格式如下：

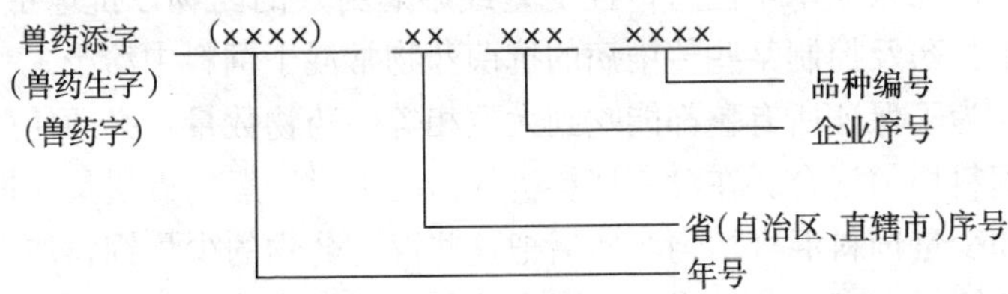

兽药添加剂的类别简称为“兽药添字”；血清制品、疫苗、诊断制品、微生态制品等的类别简称为“兽药生字”；中药材、中成药、化学药品、抗生素、生化药品、放射性药品、外用杀虫剂和消毒剂等的类别简称为“兽药字”。

年号用四位数字表示，即核发产品批准文号时的年份。

企业所在地省份序号用2位阿拉伯数字表示。

企业序号按省排序，用3位阿拉伯数字表示。

兽药品种编号用4位阿拉伯数字表示。

兽药有效期按年月顺序标注。年份用4位阿拉伯数字表示，月份用2位阿拉伯数字表示，如“有效期至2011年08月”，或“有效期至2011.08”。

有效期与失效期。有效期系指药品在规定的贮藏条件下能保证其质量的期限。失效期系指药品到此日期即超过安全有效范围，一般作报废处理，若需继续应用，要经药检部门检验合格后方能按规定延期使用。

4. 给药的方法和技术　根据药物的性质和鸭的病情及生理特性，选用不同的给药方法。掌握合理、正确的给药方法和技术，对于提高药物的吸收速度、利用程度、药效出现的时间及维持时间等都有重要的作用。通常有以下几种方法。

（1）混于饲料　这是群体养鸭经常使用的方法。适用于下列几种情况：

①需要长期连续投服的药物。

②不溶于水的药物。

③加入饮水中使适口性变差或影响药效的药物。抗球虫药、促生长药及控制某些传染病的抗菌药物常混于饲料中给予。

为了保证所有鸭都能吃到大致相等的药物数量，必须使药物和饲料均匀混合。在没有拌料机的情况下，一般的做法是先把药物和少量饲料混合均匀，然后把这些混有药物的少量饲料加入较多的饲料中，如此逐步扩大混合均匀。若是直接将少量药物加入到大批饲料中，即使搅拌多次，也是不可能混合均匀的。

（2）溶于饮水　将药物溶于水中，让鸭子自由饮用，常用于预防和治疗病鸭。对于本身不进行饲料加工的鸭场来说，把药物溶于饮水中给予，可能更为方便，此法适用于：

①短期投药，如1～2天。

②紧急治疗投药。

③病鸭已不吃料，但还正常饮水。

要求药物易溶于水。为了避免药物在水中的破坏，要求在半小时内饮完。某些药物如链霉素，虽然易溶于水，但不能从消化道吸收进入血液，因而不能对消化道以外的病原菌起作用，故不宜饮水投药。

（3）用于体表　主要杀灭体外寄生虫或体外病原菌。外用药常用喷雾、药浴、喷洒、熏蒸等方法。

（4）直接口服　将药物的片剂或胶囊直接投入家禽的食道上端，或用带有软塑料管的注射器把药物经口注入家禽的嗉囊内或食道膨大部内。这种方法通常只用于个别治疗，如种鸭隔离的病鸭。此法虽然费时费力，但药物剂量准确，如投药及时有良好的效果。灌服液体药液时，如果直接把药液倾注于家禽口腔内，或软塑管插入过浅，可能流入气管，引起禽只窒息死亡，应予

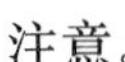

注意。

(5) 肌内或皮下注射 常用于预防接种和治疗。肌内注射法吸收较快，药物作用的出现也较稳定。若是刺激性的药物，应采用深层肌内注射，注射部位有翼根内侧肌肉、胸部肌内及腿部肌肉。我们认为，翼根内侧肌内注射较为安全。皮下注射常选用于颈部皮下或腿内侧皮下。注射时要有人将鸭保定，注射局部要注意消毒、更换针头（一针一鸭），特别在疫病流行时更要注意。

5. 鸭的常用药物 鸭常用药物的种类不多，主要是一些抗菌和抗寄生虫药物。随着科学技术的发展，新的抗菌保健药物会不断出现，要求我们经常注意市场信息。鸭的常用药物参见表7-5。

表7-5 鸭常用药物使用说明

药物名称	规格	用法	用量	作用及用途	注意事项
青霉素	粉针剂	肌注	2万～10万国际单位/只	对革兰氏阳性和阴性菌有抑制作用，用于禽霍乱、浆膜炎、大肠杆菌病的防治	①本品机体吸收快，一般应注射2次 ②水溶液极不稳定，宜新鲜配制，半天内用完
链霉素	粉针剂	肌注	50～100毫克/只	对革兰氏阳性和阴性菌有抑制作用，用于禽霍乱、细菌性肠炎等疾病的防治	①口服无效 ②长期或过量服用会出现毒性反应
庆大霉素	粉针剂 粉剂	肌注口服	5 000～10 000国际单位/只	对上两种药物有抗药性时，可使用本品。为广谱抗生素。也可浸泡种蛋杀灭沙门氏菌	①水溶性质稳定，可以口服 ②对幼雏有一定毒性，不宜滥用

（续）

药物名称	规格	用法	用量	作用及用途	注意事项
卡那霉素	粉针剂 粉剂	肌注　口服	20～100毫克/只 40毫克/千克饲料	用于呼吸道、肠道、泌尿道感染的疾病，如禽霍乱、浆膜炎等疾病。亦可用于拌料	①注射优于口服 ②为防产生耐药性可与以上药物交替使用
土霉素	粉剂	口服　拌料	0.25克/只 1～2克/千克饲料	有广谱抗菌作用，防治各种细菌性感染的疾病，能减轻应激反应	长期服用会产生耐药性
泰乐菌素	粉剂	口服 拌料 饮水	10～30毫克/只 20～50毫克/千克饲料	抗革兰氏阳性和阴性菌及霉形体，能缓解应激反应、提高产蛋率及孵化率	长期服用会产生耐药性
利高霉素	粉剂	口服　饮水	50～150毫克/只 100毫克/升水	防治各种细菌性疾病及霉形体病，具有促进生长、提高饲料利用率的作用	①本品由澍霉素与壮观霉素1∶2配合而成 ②本品味苦，有特殊气味
壮观霉素	粉剂	口服 肌注	配成0.1%水溶液饮水 5～20毫克/只	防治禽霍乱、浆膜炎、沙门氏菌病等特别对消化道及霉形体感染有效	商品名治百炎为含50%本品
新诺明	粉剂	口服　肌注 拌料	0.25～0.5克/只 10～60毫克/只 2～4克/千克饲料	对革兰氏阳性和阴性菌有抑杀作用，对球虫及其他原虫也有防治效果	①本品为不增效磺胺甲基异恶唑的商品名 ②上市前1周停药

（续）

药物名称	规格	用法	用量	作用及用途	注意事项
敌菌净	粉剂	口服 拌料	0.1～0.5克/只 0.2～0.5克/千克饲料	抗菌谱较广，抗菌作用较强，在胃肠道内可保持较高的抑菌浓度	①本品为增效二甲氧苄氨嘧啶的商品名 ②上市前1周停药
氟哌酸	粉剂	口服 拌料 饮水	1克/千克饲料	是一种广谱、高效速效、安全的抑杀菌药物，用于各种细菌性疾病的感染	又名诺氟沙星，久用可产生耐药性
环丙沙星	粉剂	口服 拌料 饮水	1克/千克饲料	抗菌性与氟哌酸相似	又名环丙氟哌酸
氧氟沙星	粉剂	口服 拌料 饮水	1克/千克饲料 1克/升水	抗菌谱与氟哌酸相似，对上述药物有耐药性时可使用本品	又名氟嗪酸
促菌生	粉剂	拌料 饮水	1克/千克饲料	本品为活菌制剂，内服后能调整菌群失调，使肠道处于最佳的生理状态，对各种肠道病有良好的防治作用	①商品名有多种，如止痢灵DM423菌粉制剂、促康生等 ②本品无毒、无害、可长期使用
氨丙啉	粉剂	拌料	125～225毫克/千克饲料	预防球虫病用	①拌和均匀 ②控制饲料中维生素B_1的含量
球痢灵	粉剂	拌料	125毫克/千克饲料	防治小肠球虫病	预防量，需连用10天
左旋咪唑	粉剂	口服	10～50毫克/只	驱蛔虫、异刺线虫、毛细线虫等	一次即可

（续）

药物名称	规格	用法	用量	作用及用途	注意事项
吡喹酮	粉剂	口服	5～20 毫克/只	驱剑带绦虫及其他膜壳绦虫科绦虫及吸虫	一次口服

第三节 鸭常见病的防制

一、鸭病毒性肝炎

鸭病毒性肝炎是由鸭肝炎病毒引起雏鸭的一种高度致死、高度传播性的急性、病毒性传染病。临床上以具有明显神经症状和肝脏肿大、表面呈斑点样出血为特征。主要侵害 6 周龄以内雏鸭，尤以 2 日龄至 3 周龄的雏鸭最为易感，成年鸭有抵抗力。不同日龄的雏鸭发病后，病死率有所不同，有的高达 95％，有的低于 15％。耐过的鸭成为僵鸭，生长和发育受阻。该病传播迅速、病程短、死亡快，在新疫区的发病率和病死率都很高，会对养鸭业造成巨大危害。

本病在世界上许多养鸭的国家和地区都有流行，在我国的分布也较广。

1. 病原 鸭病毒性肝炎的病原为鸭肝炎病毒。该病毒不凝集红细胞，在外界环境中的抵抗力很强，在污染的育雏舍内至少能存活 2.5 个月，在潮湿的粪便中能存活 1 个多月，对甲醛、氢氧化钠和漂白粉等消毒药都有较强的抵抗力，一般消毒药对此病毒的消毒能力不强。鸭的肝脏是本病的靶器官，为最好的送检病料。

目前已知本病毒有Ⅰ型、Ⅱ型、Ⅲ型三个血清型。Ⅰ型肝炎病毒呈世界分布，可引起 3 周龄以下的小鸭出现典型的临床表现，病程短，病死率高，称古典株。我国流行的鸭肝炎，主要由Ⅰ型病毒引起。Ⅱ型肝炎病毒局限于英格兰，主要发生于 2～6

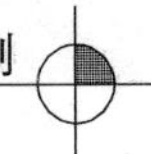

周龄小鸭，可造成30%～70%的死亡。Ⅲ型肝炎病毒亦称异株，主要局限于美国，主要发生于2周龄以下的雏鸭，可引起60%的发病率和20%的病死率。

2. 流行病学 该病仅发生于幼鸭，各品种的鸭都易感，日龄大小与易感性呈反比，常见于5～7日龄的雏鸭，亦可发生于3～5周龄的鸭，但以10日龄以内的病鸭病死率最高。感染区中的成年鸭不被感染。种鸭仍继续产蛋。主要发生在3～4月份开始孵化的季节，在雏鸭群中迅速传播。

（1）发病原因 饲养管理不当，维生素、矿物质缺乏，鸭舍内的温度过高、阴暗潮湿、饲养密度过大、卫生不良等为本病发生的诱因。发病率为100%，病死率则相差很大。小于1周龄的雏鸭群的病死率达95%，1～3周龄的幼鸭病死率为50%或更低。

（2）传播途径及传染源 传染源主要是从病鸭场引进雏鸭和发病的野生水禽。主要传播途径是通过消化道和呼吸道感染。康复鸭的粪便中能继续排毒1～2个月，被病毒污染的孵化器、鸭棚和环境一时难以彻底消除。目前尚不能证实本病能垂直传播。

3. 症状及病变

（1）症状 本病潜伏期短，感染后1～4天突然发病。病雏最初表现为精神委顿、衰弱、跟不上群，不久即停止活动，呆立一隅，进一步表现食欲废绝，打瞌睡，翅下垂，下蹲，眼半闭，发病后约1小时死亡。临死前表现神经症状，如运动失调，侧卧，两脚痉挛性地踢动，抽搐，角弓反张，头向后仰而死。

（2）剖检变化 本病主要的病变是肝肿。肝脏肿大，质地松软，极易撕裂，被膜下有大小不等的出血点，表面呈红色斑点。有些病例，肝实质中也有坏死灶。胆囊肿大，充满胆汁。脾脏、肾脏稍肿，表面有细小出血点。显微病变为肝脏细胞坏死，胆管细胞增殖，严重的形成腺肿瘤样。

4. 诊断 本病仅发生于3周龄以内的雏鸭，发病急，病死率高，病鸭有明显的神经症状。剖检主要是肝的特征性变性。细胞学检查为阴性，可疑为本病。实验室诊断，采取病鸭肝脏，做易感鸭的人工接种试验、鸭胚接种试验或取病愈鸭的血清做斑点ELISA试验、荧光抗体试验等。

5. 防制措施

（1）加强饲养管理 慎防从外地传入本病，雏鸭应从非疫区引进，或要求种鸭应经鸭肝炎免疫接种，使雏鸭能获得卵黄抗体的保护，大小鸭不能混群饲养，搞好雏鸭的饲养、管理、隔离、消毒等一般性的卫生防疫措施，供给适量的各种维生素及矿物质，严禁饮用野生的露天水池的水。

（2）种鸭群的免疫接种 目前疫苗有三种：氢氧化铝鸭肝炎病毒鸡胚化弱毒苗、氢氧化铝鸭肝炎病毒鸡胚化弱毒灭活苗、氢氧化铝强毒灭活苗，以弱毒活苗的保护率最高。在流行鸭病毒性肝炎的地区，可采用致弱的病毒免疫产蛋母鸭。在母鸭开产前2～4周肌肉注射0.5毫升未经稀释的胎液，这样母鸭所产的鸭蛋中即含有多量抗体，雏鸭于3周内可获得母源抗体保护，因而能够抵抗感染。一般免疫期为6个月，6个月后应考虑第二次免疫。

（3）雏鸭的免疫接种 若种鸭未曾免疫，又遭受本病的威胁，可对1日龄的雏鸭进行鸭肝炎弱毒疫苗接种，3～7天可产生免疫力，但母源抗体可影响效果，对有母源抗体的1日龄雏鸭，采用口服免疫的效果优于注射免疫。

（4）治疗 一旦在雏鸭群中发现肝炎病例，或在本病的流行区域和鸭场，可用鸭肝炎的高免血清或卵黄抗体，对全部雏鸭进行紧急防治。若是病鸭，剂量应加倍，必要时需连续治疗2～3天。在预防接种时，注意针头的更换，应一针一鸭，避免人为的传播。

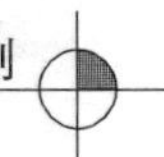

二、鸭瘟

鸭瘟又称鸭病毒性肠炎，主要在鸭和野鸭中流行，鹅、雁等禽鸟也能感染，是由病毒引起的一种急性败血性、高度致死性接触性传染病。临床特征是体温升高，两脚麻痹、发软无力，腹泻，粪便呈绿色，流泪，部分病鸭出现头颈部肿大，俗称“大头瘟”。主要病变是血管破损，组织出血，血液流入体腔，食道黏膜有小出血点，并有灰黄色假膜覆盖或溃疡，泄殖腔黏膜充血、出血、水肿与坏死，肝有出血点和坏死灶，淋巴细胞性器官出现病变以及实质性器官发生退行性变化。本病传染迅速，发病率和病死率很高，鸭群感染后往往引起大批死亡，给养鸭业造成严重的经济损失。由于已研制出安全有效的弱毒疫苗，只要坚持免疫接种，本病是完全可以预防和控制的。

1. 病原　鸭瘟病原属于疱疹病毒群的过滤性病毒，病毒离子呈球形，有囊膜。病毒的基因组核酸为双股线性 DNA。鸭瘟病毒无血凝活性和血细胞吸附作用。鸭瘟病毒是一种泛嗜性病毒，病鸭的排泄物、分泌物、内脏器官、血液、骨髓、肌肉等均含有病毒，以肝、脾、脑的含毒量最高。对热敏感，对乙醚和氯仿敏感。它能在鸭胚、鸡胚、鸭雏、鸡雏以及鸭胚成纤维细胞中繁殖，并引起细胞致病作用。鸭瘟病毒毒株之间的毒力有差异，但各毒株之间的免疫原性相同。消毒剂以石灰乳、氢氧化钠、漂白粉较好，抗生素治疗无效。

2. 流行病学　本病自然流行主要见于家鸭和野鸭，其他禽类都有一定程度的抵抗力。鸭有时可个别发病，人工感染鸭能患典型鸭瘟而死亡。雏鸭和成年鸭均能发病，以成年鸭多发，呈地方性流行，一年四季均可发生，以春夏季节多见。不同品种、年龄、性别的鸭均可感染，不过它们之间的发病率、病程以及病死率有一定差异。以番鸭、麻鸭的易感性最强，北京鸭次之。在自然流行中，成年鸭和产蛋鸭发病和病死较为严重，1 月龄以下雏鸭发病较少。

（1）传染源　鸭瘟的传染源主要是病鸭和潜伏期的感染鸭，以及病愈不久的带毒鸭（至少带毒3个月）。鸭瘟常在低洼多水地区流行。当新的易感鸭群到达污染水域往往可暴发本病。某些野生水禽感染后，可成为传播本病的自然疫源和媒介。病鸭的排泄物及尸体组织所污染的地面、水、饲料、用具、带毒鸭等都是传播的来源。此外，在购销和运输鸭群时，也会使本病由一个地区传到另一个地区。

（2）传播途径　鸭瘟的传播途径主要是消化道，其他还可以通过皮肤损伤、交配、呼吸道及眼结膜感染；吸血昆虫叮咬也可感染。

3. 症状及病变

（1）症状　自然感染的潜伏期为3～4天，由于病毒毒力的强弱不同可能有差异。人工感染的潜伏期为2～4天。病初体温升高，呈稽留热，这时病鸭表现精神委顿，头颈缩起，食欲减退或废绝，饮水增加，羽毛松乱无光泽，两翅下垂。两脚麻痹无力，走动困难，严重的卧地不愿走动，驱赶时两翅扑地而走，走不远又蹲伏于地上。两脚完全麻痹时伏卧不起，病鸭不愿下水。本病特征性的症状是流泪和眼睑水肿，病初流出浆液性分泌物，眼周围的羽毛沾湿，以后变黏性或脓性分泌物。严重者上下眼睑粘连，眼结膜充血或有出血点，部分病鸭的头颈肿大，两脚麻痹无力，两翅下垂，粪便稀薄呈草绿色，叫声嘶哑，翻开肛门可见到泄殖腔黏膜有黄绿色不易剥离的假膜。急性病例的病程一般为2～5天。自然流行时，病死率平均在90％以上。

（2）病理变化　具有诊断价值的特征性病变是食道黏膜有纵行排列的灰黄色假膜覆盖或小出血斑点，假膜易剥离，剥离后食道黏膜留有溃疡斑。泄殖腔黏膜的病变与食道相同，但假膜黏着很牢固，不易剥离。黏膜上有血斑点和水肿。其他脏器和组织呈败血症的病变。

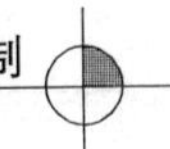

（3）诊断　本病根据流行病学、症状和病理变化特征，进行综合分析即可做出初步诊断。但在新发病地区，还需进行病毒分离和鉴定。

4. 防制措施

（1）饲养管理　在没有发生鸭瘟的地区或鸭场，应着重做好预防工作，严防疫病的传入和使鸭群建立有效的免疫力。一般性的卫生防疫措施都适用于本病。对于放牧鸭群要注意了解疫情，不要到鸭瘟流行地区和野鸭出没的水域去放牧。如果上游有病鸭则不应在下游放牧。加强饲养管理，发现疫情应严格执行封锁、隔离、消毒和紧急预防接种疫苗等综合防治措施。

（2）疫苗预防　鸭瘟流行或受威胁的地区，应按免疫程序定期进行鸭瘟鸭胚弱毒苗免疫接种。雏鸭接种后免疫期可达6个月，成年鸭可达1年。目前使用的鸭胚弱毒疫苗安全有效，在受威胁区，所有鸭、鹅均应接种鸭瘟弱毒疫苗。对于肉鸭，于7日龄左右进行首免，每只肌肉注射0.5头份；20日龄左右二免，每只肌肉注射1头份。种鸭和蛋鸭，于7日龄左右进行首免，每只肌肉注射0.5头份；20日龄左右二免，每只肌肉注射1头份；开产前10～15天左右，每只肌肉注射2头份；以后每隔3～4个月再免一次，在产蛋高峰期应避免进行预防接种以免减产。

（3）治疗　目前对鸭瘟尚无特效药物治疗。一个地区或一个鸭场一旦发生鸭瘟，必须迅速将病鸭、疑似病鸭和假定健康鸭进行分群隔离，对鸭群进行全面检疫，并采取严格封锁、隔离、消毒和紧急预防接种等措施，立即用弱毒苗对疑似病鸭和假定健康鸭进行紧急预防接种，通常在接种后1周内病死率显著降低，随后停止发病和死亡。对于感染初期的病鸭，可肌注鸭瘟高免血清，每只注射1～2毫升。注射时应做到一针一鸭，以免在注射过程中传播病毒。同时严禁病鸭外调或出售，停止放牧，以防病毒传播，扩大疫情。对鸭群、禽舍、用具进行彻底消毒，对死鸭应深埋或焚烧。

三、禽流感

禽流感是由A型流感病毒中的任何一型引起的一种感染综合征。

1. 病原 A型流感病毒属正粘病毒科、正粘病毒属的病毒。该病毒的核酸型为单股RNA，病毒粒子一般为球形，但也有同样直径的丝状形，长短不一。

2. 流行病学 禽流感在家禽中以鸡和火鸡的易感性最高，其次是珠鸡、野鸡和孔雀。鸭、鹅、鸽子、鹧鸪、麻雀等也能感染。感染鸭从呼吸道、结膜和粪便中排出病毒。因此，可能的传播方式有感染禽和易感禽的直接接触和包括气溶胶或暴露的病毒污染的间接接触两种。本病一年四季都能发生，但冬春季节多发，夏秋季节零星发生。气候突变、冷刺激、饲料中营养物质缺乏均能促进该病的发生。

3. 症状 该病的潜伏期长短因病毒毒力的强弱、感染途径及个体抵抗力不同而异，一般潜伏期从几小时到数天，最长可达21天。高致病性禽流感主要表现为突然死亡和高病死率。病鸭极度沉郁，食欲、饮欲及产蛋量急剧下降，头部和睑部水肿，出现神经症状和腹泻，有的发生角膜炎甚至失明。

因感染鸭的品种、日龄、性别、环境因素、病毒的毒力不同，病鸭的症状各异，轻重不一。最急性型：多由高致病性禽流感病毒引起，病鸭不出现前驱症状，发病后急剧死亡，病死率可达90%～100%。最急性型死亡的病鸭常无眼观变化。急性型：为目前世界上常见的一种病型。多由低致病性禽流感病毒引起。亚急性型：发生于免疫以后的鸭群，大群鸭精神较好，粪便基本正常。

4. 诊断要点 由于本病的临床症状和病理变化差异较大，所以确诊必须依靠病毒的分离、鉴定和血清学试验。

(1) 鸡、鸭、鹅等家禽及鸟类均易感，病禽和带毒禽是主要

的传染源，病毒可长期在污染的粪便、水等环境中存活，通过接触感染禽及其分泌物和排泄物污染饲料、水、蛋托、垫草、种蛋、种精液等媒介，经呼吸道、消化道感染。

（2）许多候鸟、野禽常为禽流感的带毒者，在流行病学上占有重要的地位。由于野禽带毒，突然感染家禽构成疫病，流行期中病毒的致病性突然变强。栖息各地的候鸟、野鸟、水禽迁徙面较广，常可将病毒播散到世界各处，且难以预料在何时何地排毒感染家禽。

（3）剖检时病禽的全身组织器官严重出血，腺胃黏液增多，刮开可见腺胃乳头出血，和肌胃的交界处黏膜可见带状出血。消化道、呼吸道黏膜呈现广泛的充血、出血，心冠脂肪及心内膜出血。

（4）养鸭场一旦发现疫情，出现上述特征，要立即上报主管部门，由专门机构进行实验室诊断和确诊。

5. 防制措施

（1）规范饲养，净化环境　养鸭场要实行“全进全出”的饲养方法，控制人员自由出入，禁止鸭与其他禽类和鸟类接触，定期对鸭舍及周围环境进行清扫、消毒，杀灭病原，净化环境。

（2）重视免疫接种　我国研制的高致病性禽流感疫苗，质量是可靠的，无论种鸭、蛋鸭或肉鸭都要做到只只免疫。

种鸭、商品蛋鸭：首免在15～20日龄，每只接种0.3毫升；二免在45～50日龄，每只接种0.5毫升；开产前2～3周，每只接种0.5～0.6毫升；开产后每隔3个月再接种一次。

肉鸭：7～8日龄颈部皮下注射0.3毫升。

（3）加强监测，及时报告　养鸭场（户）要主动配合动物防疫机构做好禽流感监测工作。如果发现疑似症状，应立即上报，进行早期诊断。一旦确定为高致病性禽流感时，动物防疫监督机构应立即严格按照国家有关规定划定疫点、疫区和受威胁区，采取封锁、淘汰、扑杀及建立免疫隔离带等措施，进行控制和扑灭疫情。

（4）治疗　对低致病性禽流感，目前国外采用“冷处理”的方法，即在严格隔离的条件下，对症治疗，以减少损失。对症治疗可采用以下方法。

①抗病毒药物如病毒唑0.005%～0.01%饮水，连用4～5天。也可用每天每只板蓝根2克、大青叶3克的标准粉碎后拌料，配合防制。也可使用金丝桃素或黄芪多糖饮水，连用4～5天。

②抗菌药物如环丙沙星、加替沙星或甲磺酸培氟沙星等0.008%～0.01%饮水，连用5～7天，以防止大肠杆菌、支原体等继发感染与混合感染。

③在饲料中增加0.18%蛋氨酸、0.05%赖氨酸、0.03%维生素C或0.1%～0.2%多种维生素饮水，以抗应激，缓解症状，加快体质恢复。

四、曲霉菌病

曲霉菌病又名霉菌性肺炎，是鸭和多种禽类都能感染的一种霉菌性疾病，雏鸭很易感，常呈急性经过，有较高的发病率和病死率，成年鸭呈隐性感染或散发。病雏主要表现为呼吸困难，在肺、气囊、气管等脏器上形成小米粒大的灰黄色结节。

1. 病原　该病病原为烟曲霉菌、黄曲霉菌、黑曲霉菌等，其孢子广泛分布于自然界，对外界环境有较强的抵抗力。只要在温暖潮湿的环境下就能很快繁殖，产生大量孢子散布在环境中，进入机体后能产生毒力很强的毒素，使肺产生病变，对血液、神经组织都有损害作用。本病分布很广，我国各地都可能发生，特别在南方5～7月间的梅雨季节，温、湿度高，为本病菌的生长繁殖提供了适宜的条件，稍不注意就会给养鸭业造成经济损失。

2. 症状　雏鸭对本病易感，一般为急性中毒，多发于2～6

周龄，4～15日龄是本病发生的高峰。出壳后的雏鸭进入被霉菌污染的育雏室或吃进带有霉菌的饲料后，48小时即开始发病死亡，至1月龄以上死亡基本停止。

雏鸭感染呈急性表现，如精神沉郁、食欲减退、绒毛蓬乱，特征性的症状是呼吸困难、头颈前伸、张嘴、打喷嚏、鼻孔中流出浆性液体，后期发生腹泻，有的出现神经症状，如歪头、麻痹、跛行，病死率较高。病程长短与中毒严重的程度和日龄的大小有关。

成年鸭感染多呈慢性经过，病死率较低，有部分病例由于霉菌侵入眼部，引起眼炎，严重者在眼皮下蓄积豆渣样物质。

3. 病理变化　特征性病变在肝脏上。急性中毒时，肝脏肿大，色淡而苍白，有出血斑。慢性中毒可见肝脏呈淡黄褐色，有多灶性出血和不规则的白色坏死病灶以及脂肪含量增加。主要病变在呼吸器官。肺的一部分由于霉菌聚集，常出现黑、紫或灰白色硬斑，切面坏死，气囊混浊有霉斑，气管和支气管呈炎性充血，偶有霉斑。

4. 传播途径　曲霉菌病主要通过呼吸道和消化道传播。若种蛋表面污染霉菌，孢子可侵入蛋内，使胚胎感染，造成雏鸭出壳后几天内即死亡，日龄越小，病死率越高。本病在病鸭和健康鸭之间不会互相传播。

5. 诊断要点　曲霉菌毒素中毒的诊断必须依靠病史、病理变化、症状方可做出诊断，确诊必须参考病理学变化特征及毒素测定的结果；为了确定病原，亦可做真菌分离培养。

霉菌最易在豆饼、玉米、骨粉、鱼粉等饲料中生长繁殖。在配合饲料中只要有一种成分发生霉变，混合后往往被其他成分掩盖，不易察觉，也足以使雏鸭致病。此外，在垫料、用具、饲槽、墙壁、麻袋、地面、孵化器等处，只要条件适合都可能有霉菌生长，特别在春夏之交的阴雨连绵季节，育雏室内阴暗潮湿、通风不良、鸭群拥挤，为霉菌生长提供了条件，易暴发本病。

由于本病的发生与饲料、环境有否霉菌生长有密切的关系，因此，诊断本病最好应到现场调查、察看，结合流行病学和病变，一般不难做出诊断。实验室检查通常采取肺病变部位的霉斑，压片后在低倍显微镜下观察有无霉菌的菌丝和孢子。

6. 防制措施

（1）春夏之交的梅雨季节为本病发生高峰，因此，要注意育雏室的通风干燥，清洁卫生，防止饲料、垫料的霉变，雏鸭进舍前对鸭舍、用具、笼具、地面都要彻底消毒。

（2）当鸭群中发现本病后，首先要找出传染源，是由于饲料的霉变引起本病，还是因为垫料、环境污染了霉菌而造成流行，应深入调查，具体分析，找出病因，及时扑灭，即可防止病情的蔓延。轻度感染的病鸭配合适当的治疗，大多能治愈，重病鸭治疗无望。

（3）药物治疗。制霉菌素为治疗本病的特效药物，每 100 只雏鸭一次 50 万单位（每片 50 万单位），一天 2 次，连服 2 天，或每千克饲料中加制霉菌素 150 万单位，连用 7 天。此外，二性霉素 B、克霉唑、哈霉素等也有较好的疗效。

饲料在运输、贮藏过程中，为了防止其霉变，可使用饲料防霉添加剂。目前的商品制剂有露保细、安亦妥以及丙酸、焦木酸等复合制剂。防霉烟熏片剂，用于孵化器、种蛋表面和环境中杀灭霉菌的污染有良效。

五、雏番鸭细小病毒病

雏番鸭细小病毒病又称三周病、传染性喘泻病，是由番鸭细小病毒引起的以腹泻、喘气、软脚和进行性消瘦为主要症状的一种新的疫病。主要侵害 1～3 周龄雏番鸭，具有高度的传染性，其发病率和病死率高，成年番鸭不发病。

1. 病原　本病的病原为雏番鸭细小病毒，是细小病毒的一

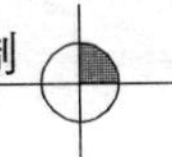

个新成员，对其他动物无感染性。该病毒于1990年首先在福建发现。该病毒对乙醚、胰蛋白酶、酸和热等灭活因子作用有很强的抵抗力。但是对紫外线照射很敏感。

2. 流行病学　雏番鸭是唯一的自然感染发病的动物，发病率和病死率与日龄密切相关，日龄越小发病率和病死率越高，3周龄以内的雏番鸭发病率为27%～62%，病死率为22%～43%。40日龄的番鸭也发病。但是发病率和病死率低。麻鸭、半番鸭、北京鸭、樱桃谷鸭、鹅、和鸡未见自然发病，即使与病鸭混养，或人工接种病毒也不出现临床症状。

本病主要通过接触传染、污染物经过消化道进入体内引起感染，康复鸭成为带毒者，是主要的传染源。病鸭通过排泄物，特别是通过粪便污染饲料、水源、饲养工具、运输工具、饲养员和防疫人员等，这些材料和人员与易感番鸭接触，造成疫病的传播。垂直传播是病鸭的排泄物污染种蛋蛋壳，把病毒传给刚出壳的雏鸭，引起孵化室内疫病暴发。

本病无明显季节性，但是冬春季由于气温低，育雏室空气流通不畅，空气中氨和二氧化碳浓度较高，所以发病率和病死率较高。

3. 症状　本病的潜伏期为4～9天，病程为2～7天，病程长短与发生日龄密切相关，可分为急性型和亚急性型。

（1）急性型　主要见于7～14日龄雏番鸭。病雏主要表现为精神委顿，羽毛蓬松，两翅下垂，尾端向下弯曲，两脚无力，懒于走动，厌食，离群，不同程度地腹泻，排出灰白或绿色稀粪，并粘于肛门周围。呼吸困难，喙端发绀，后期常蹲伏，张口呼吸。本病的病程多呈急性经过，病程一般为2～4天，少数可达1周以上，濒死前两脚麻木，倒地，最后衰竭死亡。不死者生长迟滞，明显消瘦、成为“侏儒鸭”。

（2）亚急性型　多见于发病日龄较大的雏鸭，主要表现为精神委顿，喜蹲伏，两脚无力，行走缓慢，排黄绿色或灰白色稀粪，并粘于肛门周围。病程一般为5～7天，病死率低，大部分病愈鸭颈部、尾部脱毛，喙变短，生长发育受阻，成为僵鸭。

4. 病理变化 主要病变为胰腺，表现为充血，或局部出血，表面有出血小点，或灰白色的坏死点。肝肿大，心脏灰白色，质软如煮蛋样，大、小肠充满气体，黏膜有出血点，肠壁变薄，偶见肠内有腊肠样栓塞物。大部分病死鸭肛门周围有稀粪黏附，泄殖腔扩张，外翻。心脏变圆。

5. 诊断 根据本病的流行病学，临床症状和病理变化，可做出初步诊断。但确诊必须依靠病原学和血清学方法。

6. 防制措施

（1）*重视育雏阶段的环境卫生工作* 加强环境控制，减少病原污染，增强雏番鸭的抵抗力。注意鸭舍干燥和勤换垫草，防止密度过大。对刚进雏鸭应及时提供饮水，补给复合维生素、葡萄糖等营养物质。

（2）*免疫预防* 雏番鸭细小病毒病弱毒疫苗，可用于本病的预防接种。为防止和减少继发细菌和霉菌感染，可以适当应用抗生素和磺胺类药。

①种母鸭免疫用雏番鸭细小病毒弱毒疫苗，于母鸭产蛋前20～50天进行首免，每只肌注1.0毫升，过10～12天后加强免疫1次，半月后所产的蛋即可获得较高的母源抗体。

②雏番鸭接种疫苗。若种蛋不存在母源抗体，则雏鸭出壳后48小时内，皮下注射雏番鸭细小病毒弱毒疫苗，每只0.2毫升或出壳后第4天皮下或肌肉注射抗雏番鸭细小病毒高免血清或卵黄抗体，每只1.0毫升。

（3）*治疗*

①对因治疗。注射抗雏番鸭细小病毒高免血清或卵黄抗体，每只1～3毫升，隔日再重复注射1次。

②对症治疗。补充电解质和多种维生素或抗生素。

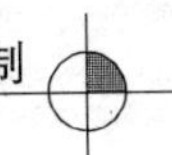

六、沙门氏菌病

鸭沙门氏菌病又称鸭副伤寒，是由鸭沙门氏菌引起鸭的急性或慢性传染病。主要侵害3周龄以内的小鸭，可引起雏鸭大批死亡，是影响雏鸭成活率的主要因素之一。防制本病常使用大量抗菌药物，因而提高了养鸭的成本。成年鸭常呈慢性或隐性感染，成为带菌者，并可引起垂直传播。沙门氏菌也可引起人类食物中毒。本病在世界分布广泛，几乎所有养鸭国家都有发生，是我国鸭场中的常发病和多发病。

1. 病原　鸭沙门氏菌病的病原是沙门氏菌，该菌有多个血清型，最常见的为鼠伤寒沙门氏菌和肠炎沙门氏菌，为革兰氏阴性菌。沙门氏菌遍布于外界环境，目前已知有2 000多个血清型，但危害畜禽的沙门氏菌仅十几个血清型。沙门氏菌对外界环境的抵抗力较强，在鸭舍中可存活7个月，在孵化器中可存活3～4周，常用的消毒药都有良好的杀灭作用。本菌对热及多种消毒剂敏感。在自然条件下容易生存和繁殖，成为本病易于传播的一个重要因素，在垫料、饲料中副伤寒沙门氏菌可生存数月甚至数年。

2. 流行特点　该病主要危害雏鸭，对种鸭也有一定的危害，使种鸭淘汰率提高，病死率增加。常在孵化后两周之内感染发病，6～10天为感染高峰。呈地方流行性，病死率从很低到10%～20%不等，严重者高达80%以上。1月龄以上的鸭有较强的抵抗力，一般不引起死亡。成年鸭往往不表现临床症状。在产蛋过程中蛋壳被粪便污染或在产出后被污染，对本病的传播具有极为重要的影响。感染鸭的粪便是最常见的病菌来源。本病可通过种蛋垂直传播，也可水平传播，常常能够引起雏鸭大量死亡，耐过鸭生长缓慢。饲养环境不良、密度过大、种鸭带菌往往是引发本病的诱因。本病在鸭细菌病中占有很重要的地位，占细菌病的10%以上。本病的发病率与病死率的高低，除了与入侵病原的数量和毒力有关外，还与育雏室的温度过高或过低、通风卫生不良、密度过大、饲料品质低劣、经过长途运输等诱因有关。

3. 传播方式 本病的传播方式主要有以下几种类型：

（1）经带菌禽蛋传播。种鸭隐性感染本病，病原可存在于卵黄中。在孵化过程中可使部分胚胎死亡，或孵出带菌的弱雏。

（2）蛋壳被污染。种蛋产在被病原污染的粪便、巢窝中，又未经彻底清洗和消毒，沙门氏菌可穿透蛋壳进入卵黄中繁殖，造成死胚或弱雏。

（3）在出雏室内存在带菌的绒毛或蛋壳，可使刚出壳的雏鸭经空气感染。

（4）经被污染的饲料和饮水传播，特别是质量不好的鱼粉、肉粉和骨粉常有沙门氏菌，从消化道感染，一般在1周龄后发病率才开始上升。

4. 临床症状 1周龄以内的雏鸭多为垂直传染或孵化器内感染，表现胎毛松乱，两翅开张或下垂，腿软，不愿走动，腹泻，粪便腥臭，肛门周围的羽毛常被白色尿酸盐黏着，食欲大减，饮水增加，腹部膨大，脐炎，常于孵出后数日内因败血症或脱水或被践踏而死。剖检的主要病变是肠炎和卵黄吸收不全。2～3周龄的小鸭发病多为水平传播，表现精神委顿，食欲不振，翅下垂，眼有分泌物，呼吸困难，最后出现神经症状，角弓反张，抽搐死亡。日龄较大的中鸭或成年鸭常呈慢性或隐性感染。

5. 病理变化 本病的主要病变是在肠道和肝脏，十二指肠充血和出血，盲肠扩张，肠腔里有淡黄白色豆腐渣样物质堵塞，肝脏肿大，有灰黄色小坏死点。慢性病例可见到心包炎和关节炎。病死鸭多数瘦弱，脚趾干枯，眼球下陷，表现严重脱水；肝脏肿大呈土黄色，肝脏各叶表面分布大小不等、数量不一的黄白色坏死点；脾脏肿大；心包增厚，个别鸭心脏上可见到灰白色坏

死结节；个别鸭肺脏表面出现灰白色坏死结节；肾脏严重肿大，有尿酸盐沉积，呈现严重的“花斑肾”；肠道呈现卡他性炎症，尤其是盲肠内有白色干酪样物质；多数死鸭表现卵黄吸收不良，个别严重者出现卵黄性腹膜炎。

6. 诊断　采取病鸭心包和肝脏病料进行细菌学分离培养、涂片、革兰氏染色镜检，可见两端稍圆、革兰氏阴性的细小杆菌。药敏试验发现，该细菌对左氧氟沙星高度敏感，对恩诺沙星中度敏感，对盐酸环丙沙星、红霉素低度敏感。根据发病情况、临床症状、剖检病变、细菌学检查和药敏试验结果，可做出诊断。

7. 防制措施

(1) 防止垂直传播　用血凝试验方法检出并淘汰阳性种鸭，培育无沙门氏菌病的种鸭群。不要从发病或污染的鸭场购买雏鸭或种蛋。

(2) 防止蛋壳被沙门氏菌污染　种鸭场在产蛋种鸭舍内要多设蛋箱，箱内勤换垫草，确保种蛋的清洁。增加拣蛋次数，避免污染机会。收集的种蛋应及时消毒和入库，对孵化器也要消毒，防止雏鸭在孵化器内互相感染。

(3) 及时淘汰病鸭　淘汰鸭群中病情特别严重且腹部膨大者，集中深埋。

(4) 药物防治　抗生素、磺胺类及其他抗菌药物，只要使用得当，均有良好的防治作用。

(5) 利用生物竞争排斥的现象预防沙门氏菌病　如蜡样芽孢杆菌、乳酸杆菌和粪链球菌等制剂，混在饲料中喂鸭，由于这些细菌在肠道中生长后占有一定的生长空间，迫使后进入肠道内的沙门氏菌无法生长，同时蜡样芽孢杆菌是一种需氧菌，由于它的生长迅速而造成肠道内缺氧，有利于厌氧菌的生长，从而抑制了沙门氏菌等需氧菌的生长。目前市场上销售的商品有促菌生、DM423 制剂、止痢灵等，都属于此种产品。

七、鸭球虫病

鸭球虫病是由艾美耳属、泰泽属、温杨属和等孢属的各种球虫寄生于鸭的肠道引起的疾病，15～50日龄的小鸭易感，病鸭表现贫血、消瘦和血痢，急性感染可造成大批死亡，中、轻度感染主要影响生长发育，并降低对其他疾病的抵抗力。本病分布很广，是条件简陋鸭场的一种常见病、多发病，在鸭群中经常发生，发病率为30%～90%，病死率可达20%～70%，耐过的病鸭生长发育受阻，增重缓慢，对养鸭业危害甚大。雏鸭出壳后，若在网上饲养，由于不接触到地面和粪便，故一般不易感染，2～6周龄时，由网上转为地面饲养，就有可能感染，约经4～5天后即可暴发鸭球虫病，特别在5～10月间，温度和湿度适宜，易引起流行。

1. 病原 鸭球虫是一种个体很小的原虫，必须在显微镜下才能看见。球虫的卵囊呈短椭圆形，在土壤中能存活4～9个月。

2. 传染源 病鸭是主要的传染源，一般1个感染性卵囊进入鸭体内能产生十几万个后代，苍蝇、甲虫、鼠类和野鸟都可成为机械性传播媒介。球虫卵囊在外界环境中发育为孢子化卵囊才有感染性，适宜的温度为20～30℃，在低于9℃和高于40℃时，卵囊停止发育。鸭球虫与其他禽类的球虫一样，具有明显的宿主特异性，它只能感染鸭，而其他禽类的球虫也不能感染鸭。

3. 症状 急性鸭球虫病多发于2～3周龄的雏鸭，于感染后第四天出现精神委顿，缩颈，不食，喜卧，渴欲增加等症状；病初拉稀，随后排暗红色或深紫色血便，发病当天或第二天、第三天发生急性死亡，耐过的鸭逐渐恢复食欲，死亡停止，但生长受阻，增重缓慢。慢性的一般不见症状，偶尔有拉稀，常称为球虫携带者和传染源。

4. 病理变化 泰泽属球虫危害严重，肉眼病变为整个小肠呈泛发型出血性肠炎，尤以卵黄蒂前后范围的病变严重。有时肠

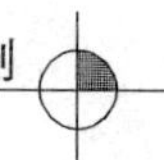

壁肿胀，黏膜上密布针尖大小的出血点，有在黏膜上覆盖着一层麸糠状或奶酪状黏液。温杨属球虫的致病性不强，肉眼变化仅见于回肠后部和直肠轻度充血。

5. 诊断　鸭的带虫现象极为普遍，所以不能仅根据粪便中有无卵囊做出诊断，应根据临床症状、流行病学资料和病理变化，结合病原学综合判断。确诊本病应进行实验室检查，从病变部位刮取少量黏膜，放在载玻片上，加生理盐水1～2滴调和均匀，加盖玻片用高倍镜检查。或取少量黏膜做成涂片，用瑞氏或姬姆萨液染色，在高倍镜下检查，有无大量裂殖体和裂殖子。

6. 防制措施

（1）预防本病主要是消灭卵囊，切断其生活史，不让卵囊有孢子化的条件。具体做法是鸭群要全进全出，鸭舍要彻底清扫、消毒，雏鸭和成鸭要分开饲养，定期清除粪便，保持环境清洁、干燥和通风，防止饲料和饮水被鸭粪污染，给予全价饲料，网上平养有利于防止本病。

（2）经常发生球虫病的鸭场要用药物预防，一般在10日龄时开始给药，坚持按时、按量、按疗程给予，常用的药物很多，如球痢灵、氨丙啉、盐霉素等，治疗药物有新诺明等磺胺类药物。

八、鸭传染性浆膜炎

鸭传染性浆膜炎又称鸭疫里氏杆菌病或鸭疫综合征等，是由鸭疫里氏杆菌引起，主要使2～4周龄雏鸭发生的一种急性或慢性的传染病，临床特征是眼和鼻孔有较多的分泌物，腹泻、共济失调和抽搐，慢性病例为斜颈或呼吸困难，剖检可见到纤维素性心包炎、肝周炎、气囊炎和关节炎等病变。本病是严重危害养鸭业的传染病之一。

1. 病原　本病的病原是鸭疫里氏杆菌，到目前为止，共发现21个血清型。鸭疫里氏杆菌为革兰氏阴性、不运动、不形成芽孢的小杆菌，组织触片，用瑞氏法染色为两端浓染。最适合的培养基是巧克力琼脂平板或鲜血琼脂平板，本菌与多杀性巴氏杆菌的区别在于生化反应，菌体结构（在电镜下观察）和血清学反应有明显的差异。

2. 流行病学 本病主要感染鸭，一年四季都可发生，尤以冬春季节为甚，本病常因引进带菌鸭而流行，各种品种的鸭都有同样的易感性，本病主要发生于1～8周龄的雏鸭，尤以2～4周龄的小鸭最易感，8周龄以上的鸭很少发病，5周龄以下的雏鸭常在出现症状后1～2天死亡。种鸭罕见发病，但可以成为传染源。被污染的饲料、饮水、恶劣的环境条件或者并发病，都是本病的感染源或诱因。由于育雏室饲养密度过大，空气不流通，潮湿、卫生条件不良，饲料质量低劣，营养不全，气候寒冷等诱因都能促使本病的发生和流行，并造成病死率的增加。本病也可通过种蛋传播。本病在感染群中的发病率很高，有时可达90％以上，病死率为5％～80％。

3. 症状 本病在雏鸭群中发病很急，常在受到应激刺激后突然发病，雏鸭不见明显症状即发生死亡。病程较长的病鸭表现为精神沉郁，离群独处，闭目昏睡，食欲不振或废绝，体温升高，呼吸急促，眼、鼻流出分泌物，眼睑污染，摇头，缩颈，运动失调，排黄绿色恶臭稀粪。少数病鸭表现跛行和伏地不起等关节炎症状。耐过鸭往往生长不良。

（1）急性型　往往突然发生（最急性型病例见不到任何明显症状即死亡），病鸭表现精神委顿、嗜眠、缩颈或嘴抵地面，行动蹒跚与共济失调，特征性的症状是眼、鼻有浆液或黏液性分泌物流出，使眼周围羽毛粘连或脱落，或分泌物干涸后堵塞鼻孔，粪便稀薄呈绿色或黄绿色，病程2～3天，濒死前出现神经症状。

（2）慢性型　见于流行后期或4周龄以上的病鸭，表现沉郁、困倦、少食或不食，常伏卧，有的病鸭出现痉挛性点头运动或摇头摆尾，前仰后翻。有的病鸭出现头颈歪斜，呼吸困难，常

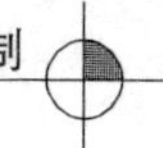

站立张口呼吸，病程在1周以上，幸存者生长发育不良。

4. 病理变化　最明显的病变是浆膜表面的纤维素性渗出物。心脏：病程较急的病例，心包积液，心外膜表面覆有纤维素性渗出物，慢性者心包膜与心外膜粘连，渗出物干燥或干酪化。肝脏：表面包盖一层灰白色或灰黄色纤维素膜，极易剥离，肝实质较脆，胆囊肿大，病程较久的病例肝表面渗出物呈淡黄色干酪样团块。气囊：气囊上均有纤维素膜，慢性者渗出物可部分钙化。其他器官虽有不同程度的病变，但均为非特异性的变化。

5. 诊断　根据流行病学、发病症状、病理变化等可做出初步诊断，但确诊必须根据鸭疫里氏杆菌的分离鉴定。实验室诊断，取心血或肝触片，染色镜检。在巧克力琼脂平板分离培养后，若有标准定型血清，可做玻片凝集反应或琼脂扩散试验进行血清型鉴定，有条件的实验室可做荧光抗体检查，此法具有快速特异的优点。

6. 防制措施

(1) *管理措施*　预防、治疗本病的先决条件，是搞好雏鸭的饲养管理和环境卫生工作，杜绝传染源。具体讲，商品肉鸭要做到全进全出，进雏前鸭舍要清扫消毒，注意育雏室的通风、干燥、防寒，及时调整密度，大小鸭不能混群饲养，给予全价的饲料。

(2) *免疫预防*　在本病常发地区可进行疫苗接种。国外已研制成功灭活苗和口服用的活菌苗，由于各地流行菌株的血清型不同，不能盲目引进。据国内有关报道，采用Ⅰ型菌株制成的灭活苗，给1周龄的雏鸭接种，可获得80%以上的保护率。

(3) *治疗*　抗菌药物是控制本病的流行和降低病死率的一项重要举措。磺胺类药物和抗生素均有一定疗效。施药前先将鸭群中有明显症状的病鸭剔出，隔离治疗，对于疑似和假定健康鸭群，可在饲料或饮水中加入抗菌药物进行紧急防制，对于病鸭应逐只投服或注射抗菌药物。

九、鸭大肠杆菌性败血症

鸭大肠杆菌性败血症又名鸭大肠杆菌病，是由大肠杆菌引起的，主要危害 2～6 周龄的小鸭或中鸭。病理特征是腹腔和胸腔器官以及各气囊表面有湿性颗粒性或凝乳样渗出物，是鸭的一种常见病和多发病。

1. 病原 本病病原为大肠埃希氏菌，是革兰氏阴性，不形成芽孢和荚膜的杆菌，属肠道杆菌科埃希氏菌属。在普通培养基上能生长，在麦康盖琼脂平板上生长呈粉红色。本菌有多种血清型，致病性的大肠杆菌有 O2、O8、O118 等菌株。当鸭死后不久，大肠杆菌能侵入血液和内脏器官，从新鲜尸体的心血、肝、骨髓或脑内分离到大肠杆菌，并经感染试验引起同样的败血症时即可确诊。一般抗菌药物对本菌都有效，但要注意易产生抗药性。

2. 流行病学 大肠杆菌病是一种条件性疫病。消化道、呼吸道是常见的感染门户，交配也可造成感染，环境不卫生、通风不良、湿度过低或过高、过冷、过热或温差大、饲养密度过大、油脂变质、饲料霉变等都能促使本病的发生。本病一年四季均可发生，但以冬夏季节多发。6 周龄以内的小鸭最易感。在恶劣的饲养管理条件下和气温突变的春秋季节易流行。本病可水平传播，也可垂直传播。

3. 症状 由于大肠杆菌侵害的部位不同，临床上表现的症状也不一样。但共同症状表现为精神沉郁，不食，嗜眠，眼、鼻有分泌物，缩颈，闭眼，羽毛蓬乱，消瘦，后期腹泻，衰竭，脱水致死。病死率的高低与管理条件是否得到改善和治疗是否及时有关。

4. 病理变化 卵黄囊感染可见腹部膨胀，卵黄吸收不良以及肝脏肿大等。大肠杆菌性败血症的特征性病变为心包炎、肝周炎、气囊炎。可见心包粘连，心包内充满淡黄色纤维素性渗出

物，肝脏肿大，表面有一层纤维素膜，气囊壁增厚、混浊，表面有干酪样渗出物。呼吸道型大肠杆菌病可见肺脏出血和淤血。大肠杆菌性腹膜炎可见腹膜增厚、混浊，腹腔有蛋黄样凝块和干酪样渗出物；肝脏肿大，有时可见表面有纤维素性渗出物。生殖道型大肠杆菌病可见卵泡膜充血、出血，卵泡破裂、畸形等。

5. 防制措施

（1）清洁卫生　改善饲养管理条件十分重要，如注意通风，饲养密度不能过大，搞好清洁卫生等工作，控制支原体、禽流感等呼吸道疾病的发生。加强种蛋的存放和孵化的卫生消毒管理。减少各种应激因素，避免诱发大肠杆菌病的流行与发生，特别是育雏期保持舍内的温度，防止空气及饮水的污染，定期进行鸭舍的带鸭消毒，在育雏期适当地在饲料中添加抗生素，有利于控制本病的暴发。

（2）疫苗预防　近年来国内外采用大肠杆菌多价氢氧化铝苗、蜂胶苗和多价油佐剂苗，取得了较好的预防效果。从实践来看，采用本地区发病鸭群的多个毒株或本场分离毒株制成的疫苗使用效果较好，这主要与大肠杆菌血清型较多有关。国内现用的大肠杆菌油佐疫苗，有程度不同的疫苗反应，主要表现精神沉郁，喜卧，采食减少等，一般1～2天后逐渐恢复，无需进行任何处理。

（3）治疗　鸭群发生大肠杆菌病后，可用抗菌药物进行治疗，但大肠杆菌对药物极易产生抗药性。因此，采用药物治疗时，最好进行药敏试验，或选用过去很少用过的药物进行全群治疗，且要注意交替用药。给药时间要早，早期投药可控制早期感染的病鸭，促使痊愈，同时可防止新发病例的出现。

十、禽霍乱

禽霍乱又称禽出血性败血病或禽巴氏杆菌病，是鸭、鹅、鸡、火鸡和野禽的一种急性败血性及组织器官的出血性败血症为特征的传染病，常伴有恶性腹泻症状。本病历史久远，分布很广，流行快，发病急，病死率高，对养鸭业有较大的危害。

1. 病原 本病的病原为禽多杀性巴氏杆菌，存在于病禽的内脏器官、体液和分泌物中。将病鸭的肝、脾或心血做触片或涂片经美蓝等染液染色后镜检，可见到菌体两端着色深，似双球菌。但经人工培养后，此特性消失。革兰氏染色阴性，呈细小的球杆菌。本菌对培养基的营养要求较高，需在马丁肉汤或血液（血清）琼脂培养基上才能正常生长。巴氏杆菌的种类很多，分类的方法也有多种，目前国际上通用的是按血清类型分，根据不同的荚膜和菌体类型，禽多杀性巴氏杆菌的血清型有5∶A、8∶A和9∶A，其中以5∶A为多见。

2. 流行病学 本病的主要传染源是病鸭和带菌鸭。致病性多杀性巴氏杆菌毒力很强，若从皮肤伤口或注射途径感染，几十个菌足以使鸭死亡，因此在治疗或紧急免疫接种时，若不注意更换针头，则有人为传播的危险。患禽霍乱的病鸭，口腔和鼻腔的分泌物中含有大量的巴氏杆菌，极易污染水源。巴氏杆菌在水中于一定的时间内还能繁殖，因此污染的水源是重要的传染源。鸭、鸡、鹅、兔等动物对巴氏杆菌都十分敏感。此病一旦流行，这些动物都能同时发病。禽霍乱可发生于各种日龄的鸭，但以性成熟期最易感。本病一年四季均可发生，但以夏秋季节多发，有的地区以春、秋两季发病较多。

3. 症状 自然感染的潜伏期一般为2～9天，人工感染通常在24～48小时发病，有时引进病鸭后48小时内也会突然发病。一般根据临床症状分为三种病型。

（1）*最急性型* 常见于本病的流行初期或新疫区。几只体质强壮、产蛋量多的青年母鸭突然发病，倒地死亡，剖检也看不到明显的病变。

（2）*急性型* 较为常见，多发生于流行的中期，病鸭精神委顿，废食，离群呆立，不愿下水游泳，缩颈闭目，两翅下垂，羽

毛蓬乱，呼吸困难，张喙呼吸，鼻流黏液，频频摇头，故俗称“摇头瘟”。病鸭排出白色或铜绿色带有腥臭味的稀粪，后期病鸭的两脚无力，卧地不能行走，在2～3天内死亡。

（3）慢性型　常见于流行后期或发生在老疫区，也可能由急性转变为慢性。病鸭消瘦，一侧或两侧的关节肿胀，呈现跛行或瘫痪，病程可拖延1周或数周，幸存者生产性能长期不能恢复，并可成为带菌者。

4. 病理变化　剖检呈败血症的病变，各组织脏器均有不同程度的出血斑点。具有诊断意义的病变是在肝表面有散在的灰白色针尖至粟粒大的坏死灶，心冠脂肪、心内外膜有出血斑点，肺呈多发性肺炎，小肠前段和大肠黏膜的充血和出血最严重，关节囊增厚，含有大量分泌物。

5. 诊断　禽霍乱可根据流行病学、发病症状及病理变化进行初步诊断，但要确诊还要结合细菌学检查结果来综合判定。实验室诊断：取肝、脾或心血做涂片染色镜检，可见到二极染色的巴氏杆菌，并做细菌的分离、培养和生化鉴定，也可取病料或分离菌株做动物接种试验。

6. 防制措施

（1）加强管理　禽霍乱不能垂直传染，雏鸭在孵化场内没有感染的可能性。健康鸭的发病是在鸭进入鸭舍后，由于接触病鸭或其污染物而感染的，因此杜绝多杀性巴氏杆菌进入鸭舍，对防止禽霍乱十分重要。防止病原的侵入，除做好平时的预防性消毒和隔离工作外，对于放牧的鸭群应事先了解沿途及牧地周围的疫情，特别要重视饮水和水源的卫生，一旦被病鸭或其排泄物所污染，危害很大，因此在疫区或威胁区应注意饮水的消毒，被污染的河沟、池塘要封锁自净两周后才能开放。一旦鸭群发生禽霍乱，要及时采取药物治疗和疫苗接种措施，以减少损失。

（2）免疫预防　禽霍乱菌苗的种类很多，主要有弱毒苗、灭活苗、脏器苗和亚单位苗。虽然目前还没有一种公认的、效果十分理想的菌苗，但都有一定的免疫作用。

①灭活苗　采用免疫原性好的强毒菌株（5∶A）培养物，经福尔马林灭活制成。国内常用的有蜂胶灭活苗、灭活油乳剂苗和氢氧化铝胶苗，前两者优于后者。主要用于2月龄以上的鸭，每只肌注1毫升，免疫期可达半年。

②弱毒苗　优点是产生免疫力强，免疫原性好，血清型间的交叉保护较强；缺点是免疫期短，菌株不稳定，需要足够菌量才能产生可靠的免疫效果，而且要注意安全剂量。用弱毒苗免疫时，已发病的鸭群和产蛋群不得使用；注射弱毒苗前后5天不能使用任何抗菌药物；免疫方法最好采用气雾或饮水方式进行。

③亚单位苗　是用浓盐水从多杀性巴氏杆菌提取的荚膜亚单位成分作为免疫原制成的疫苗，对鸭安全无毒，保护力良好，免疫期可达5个月以上。但目前实际应用上还有一定的局限性。

④脏器苗　取患急性禽霍乱的新鲜病鸭，无菌采取有典型病变的肝脏、脾脏称重，放在捣碎机内，先加入少量生理盐水，充分捣碎，用纱布过滤，去除组织块，然后按1∶10的比例补足生理盐水，再加福尔马林灭活，使最终浓度为0.4%，摇匀，在37℃条件下灭活24小时，期间振荡数次，经无菌检查合格后使用，每只鸭肌肉注射2毫升，其免疫效果优于弱毒苗。

⑤被动免疫　高免血清多用于禽霍乱的短期预防，为了避免潜伏性禽霍乱的暴发流行，在收购和运输之前，可皮下或肌肉注射高免血清，每只成年鸭预防剂量为肌肉注射2～3毫升，有效预防期为7天左右。

（3）药物防治　当群鸭中发现个别病例或受到本病威胁的鸭群，立即使用药物防治有一定的效果。常用的抗菌药物很多，如庆大霉素、敌菌净、氧氟沙星等。大群的用药方法可拌料或饮水投服。为避免巴氏杆菌产生耐药性，要注意用量适当，疗程合理（3～5天），并要选择几种药物交替使用。对于症状明显的病鸭，应剔出隔离治疗，逐只投服药物或注射才能收到效果。

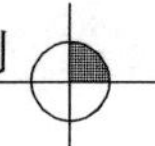

十一、鸭光过敏症

鸭光过敏症是鸭食入某些致病植物的叶、茎、种子或某些霉菌毒素，经光照射一段时间后发生的一种光致敏症。本病的主要特征是在身体接受阳关照射的无毛部位如肉髯、上喙背侧及蹼出现发红、水泡，继而形成痂皮，最终出现上喙变形，脚趾上翻等症状。由于发生本病后鸭采食困难，引起鸭只死亡，病鸭由于失明、减食，影响生长发育，特别是病后留下瘢痕，造成上喙变形、短颈，形成大批残次鸭，造成很大经济损失。

1. 病因 引起该病发生的原因很多，大软骨草草籽在饲料中占有一定比例时会导致光过敏症。此外，某些霉菌毒素、药物等也会引起光过敏症。

2. 症状 该病发病时间一般在5～10月份阳光较充足季节，发病日龄一般在25日龄左右。发病率达80%以上，病死率多低于5%。本病的主要临床特征是鸭身体无毛部位即鸭的上喙甲背面、蹼部表面在阳光直接照射下，先是颜色随着病程向橘红黄色、橘黄色、淡黄色、粉白色转变，质地脆弱，稍微搓捏病灶，表皮将撕裂、脱落，露出弥漫性的炎症；然后出现水泡，以上喙甲背面较为严重，水泡破裂后发生溃疡结痂。

3. 病理变化 病鸭上喙甲背面、蹼部表面的皮下有弥漫性暗红色斑点状炎症，上喙甲背面色泽为橘黄色、淡黄色、粉白色，极不一致；表面粗糙，上喙甲严重变形、变短、变薄，皮下血管断端血液呈紫红色条纹状血斑以及胶冻样浸润。剖检时消化系统主要是舌尖外露部位坏死，十二指肠卡他性炎症，肝脏有大小不等的坏死点。

4. 治疗

（1）有眼角膜炎的用利福平眼药水定期冲洗，一日数次，以减轻症状。

（2）对上喙甲背面、蹼部表面溃疡灶进行冲洗消毒，先用龙胆紫药水涂擦，再涂上碘甘油，以防止水的浸润及细菌的感染，促进病鸭尽快痊愈、康复，提高机体的免疫力。

(3) 用麦麸代替含有大软骨草草籽的次粉料。

(4) 在鸭的栖息场地，搭上凉棚，减少阳光照射的时间。

十二、公鸭阴茎脱出

公鸭阴茎脱出俗称“掉鞭”，该病多发生于母鸭产蛋期，临床表现为阴茎伸出后不能回缩，以红肿、结痂等为特征，重者因失去种用性而致淘汰，给养鸭生产带来一定的经济损失。

1. 病因

(1) 公鸭在配种时，阴茎被其他公鸭啄伤，而致出血、肿胀，不能回缩；或交配时，阴茎落地，被粪便、泥沙等杂物污染，使回缩困难。

(2) 在水中交配时，因水质污浊被细菌感染发炎；或被鱼类或其他浮游动物咬伤。

(3) 在寒冷天气配种时，因阴茎伸出时间过长而冻伤。

(4) 公鸭因生长发育不良或过老等因素而导致脱出，或因疫病等因素而导致脱出。

(5) 公母鸭比例不当，公鸭过多或过少，长期滥配。

(6) 在母鸭产蛋前，公鸭补充精料较少，导致营养不良，体质较差，性欲降低。

(7) 患大肠杆菌病的公鸭也会发生“掉鞭”。

(8) 因为光照强度过强或时间过长而致性早熟，也会造成阴茎脱出。

2. 症状 阴茎上有伤痕，如是新伤，则有血迹；如发炎，则见阴茎肿胀、淤血；如时间过长，则发生溃疡和坏死，呈紫红色或黑色，上面沾有粪便、污泥等，结成硬痂。

3. 预防

(1) 加强饲养管理，使公鸭具有良好体况，保持充沛的体力

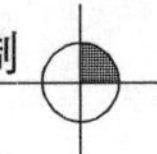

进行交配。

（2）在母鸭产蛋前，提早对种公鸭补充精料。

（3）确定鸭群中公母鸭的适当比例，可结合品种特点、年龄、体况等具体情况而定。

（4）对当年的青年种公鸭，实施科学的光照时间，防止性早熟，并在种公鸭满足一定的月龄，达到性成熟和体成熟后，再进行配种或人工授精。

（5）供鸭洗浴和配种的池塘，最好是活水，保证其中的水质清洁无污染，并有一定的深度（80 厘米以上），且水中的放养密度不超过每平方米 1 只。

（6）搞好环境卫生，并定期对鸭舍及饲槽、水槽等设备进行消毒处理。

（7）及时淘汰群体中有啄咬阴茎恶癖的鸭。

4. 治疗

（1）当阴茎脱出较轻而不能回缩时，应及时将病鸭隔离治疗，用温水或 0.1%的高锰酸钾溶液清洗，涂以磺胺软膏或红霉素软膏，并协助受伤的阴茎收回。阴茎已经发生炎症或症状较重者，应同时使用抗生素或磺胺类药物以抗菌消炎，并每天用高锰酸钾溶液清洗。

（2）对患有大肠杆菌病而致阴茎上有结节者，有种用价值的可予以手术法将结节切除，并加强术后护理。为避免因自然交配而致大肠杆菌继续发生和蔓延，应采取人工授精。

（3）对重病鸭无治疗价值的，应立即予以淘汰。

十三、鸭湿羽症

鸭湿羽症是由于鸭体缺乏尼克酸、泛酸及生物素等引起的一种营养代谢性综合征。能量、蛋白质、食盐、钙、磷、铁、铜、维生素 A、维生素 D、维生素 B_1、维生素 B_2、吡哆醇等不足，都会导致该病的发生。

1. 症状 病初，病鸭羽毛干燥无光，下水后出现湿羽现象，首发于腹部、腰部，继而发展到胸腿部。严重者翅膀、颈、背部也发生。同时，羽毛脱落、稀疏、湿乱黏结，背腰部脱落显著，皮肤充血发炎，个别出现溃疡。眼周围羽毛脱色，形成“眼镜眼”。蛋鸭产蛋率下降。在发病期出现进行性死亡。

2. 防制措施 做到饲料营养全面、合理，供给适量青绿饲料或添加所需的各种维生素。要相应增加富含尼克酸、泛酸及生物素的饲料。加工配制好的饲料不宜久放，特别是在夏天。注意饮水与饲料的清洁卫生，避免饲喂发酵变质饲料。发生湿羽症应尽早治疗。可在每100千克饲料中加泛酸钙2克、生物素0.5克、尼克酸2克。同时，降低玉米用量，增加麸皮、鱼粉等，并增喂一些青绿饲料。

十四、硒和维生素E缺乏症

矿物质、微量元素和维生素对维持畜禽的健康和生产具有重要作用，越来越受到人们的重视，在饲料中一般都注意添加。在养鸭业中常发生硒和维生素E缺乏症，造成较大的经济损失，特别在我国某些地区如江苏沿海一带属于低硒地区。凡土壤含硒量低于每立方米0.1克时，其所生长的饲料作物中均有缺硒的可能。

1. 诊断要点 根据病鸭的日龄大小、缺乏硒和维生素的程度不同大致有三种病变特征。

(1) 渗出性素质 2～3周龄的雏鸭开始发生，至6周龄为高峰，呈急性经过，发病率高达80%以上。表现躯体下垂部位(胸、腹下、两腿间)的皮下水肿，初呈暗红色，继之变为蓝绿色，严重时可遍及全身，导致心包腔和腹腔积液。病程1周左右，衰竭死亡。

(2) 脑软化 以2～4周龄多发，主要表现共济失调，病雏站立不稳，步态歪斜呈跳跃状，有时惊叫、奔跑、趴地不起而

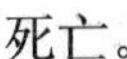

死亡。

(3) 肌营养不良 4周龄的幼鸭易发，主要见于胸肌、腿肌的变性和坏死，心肌和肋间肌亦有发生。病肌呈半熟样苍白，同时表现腹泻、瘦弱及渗出性素质等全身症状。

(4) 通过饲料来源的调查分析进一步诊断，如玉米来自缺硒地区，而在饲料加工过程中又未按定量补加硒和维生素E。

2. 防治措施 多喂青绿饲料；口服维生素E，每只雏鸭一次剂量为800国际单位。每立方米1～2克的亚硒酸钠水溶液饮水1～2天，或在饲料中补充硒制剂和含硫氨基酸。

十五、鸭常见的中毒病

某些有毒物质在机体内被吸收，并使机体产生复杂的生理变化和病理过程甚至引起死亡，称为中毒。引起鸭中毒的原因很多，如误食农药、鼠药或其他剧毒药品中毒，饲料调制保存不当引起食盐、棉子饼、肉毒梭菌、黄曲霉毒素中毒等，环境不良、管理不善造成的一氧化碳、氨气中毒等，都能引起大批死亡。但在鸭场中，这些情况都属于偶发的意外事故，只要到现场进行调查分析，不难找出病因。一旦消除病因，问题也就解决了。这里主要介绍常用药物使用过量引起的药物中毒。

1. 诊断要点

(1) 家禽常用的药物中许多都是有毒性的，如磺胺类药物在饲料或饮水中含0.25%以上，可引起1周龄以内的雏鸭不同程度地中毒，即使按正常浓度服用5天，也可使产蛋鸭的产蛋量减少，连用7天以上，即使成年鸭也可出现中毒症状。此外，链霉素、四环素类、氟哌酸等药物，超过规定剂量或连续服药时间过长，都会引起不同程度地中毒。

(2) 中毒的症状与药物的种类和中毒的程度有关。雏鸭严重中毒时，在服药后几小时即可出现死亡，死亡率的高低受多种因素的影响。一般讲急性中毒时均出现兴奋不安、步态不稳、运动失调、转圈、扭颈、失去平衡而猝倒，有的精神委顿，闭眼缩颈，呆立一隅，行动迟缓，昏迷死亡。成年鸭产蛋量急剧减少，食欲减退，呼吸急促，生长停滞，中毒程度较轻的鸭可缓慢康复。

（3）*中毒的病变*　急性死亡一般看不出什么病变，病程稍长可见到消瘦、贫血，剖检血液凝固不良，皮下或肌肉出血，肝肿大，色暗红，质脆，切面糜烂多血，胆囊肿大，肾、脾肿大，心脏表面、肠道有出血点等不同程度的病变。

（4）发生病情后应到现场进行调查研究，询问分析，特别对于药物的用量应进行计算，结合做实验室测定，不难确诊。

2. 防治措施

（1）使用毒性较大的药物时必须慎重，严格按照说明书的要求用药，拌料喂服时要充分混匀，饮水喂服时应彻底溶解。

（2）发现疑似中毒时立即停药。若已将药物拌入饲料，则应更换饲料，有条件时可进行食道膨大部切开术。也可逐只滴服10％葡萄糖水或0.01％～0.05％高锰酸钾溶液，必要时注射维生素C和维生素B_1混合液。

第八章

鸭场建设及养鸭设备

第一节　场址的选择

建设养鸭场，在选择场址时，要对当地的自然条件和社会条件进行详细的调查研究，通过综合分析，制订合理的规划布局。自然条件包括地势地形、水源水质、地质土壤、气候因素等，社会条件包括供水、电源、交通、通讯、环境疫情、建筑条件、经济条件和社会风俗习惯等。

一、自然条件

1. 气候　要详细了解和掌握本地区气象部门积累的气象资料，如年平均气温、最高气温、最低气温、常年主导风向等，这些资料对鸭场的选址和设计布局具有重要意义。在寒冷地区，严寒会导致鸭子的产蛋量减少，影响鸭子生产性能的发挥，对饲养者来说就意味着饲养经济效益的下降。最好选择冬季鸭舍在不需要加大供温的情况下，仍能保持一定温度的地方建场。在炎热的地区，夏季的酷暑和蚊蝇的骚扰对养鸭很不利，造成生产效益的下降。应尽量选择常年温度均衡，夏季无酷暑的地方建场。一般来说，由于鸭子的适应性很强，如果在生产中采取相应的防暑降温措施和保温措施，在我国大部分地区都能养好鸭子。

2. 地势　地势是指场地的高低起伏状况。理想的养鸭场地势，以平坦或稍有坡度的平地，南向或东南向为宜。这种场地阳光充足，地势高燥，排水良好，有利于鸭场的环境卫生。鸭场地势要向阳避风，以保持小气候状况相对稳定，减少冬春风雪的侵袭，特别是避开西北方向的山口和长形谷地，不能选择低洼潮湿地。建筑用地要远离沼泽地区，因为潮湿的沼泽地是鸭体内外寄生虫和蚊虫生存聚集的场所。陆上运动场连同水上运动场的地面应有坡度，但不能呈陡壁，应自然倾斜深入水池。

鸭场最好充分利用自然地形地物，如树林、河川等作为天然屏障。地形要开阔整齐，场地不要过于狭长或边角过多。用地面积应根据饲养规模而定，占地面积不宜过大，在不影响饲养密度的情况下应尽量缩小。陆上运动场的面积最好留有发展余地。鸭舍四周有树没有害处，但附近大树过多则不利鸭舍的采光。

3. 土质 场内土壤应该是透气性强、吸湿性和导热性小、质地均匀、抗压性强的土壤，以沙质土壤最适合，以便雨水迅速下渗。愈是贫瘠的沙性土地，愈适于建造鸭舍。

4. 水源 在鸭场生产过程中，鸭的饮用、饲料的配制、鸭舍和用具的清洗以及饲养管理人员的生活，都需要使用大量的水，同时放牧、洗浴和交配等都离不开水。所以，鸭场必须有一个可靠的水源，水源应符合下列要求：一是水量充足；二是水质良好；三是水源要便于保护；四是取用方便。

鸭场采用的水源可分为四大类：一是地面水，包括江、河、湖、塘及水库等。地面水一般来源广、水量足，又因为它本身有较好的自净能力，所以是养鸭最广泛使用的水源。最好选择水源大，且是流动的地面水作为水源。二是地下水，这种水源受污染机会较少，较洁净，但要注意水中的矿物质含量，防止含有矿物性毒物。三是降水，以雨、雪等形式降落地面而成。当其在大气中凝集和降落时，吸收了空气中各种可溶性杂质，因而受到污染，且贮存困难，一般不作鸭场用水。四是自来水，水质、水量可靠，使用方便，是鸭场的理想用水，但相对成本较大。

二、外部条件

外部条件是指鸭场与周围的关系，如相互间的环境影响、交通运输、电力供应、信息交流、防疫条件等。

鸭场场址的选择，必须遵循社会公共卫生准则，使鸭场不致成为周围环境的污染源，同时也要注意不受周围环境的污染。鸭场一般选在居民点下风处，地势低于居民点，但要离开居民点污水排出口，更不要选在化工厂、屠宰场、制革厂等企业下风处或附近。鸭场与居民点之间的距离应保持在 1 000 米以上，与其他畜禽场应在 1 000 米以上。

鸭场要求交通便利，但为了防疫卫生及减少噪声，鸭场离主要公路的距离至少要在 500 米以上，同时修建专用道路与主要公路相连。

选择场址时，还应重视供电条件，必须具备可靠的电力供应，最好应靠近输电线路，以尽量缩短新线铺设距离，同时要求电力安装方便及电力能保证 24 小时供应，必要时自备发电机来保证电力供应。

鸭场还要求通讯方便，场内可装电话、传真机及信息网络。

第二节　鸭场的规划布局

鸭场的功能分区是否合理、各区建筑物布局是否得当，不仅直接影响基建投资、经营管理、生产组织、劳动生产效率和经济效益，而且影响场区小气候状况和兽医卫生状况。

1. 养鸭场的功能分区　具有一定规模的养鸭场，一般可分为生活管理区、生产区、生产辅助区和隔离区等部分。

(1) *生活管理区*　生活管理区可细分为两个区，即职工生活区和生产技术管理区。职工生活区主要布置职工的宿舍、浴室、娱乐室、医务室以及职工食堂、厕所等建筑。生产技术管理区包括办公室、接待室、会议室、技术资料室、化验室、职工值班室、传达室、警卫值班室等，还有鸭场的围墙和大门。

（2）生产区　生产区是养鸭场的核心，因此对生产区的规划布局，要给予全面、细致的考虑。生产区主要布置不同类型的鸭舍（包括种鸭舍、育雏舍、育成舍）、蛋库、孵化室等。

（3）生产辅助区　生产辅助区主要是由饲料库、饲料加工车间和供水、供电、供热、维修、仓库等建筑设施组成。如果进行鸭产品加工，应独立组成加工生产区。

（4）隔离区　隔离区主要包括兽医室、病鸭舍、粪便处理设施等。

2. 分区规划的原则　鸭场内各功能区及建筑物的合理布局，是减少疾病和有效控制疾病的基础。区间布局规划的原则：一是要便于管理，有利于提高工作效率，照顾各区间的相互联系；二是要便于搞好防疫卫生工作，规划时要充分考虑主导风向和河道上、下游的关系；三是生产区应按作业的流程顺序安排；四是要节约基建投资费用。

具体规划时，应根据地势高低和主导风向，将各种房舍按照防疫需要的先后顺序，进行合理安排（图 8-1）。如果地势与风向不一致，按防疫要求又不好处理，则以风向为主，地势服从风向。

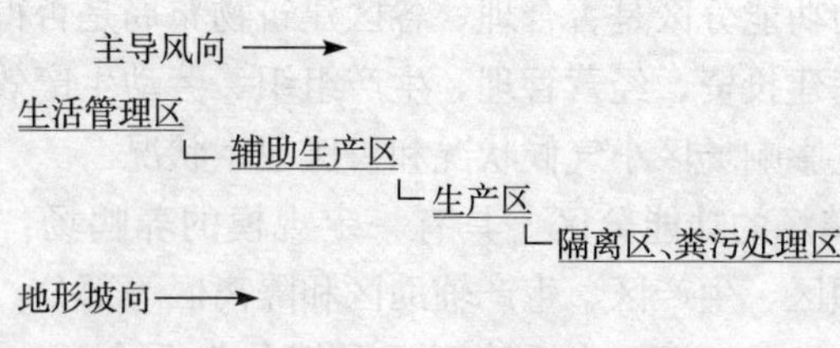

图 8-1　按地势、风向的分区规划

（1）因地制宜，因场制宜　养鸭场的场区规划应根据养鸭场

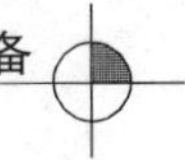

的生产性质（育种场、种鸭场、商品鸭场和综合性养鸭场）、生产任务以及生产规模等不同情况，进行合理规划布局。商品鸭场或小规模饲养场，生产任务单一，采用农村闲置房舍饲养，对场区规划没有严格的要求，只要做到隔离饲养即可。而规模化的种鸭场、育种场，因场地较大，需要合理规划布局，才能稳定生产，可持续发展。生产区内各类鸭舍之间的规模比例也要配套协调，与生产需要适应，避免建成闲置房舍。

（2）隔离饲养　规划时应考虑尽可能避免外来人员和车辆接近或进入生产区，减少病原体的侵入，与外界有较好的隔离。生产区应设置围墙，形成独立的体系，入口处设置消毒设施，如车辆消毒池、洗澡更衣间、人员消毒池等。生产区内的布局要考虑各阶段鸭群的抗病能力、粪便排泄量、病原体排出量，一般要求按照地势高低、风向从上到下依次为雏鸭饲养区、青年鸭饲养区、种鸭饲养区。如果是较大的综合性养鸭场，种鸭舍应该建在较高地势和上风处。最后，尸体、污物处理区要设在场区围墙外，与场内隔离。生产区中要有净道和污道的区分，污道供粪污的清运、处理；净道供饲料、产品的运输。此外，各区之间最好应有围墙隔开，并设置绿化带，尤其是生产区，一定要有围墙，以利于卫生防疫工作。

（3）便于生产管理　成年鸭群的房舍应靠近生产区大门，因为其饲料消耗量比其他鸭群大，而且便于每天生产出的种蛋、商品蛋运出。饲料仓库或调制室应接近鸭舍，方便饲喂。

（4）便于生产环境条件控制　环境条件是影响鸭群健康、生产力水平发挥和产品质量的重要因素，夏季高温、冬季严寒、舍内潮湿、通风不良等都对鸭群生产极为不利。养鸭场的位置应该避开当地的风口地带，在气温较低的季节可以防止房舍内外的温度过低。

（5）有利于生活改善　规模化、综合性养鸭场要有独立的生活区，生活区内建有宿舍、食堂、生活服务设施等，建筑规模要与人员编制及生产区的规模相适应。一般生活区靠生产区，但应保持一定距离，方便生产。为了减少生活区空气污染，提高生活质量，生活区要设在生产区的上风向，而贮粪场应设在生产区的另一头，即下风向。职工家属区人员密集，距离生产区应有1 000米以上，形成独立区域。生活区应留有绿地面积，搞好绿化，美化环境。

第三节　鸭舍建筑

一、鸭舍建筑的要求

1. 防寒保暖　鸭舍内保温性能更好，北面墙要厚实，以防西北风渗透。屋顶除瓦片或油毡外，还需要有一个隔热保温层。

2. 通风透气　通风效果的好坏，取决于鸭舍与主导风向的夹角，鸭舍的朝向应取与主导风向呈 30°～45°为宜。

3. 防止兽害　主要包括鼠、黄鼬、犬、狼、蛇等的侵害，尤其是老鼠和黄鼬的侵袭，不但伤害雏鸭和成鸭，还能传播疾病。

4. 要便于清洗消毒，排水设施良好。

5. 要能保持安静，减少应激。

6. 要降低造价，节约投资。

二、鸭舍建筑类型

鸭舍可分为简易鸭舍和固定式鸭舍两类，一般农村小规模养殖常采用简易鸭舍，而现代化的规模养殖均采用固定式鸭舍。

1. 简易鸭棚　在南方地区，为了节约开支，可以修建简易的棚舍。常见的棚舍为拱形，就地取材，多用竹木搭建，也可用旧房舍改造而成，鸭棚的高度为 1.8～2.5 米，便于饲养者出入；宽为 3～4.5 米，便于搭建；长度可根据地形和饲养数量而定，

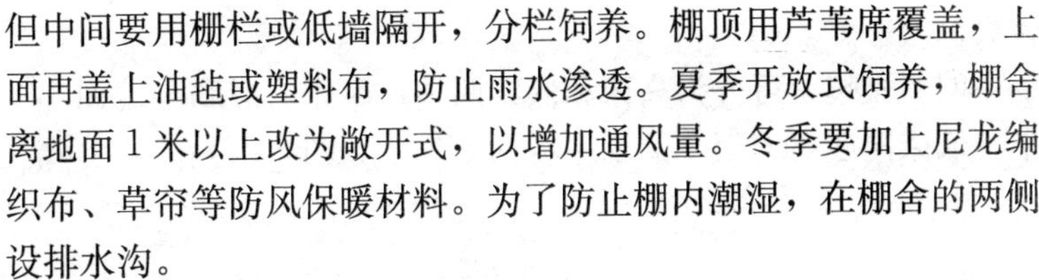

但中间要用栅栏或低墙隔开，分栏饲养。棚顶用芦苇席覆盖，上面再盖上油毡或塑料布，防止雨水渗透。夏季开放式饲养，棚舍离地面1米以上改为敞开式，以增加通风量。冬季要加上尼龙编织布、草帘等防风保暖材料。为了防止棚内潮湿，在棚舍的两侧设排水沟。

2. 固定鸭舍　固定鸭舍按用途分为育雏鸭舍、育成鸭舍、育肥鸭舍和种鸭舍；按建筑式样分为单列式、双列式、密闭式、开放式、半开放式、平养鸭舍、网上饲养鸭舍、半网上饲养鸭舍等。

（1）育雏鸭舍　育雏鸭舍可分为网上饲养雏鸭舍和平养雏鸭舍。雏鸭舍要求保温性能好，一般屋顶要有隔热层，墙壁要厚实，寒冷地区北面窗要用双层玻璃，室内要安装加温设备。采光要充分，通风良好，鸭舍地面面积与南窗面积的比例约为8∶1，北窗为南窗的一半。南窗离地面60～70厘米，并设气窗，便于调节室内空气；北窗离地面1米左右，窗上要装铁丝网，以防鼠害。地面要坚实、干燥，一般铺水泥或三合土，还要向一边或中间倾斜，既防鼠害又利于排水。

①网上饲养雏鸭舍　网上饲养雏鸭舍可采用有窗式双列单走廊雏鸭舍，其跨度为8米，以平地的房舍为基础，走廊设在中间，宽1米。走廊两侧至南北墙各设架空的金属网或竹、木条板作为鸭床，网眼或板条缝隙的宽度为1.3厘米左右。地面必须是水泥地面，网架下的地面建一条V形水泥坡沟，坡沟坡面为30°倾斜。雏鸭的排泄物可直接漏在V形坡沟内，用水冲刷即可清理，排入粪池内发酵。为了便于雏鸭舍保暖，南北墙各设一排窗。雏鸭水槽用V形水槽，安在靠走廊的网围栏上，有条件的地方使用饮水器更方便。每群鸭用一个方盘形铁制料盘。由于雏鸭全程都在网上饲养，舍外不必修建运动场，也不造水浴池。网养雏鸭舍比平养雏鸭舍卫生条件好，干燥，节约垫草和能源，保温、防鼠、通风、光照等性能都不错，但投资费用

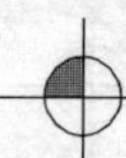

较大。

网养雏鸭舍可分为高床和低床两种，高床的网底离地面 1.8 米，低床网底离地面 0.7 米左右（图 8－2、图 8－3）。

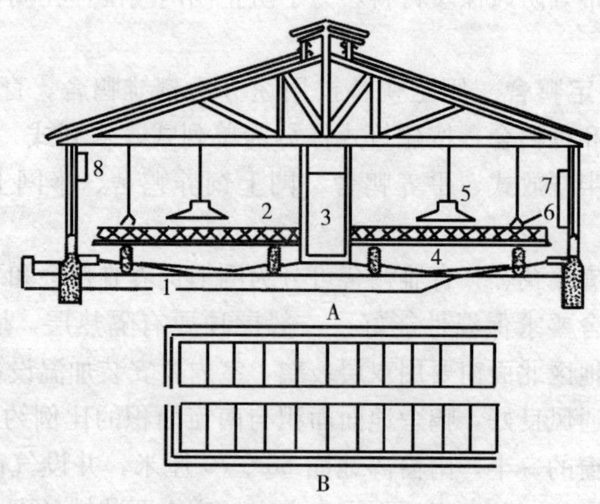

图 8－2　有窗式双列单走廊网养鸭舍

A. 剖面图　B. 平面图

1. 排水沟　2. 铁丝网　3. 舍门　4. 集粪池
5. 保温灯　6. 饮水器　7. 南窗　8. 北窗

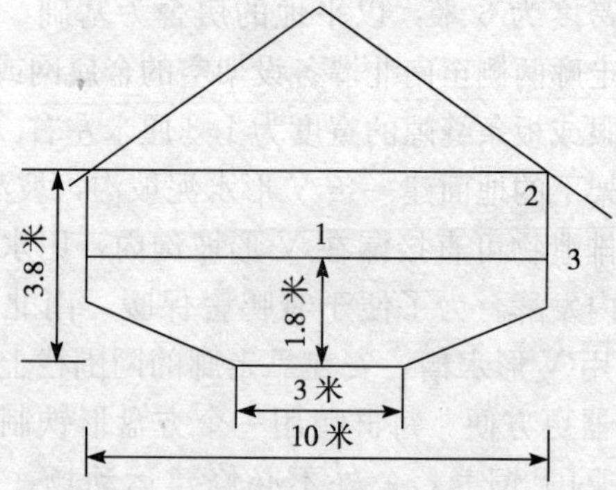

图 8－3　单列式高床网养鸭舍示意图

1. 底网　2. 边网　3. 通道

②平养育雏舍　一般采用有窗式单列带走廊的育雏舍。这种鸭舍除育雏外，还适于北方饲养种鸭。鸭舍跨度为8米，舍内隔成若干小区，一般在南墙设供暖设施，北墙边设置宽1米的走廊。在东侧山墙开门，供管理人员进出。鸭舍南侧墙开通向运动场的门。鸭舍南北墙设窗，每侧上下两排窗，下排窗除起通风降温作用外，还可供鸭群出入于运动场。下排窗需设铁丝网，以防兽害。靠走廊的一侧建一条排水沟，沟上盖铁丝网，网上放置饮水器，使雏鸭饮水时溅出的水，通过铁丝网漏到沟中，再排出舍外。走廊与雏鸭区用围栏隔开，食槽设在围栏的中心。南侧墙外是运动场和水浴池。运动场上要搭建遮阴凉棚（图8-4）。

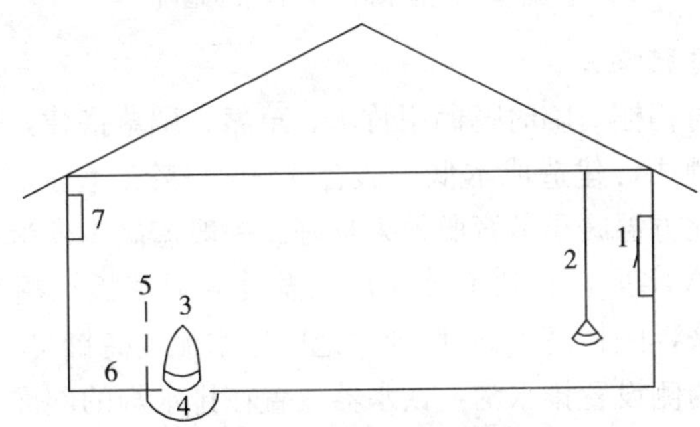

图8-4　平养育雏鸭舍内部结构示意图（侧面）

1. 南窗　2. 保温伞　3. 饮水器

4. 排水沟　5. 栅栏　6. 走廊　7. 北窗

（2）育成鸭舍　育成鸭阶段，生长快，生活力强，对温度要求不像雏鸭那样严格。所以，只要能遮风挡雨、保持干燥、冬季保温、夏季通风凉爽的简易建筑，都能用来饲养育成鸭。一般育成鸭舍也建成双列式单走廊鸭舍。鸭舍地面不用浇水泥，要有一定的倾斜，在较低的一边挖一道排水沟，沟上覆盖铁丝网，网上设置饮水器。舍内的走廊设在中间，走廊与鸭群之间用围栏隔离开来。食槽设在围栏中心位置（图8-5）。

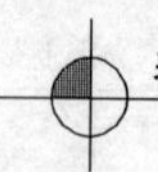

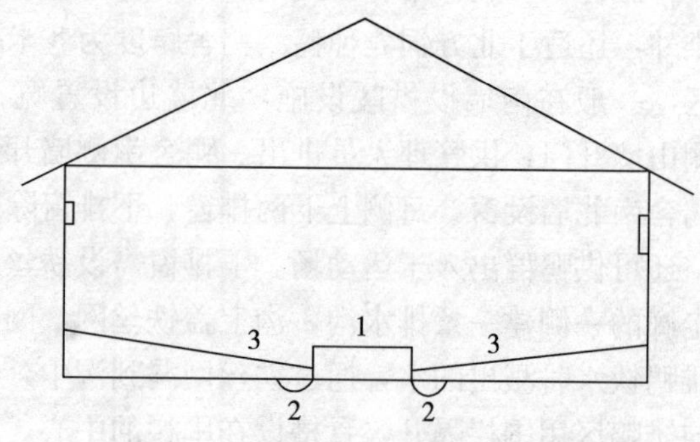

图 8-5 双列式育成鸭舍结构示意图

1. 走廊 2. 排水沟 3. 鸭床（地面）

（3）育肥鸭舍

①临时鸭棚　临时鸭棚用竹木、草席、稻草搭建，也有的建成塑料大棚式，建造成本低，适合 4～6 周龄的育肥阶段肉鸭。在南方和北方温暖季节育肥效果良好。一般檐高 1.8 米，便于操作，顶部 A 字形，有利于排水，无需设置天花板。棚舍四周用围栏围起来，围栏高为 50 厘米。地面用水泥或砖铺平，中央高，两边低，两侧设置排水沟，饮水器放置在排水沟的网面上，防止舍内潮湿。

②半开放式育肥鸭舍　北方地区春季比较寒冷，采用半开放式育肥鸭舍，能提高肉鸭成活率，节约饲料，有利于快速育肥。一般为砖木结构，檐高 2～2.2 米，设有运动场和水浴池，运动场与舍内面积比例为 1∶1，白天气温高时在运动场上活动喂食。

（4）种鸭舍　目前，我国各地饲养种鸭大多采用平地散养方式，很少采用机械化、自动化作业。种鸭舍分为有窗式双列单走廊和有窗式单列走廊两种。

种鸭舍同雏鸭舍一样，保温性能要求较高，房顶要有天花板或隔热装置，北墙不能漏风，屋檐高 2.6～2.8 米，窗与地面面积的比例为 1∶8，南窗的面积可比北窗大一倍。南窗离地面

60～70 厘米，北窗离地面 1～1.2 米，并设有气窗。为使夏季通风良好，北边可开设地脚窗，但不用玻璃，只安装铁条或铁丝网，以防兽害。寒冷季节用油布或塑料布封住，以防漏雨透风。

种鸭舍内布置也同雏鸭舍基本相同。单列式鸭舍，走廊位于北墙边，排水沟仅靠走廊，上盖铁丝网或木条，饮水器置于铁丝网上，也可在铁丝网上方建水槽。南边靠墙一侧，地势略高，用来放置种鸭晚间用的产蛋箱（图 8-6）。产蛋箱宽 30 厘米，长 40 厘米，用木板钉成，无底，前面较低（高 12～15 厘米），其他三面高 35 厘米。每只箱子可供 3～4 只种鸭使用。在东南沿海地区，有的饲养蛋鸭，不用产蛋箱，直接在鸭舍内靠墙边，把干草垫高垫宽（40～50 厘米）。双列式种鸭舍，走廊设在鸭舍中间，排水沟紧靠走廊两侧设置，在排水沟对面靠墙的一侧，地势要略高，放置产蛋箱或干草，供夜间产蛋之用。种鸭舍必须具备足够面积的鸭滩和水围，供种鸭活动和洗浴（图 8-7）。

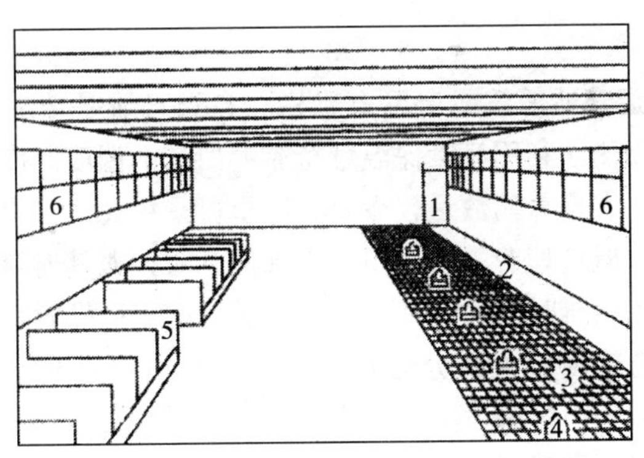

图 8-6 单列式种鸭舍内景示意图

1. 门 2. 走道 3. 排水沟上的铁丝网

4. 饮水器 5. 产蛋箱 6. 窗

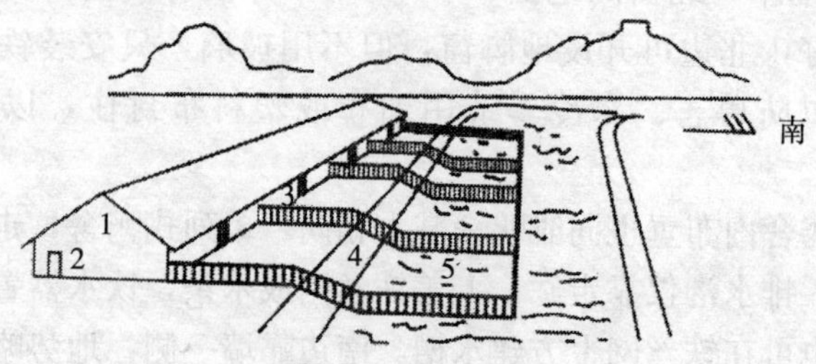

图 8-7　单列种鸭舍外景示意图

1. 鸭舍　2. 走廊的门　3. 通向运动场的门　4. 鸭滩　5. 水围

双列式种鸭舍，常常一边有河道（或湖泊、池塘），另一边是旱地，在这种条件下，需要挖一个人工洗浴池。洗浴池的大小和深度，根据种鸭的数量而定。一般洗浴池宽 2.5～3 米，深 0.5～0.8 米。

第四节　养鸭设备

一、育雏设备

1. 自温育雏箩筐或自温育雏栏　自温育雏是依靠雏鸭自身散发的生物热，利用箩筐保温维持雏鸭所需的温度。南方养鸭多采用此法，农家养鸭数量较少时一般也可采用此法。自温育雏可节省燃料，但管理费工，适用于小规模育雏；尤其对自繁自养的鸭场，苗鸭出雏时间的不一，带来育雏时间不一样时，此法更适合。自温育雏箩筐大致分为两种：一种是用竹片编织的两层套筐，由筐盖、小筐和大筐拼合为套筐。筐盖直径 60 厘米，高 20 厘米，作保温和喂料用；大筐直径 50～55 厘米，高 40～43 厘米，小筐的直径比大筐略小，高 18～20 厘米，套在大筐之内作为上层。大小筐底铺垫草，筐壁四周用草纸或棉布保温。每层可盛初生雏鸭 10 只左右，以后随日龄增加而酌情减少。这种箩筐还可供出雏和嘌蛋用。另一种是单层竹筐，筐底和周围用垫草保

温，上覆筐盖或其他保温物。筐内育雏，喂料前后提放雏鸭和清洁工作等比较烦琐。

自温育雏栏是在育雏舍用50厘米高的竹片编成的篾围，围成可以挡风的若干小栏，每个小栏可容纳100只左右雏鸭，以后随日龄增加而扩大围栏面积。栏内铺上柔软且保温性好的垫草，篾上架以竹条盖上覆盖物保温，此法比在筐内育雏管理方便。

2. 给温育雏设备 多采用火炉或电力发热给温，此类设备种类很多，如煤炉、炕道、暖气管和红外灯等。此法适用于寒冷季节大规模育雏，操作管理方便，舍内容易达到雏鸭所需的温度。煤炉育雏多采用铁煤炉和烟管，烟筒通向舍外，最好将煤炉、油桶等置于鸭舍内非育雏间，育雏间和非育雏间有隔离设施（如薄膜等），只有烟管通过育雏间，这样在更换煤球时，不会给育雏舍内带来煤气的危害。

炕道育雏分地上炕道式与地下炕道式两种，由炉灶与火道两部分成，用砖砌成，炉灶建于育雏舍外，烟口与建于舍内的火道相连，大小、长短、数量视育雏舍大小形式而定。地下炕道较地上炕道在饲养管理上方便，故多采用。炕道靠近炉子一端温度较高，远端温度较低，育雏时视日龄大小适当分栏安排。炕道育雏设备造价较高，热源要专人管理，燃料消耗较多。

二、喂料器和饮水器

应根据品种类型和不同日龄，配以大小和高度适当的喂料器和饮水器，要求所用饮水器、喂料器应适于鸭的平喙采食、饮水特点，能使鸭头颈舒适地伸入料、水器内采食和饮水，但不要使鸭任意进入料、水器内。其形式和规格可因地而宜，可购置专用饮水器、喂料器，或自行制作料槽和水槽，也可用木盘或瓦盆代用，用自制设备时周围要用塑料网围起，以免鸭进入槽内。

三、产蛋巢或产蛋箱

一般生产鸭场多采用开放式产蛋巢，即在鸭舍一角用围栏隔开，地上铺以垫草，让鸭自由进入产蛋和离开。

良种繁殖场，如做母鸭个体产蛋记录，可采用自动关闭产蛋箱，箱高 50～70 厘米，宽 50 厘米，深 70 厘米。箱放在地上，箱底不必钉板，箱前开以活动自闭小门，让母鸭自由入箱产蛋，箱上面安装盖板，母鸭进入产蛋后不能自由离开，需集蛋者在记录后，再将母鸭捉出或打开门放出。

四、运输笼

作商品肉鸭运输用，每个竹笼可容 8～10 只，笼顶开一小盖，盖的直径为 35 厘米，笼的直径为 75 厘米，高 40 厘米。

第五节　鸭场环境控制

影响鸭群生活和生产的主要环境因素，有空气温度、湿度、气流、光照、有害气体、噪声等。在科学合理的设计和建筑鸭舍、配备必要设备以及保证良好的场区环境的基础上，应加强对鸭舍环境管理来保证鸭舍内良好的小气候，为鸭群的健康和生产性能的提高创造条件。环境控制的目的在于消除严寒、酷暑、急风、骤雨等一些不利的自然因素对家禽的侵袭，尽量减少各个季节气温、日照时间与强度的变化对家禽的影响，防止漂浮于大气中的一些病原体对家禽的感染，使高密度饲养的鸭群能生活在比较适宜的小气候中，从而达到高产、稳产的目的。环境控制主要有以下三个方面。

一、温度的控制

除了雏鸭舍外，一般不供暖，靠鸭体散热和房舍隔热来保

温。对温度的控制主要是通过调节通风来实现。鸭体不断地产生热量并向外界散发，在舍温较低的环境里，所产热量的大部分是以辐射与对流的方式散发出去，特别是在保温良好的鸭舍，高密度饲养，产热多、容易聚温，可能使舍内保持较高的温度。因此，在冬季为了控制舍温不致于过低，尽量减少通风量到最低的允许限度，以使鸭体散发的热量得以保存下来。夏季则加大通风量，尽量控制不致使舍温过高。但当气温达到 32℃以上时，即使加大通风也难以达到有效的降温目的。如果条件允许可安装空气冷却、屋顶喷水等设备，这样鸭舍内的温度在炎热季节一般可以控制到不超过 30℃，即使受到热浪侵袭，也不致使生产受到大的影响。

二、光照的控制

对光照的控制，一是时间，一是强度。控制光照时间比较简便，只需到时开灯、关灯即可，问题在于逐渐延长光照的转变时期，开、关灯的时间有变动，要防止开关灯的时间发生差错，严格按规定的光照时间进行控制。

强度的控制一般有三种方法，一是安装较多的、瓦数相同的灯泡，开关分为两组，一组控制单数灯泡，一组控制双数灯泡，照度需要大时，两组开关同时打开，照度需要较小时，只开一组。二是灯头数量按照能使舍内光照比较均匀的要求设置，需要照度大时，装上瓦数大的灯泡，平常安装瓦数较小的灯泡。三是均匀设置的灯头都装上较大瓦数的灯泡，通过调整电源变压器，使照度可以在一定范围内任意调节。

三、有害气体的控制

鸭舍中的有害气体主要是氨气、硫化氢、二氧化碳、一氧化碳和甲烷等。在规模养鸭生产中，这些有害气体污染鸭舍环境，引起鸭群发病或生产性能下降，降低生产效益。消除鸭舍有害气体，可以采取以下措施。

1. 合理配置设施　合理设计鸭场和鸭舍的排水系统，以及粪尿、污水处理设施。粪便和污水要及时进行无害化处理，不要乱堆滥排。

2. 加强鸭舍管理　在鸭舍内铺上垫料。地面饲养，可以使用刨花、玉米芯、稻草等。保证适量的通风，特别是在冬季，舍外气温低，为了保证鸭舍内温度，鸭舍密封，粪便清理间隔时间长，舍内有害气体含量容易过高。所以要处理好保温和通风的关系，进行适量的通风，既能驱除舍内有害气体，又能保持舍内空气新鲜。

3. 加强环境绿化　绿化不仅美化环境，而且可以净化环境。绿色植物可进行光合作用，阔叶林在生长季节每天可吸收二氧化碳，产出氧气，还可以吸附氨。绿色林带可以过滤阻隔有害气体，有害气体通过绿色地带至少有25%被阻留，煤烟中的二氧化硫能被阻留60%。

4. 使用添加剂除臭

（1）*化学物质除臭*　过磷酸钙能吸附氨生成盐，在鸭舍内平均每只鸭撒布16克过磷酸钙后，氨可以从100毫升/米^{3}降到50毫升/米^3。

在垫料中混入硫黄，可使垫料的pH<7.0，这样可抑制粪便中氨气的产生和散发，降低鸭舍空气中氨气含量，减少氨气的臭味。具体方法是，按每平方米地面0.5千克硫黄的用量拌入垫料中，铺垫地面。

另外，利用过氧化氢、高锰酸钾、硫酸亚铁、乙酸等具有抑臭作用的化学物质也可以降低鸭舍的空气臭味。

（2）*沸石等硅酸盐矿石除臭*　天然沸石也称之为“卫生石”。沸石结构呈三维硅氧四面体、三维铝氧四面体框架结构，有许多排列整齐的晶穴和通道，表面面积很大，对有害气体和水分有较强的吸附能力。

（3）生物除臭　研究发现，很多有益微生物可以提高饲料蛋白质利用率，减少粪便中氨的排量，可以抑制细菌产生有害气体，降低空气中有害气体含量。目前常用的有益微生物制剂类型很多，具体使用可根据产品说明书拌料饲喂或拌水饮用，也可喷洒鸭舍。很多地方推广的健康养鸭法、生态养鸭法，就是利用益生菌进行生物除臭。

（4）中草药除臭　很多中草药具有除臭作用，常用的有艾叶、苍术、大青叶、大蒜等。使用时，可将上述中草药等份适量放在鸭舍内燃烧，既可抑制细菌，又能除臭，在空舍时使用效果最好。

第九章 鸭产品加工

第一节 鸭蛋的加工

鸭蛋是人们最常食用的蛋品之一，消费量仅次于鸡蛋。与其他禽蛋相比，鸭蛋的蛋白质含量、脂肪和矿物质含量较高，胆固醇含量较低，属于理想的保健食品。

禽蛋中含有丰富的营养成分，具有很高的营养价值，但也很容易受到各种微生物的侵蚀与污染，使蛋腐败、变质。鲜蛋经过加工后能延长保存期限，可以改变颜色，增加风味，提高营养价值。鲜蛋经各种方法加工以后的产品，称蛋制品。蛋制品的种类繁多，按其性质可分为腌蛋品、干蛋品、湿蛋品、冰蛋品和其他蛋制品五大类。鸭蛋制品主要是腌制品。

腌制蛋也叫再制蛋，主要经过碱、食盐、酒糟等加工处理后制成的，是没有改变蛋原有形状的一类蛋制品。主要有松花蛋（皮蛋）、咸蛋、糟蛋、卤蛋等。

一、松花蛋的加工

松花蛋又称皮蛋、彩蛋、变蛋，是我国传统的蛋类制品。早在200多年前，我国劳动人民就普遍应用了这种加工技术。加工成熟后的松花蛋，蛋白表面有美丽的松针状花纹，故名松花蛋；蛋白呈棕褐色或绿褐色的凝胶体，有弹性，似皮冻状，又称之为皮蛋；其蛋黄呈深浅不同的墨绿色、草绿色、茶色，色彩多样，变化多端，故又称彩蛋；鲜蛋经加工后变为直接食用的蛋，所以

也称变蛋。松花蛋的特点是味美醇香，清凉爽口，能刺激消化器官，增加食欲。

松花蛋一般都选用鸭蛋进行加工，有些地方也用鸡蛋制作，但其品质逊于鸭蛋。松花蛋因加工用料及条件不同，可分为硬心松花蛋和溏心松花蛋。各地制作的松花蛋在风味上略有不同，其中以北京产的溏心皮蛋（又称京彩蛋）和湖南产的硬皮蛋（又称湖彩蛋）最负盛名。

1. 松花蛋的加工原理 松花蛋的加工，各地所采用的方法虽不相同，但其原理是一致的，可分为化学作用和发酵作用两个阶段。

（1）化学作用阶段 在鲜蛋转化为松花蛋的过程中，起主要作用的是一定浓度的氢氧化钠，而实际利用的辅料常常是生石灰和纯碱，它们在水的作用下产生氢氧化钠。

氢氧化钠为强碱，常用的浓度为4%～6%，它通过渗透作用，进入蛋内。随着氢氧化钠逐渐渗透到蛋黄内部，蛋白中的氢氧化钠浓度逐渐降低，蛋白分子逐渐凝结成胶体状态，产生弹性，进而出现色泽，形成松花状的蛋白结晶。

碱溶液的浓度与蛋白的凝固关系很大，溶液最适宜的浓度在5%～6%。如果浓度低于4%时，则蛋白较软，弹性不够，蛋黄呈液体流质状态。而超过6.5%时，蛋白凝固后，又因碱液浓度过高，而使蛋白又被水解，蛋黄发硬不能形成溏心，制品的辛辣味较大。

食盐、茶叶等辅料，在松花蛋的形成过程中，主要起促进渗透、蛋白凝固、收缩、上色、增添咸味和改善风味的作用。

（2）发酵作用阶段 由于蛋内微生物和酶的发酵作用，使蛋内容物发生变化，导致松花蛋的上色、成熟和形成松花。

松花蛋风味的产生，是由于蛋内的蛋白质发生了一系列的生物化学变化，产生了多种复杂的风味成分，一部分蛋白质变成了简单蛋白质，还有一部分变成了氨基酸和硫化氢等。而氨基酸氧化后，又形成氨和酮酸，酮酸带有辣味；氨基酸类的谷氨酸和盐生成谷氨酸钠（是味精的主要成分），加上咸味、茶叶等香味的渗透及微量的氨味、硫化氢味等，使松花蛋形成了特有的风味，构成了鲜、香、咸、辣、清凉爽口的味道。

松花蛋颜色的形成，是由于在碱性条件下，蛋内氨基酸中的氨基和碳水化合物的羟基反应产生棕色物质（也称美拉德反应），这是蛋白颜色变褐的主要原因；蛋白质的分解产物硫化氢与蛋内的铁和铅等微量成分化合，生成黑色的硫化铁和硫化铅，茶中的单宁酸与铁化合，生成鞣酸铁，使松花蛋的颜色加深；在碱性条件下蛋黄中的叶黄素、玉米黄素等与硫化氢作用呈现绿色，这是蛋黄呈绿色的主要原因。

2. 原料蛋的选择 加工松花蛋必须选用新鲜的鸭蛋。加工前要对鸭蛋逐个进行感官鉴别、照蛋、敲蛋和分级，剔除不合格的蛋。

首先要求蛋壳色泽鲜明，无其他异味。在照蛋器下，蛋白浓厚、澄清、透明，蛋黄位于中心，无搭壳、散黄、发黑等现象。然后进行敲蛋，以检查蛋壳是否有小裂纹。凡听到声音发哑的，则表明蛋壳有小裂纹，不能制作松花蛋。此外，钢壳蛋、沙壳蛋、粘壳蛋、严重污染的蛋、热伤蛋等次劣蛋都不能用作加工。这些蛋往往会造成松花蛋不凝固或凝固不良现象，出现糟头、口味涩辣。因此，加工松花蛋用的原料蛋要求蛋壳完整坚实，内容物正常，大小均匀，色泽一致和清洁卫生。

根据鸭蛋的重量进行分级加工，是保证其成熟期和质量一致的重要前提。否则往往会出现小蛋成熟而大蛋尚未成熟，或大蛋成熟而小蛋过碱，出现“烂头”现象。按重量通常分为五个等级，规格如下：

特级：每千只鲜鸭蛋重量为 72.5 千克以上；

一级：每千只鲜鸭蛋重量为 65 千克以上；

二级：每千只鲜鸭蛋重量为 57.5 千克以上；

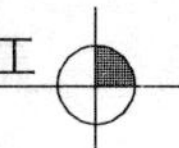

三级：每千只鲜鸭蛋重量为52.5千克以上；

四级：每千只鲜鸭蛋重量为47.5千克以上。

3. 辅料的选择及其作用 加工松花蛋的辅料种类较多，作用各不相同。常用的辅料有纯碱、生石灰、食盐、茶叶、黄丹粉、植物灰及各种调料。

（1）纯碱（Na_2CO_3） 纯碱化学名称为无水碳酸钠，俗称苏打、工业用碱。其主要作用是用来和生石灰在密闭条件下生成氢氧化钠（NaOH），氢氧化钠使鸭蛋的蛋白质变性、凝固而成胶冻状。碱用量的多少，直接影响松花蛋的形成和质量。过多时，会破坏蛋品的蛋白，出现伤蛋，甚至使已成熟的松花蛋，再度液化。过少则会使松花蛋不能成熟或延长成熟期，产生响水蛋等劣次蛋。加工松花蛋所用的纯碱要求是新鲜的，并保存在密闭的容器中。要求用色白质纯的粉末，含碳酸钠应在96%以上。对含量低，变色发黄的老碱和杂质多的碱，不宜使用。

（2）生石灰（CaO） 主要作用是和纯碱在密闭条件下生成氢氧化钠。生石灰必须是未受潮的、不是长期露天放置的，否则会变成熟石灰而不能应用。加工松花蛋的生石灰要求块大、体轻、无杂质，有效钙含量不得低于75%。对于煅烧不完全的、呈蓝色或红色等的生石灰，应剔除不用。用量不可过多或过少，过多会产生苦涩味，会在蛋壳上残留石灰的斑点；过少会降低氢氧化钠的浓度，影响松花蛋的凝固、收缩，延长成熟期。

（3）烧碱（NaOH） 化学名称为氢氧化钠，别名为苛性钠，俗称烧碱，为白色固体，有条棒、颗粒等形状。烧碱易吸潮和吸收二氧化碳。因此，要防潮并防止与空气长时间接触。烧碱能够代替纯碱和生石灰的作用，且能免除纯碱和石灰料液产生大量的碳酸钙沉淀的缺陷，工艺操作简单。

（4）黄丹粉（PbO） 化学名称为氧化铅，俗称密陀僧。其主要作用有二：一是使松花蛋的蛋白具有特有的青黑色；二是使蛋白质凝固后保持蛋白有一定的硬度，便于剥壳，并能去除一定的碱味。铅是对人有害的重金属物质，我国食品卫生标准规定的含铅量不得高于百万分之四。在现在提倡无公害或绿色、有机食品的情况下，人们对有毒有害物质的含量要求格外严格。因此，在加工过程中应少加或不加，最好是选用无铅的松花蛋辅料配方。

（5）氧化铝（Al_2O_3） 作用同黄丹粉。

（6）食盐（NaCl） 可以减弱松花蛋的辛辣味，改善松花蛋的风味，并能抑制有害微生物的活动和繁殖，促进蛋黄形成溏心和蛋白形成松花。用量在3%～4%为宜，过多会妨碍蛋白凝固，使蛋黄变硬，过少则达不到预期的效果。

（7）茶叶 茶叶含有茶鞣酸、咖啡碱、茶单宁、糖类、茶色素等物质。这些物质能促进蛋白质的凝固，缩短加工时间，增加色泽，提高蛋品的风味和鲜度等。常用红茶和绿茶。

（8）草木灰 草木灰主要有豆秸灰、棉秆灰、稻草灰等，常用的为松柏枝灰。含有碳酸钠，有助于蛋白的凝固。松柏枝灰含有特殊的气味和芳香物质，能增加松花蛋的风味。

（9）调料 主要包括花椒、八角、桂皮、小茴香、丁香等，这些调料能增加松花蛋的风味、色素，并有防腐作用。

此外，包涂松花蛋用的黄土、糠类等，要求清洁、纯净、干燥，潮湿污染的及霉烂变质的糠类不能使用。

4. 松花蛋的加工方法 松花蛋的加工方法很多，有浸泡包泥法、滚粉法、氢氧化钠溶液浸泡法等。

（1）浸泡包泥法 是比较传统的松花蛋加工方法。

①辅料配方

a. 湖南彩蛋配方。纯碱10千克、生石灰25.25千克、红茶末5千克、食盐4千克、氧化铅450克、干黄土25千克、柴灰15千克、沸水50千克。上述配料可加工4 000枚鸭蛋，成熟期40～50天。

b. 京彩蛋配方。鸭蛋100枚，沸水5～5.5千克、生石灰

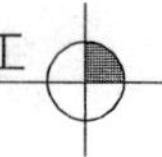

1.25～1.5千克、食用碱300～400克、茶叶150克、食盐200～300克、氧化铅5～10克、草木灰500～750克，调料少许。

c. 山东松花蛋配方。鸭蛋100枚，纯碱300～400克、生石灰1 500克、茶叶末75～100克、氧化铅15克、食盐200克、松柏枝灰75克、水5千克。成熟期40天左右。

d. 无铅松花蛋。在我国传统的皮蛋加工配方中，都加入了氧化铅（黄丹粉），因铅是一种有毒的重金属元素，为此，有关科研部门研究了氧化铅的代用物质，其中EDTA（乙二胺四乙酸）和FWD的使用效果较好。使用EDTA时，其他辅料配方和加工工艺不变，只是剔除氧化铅，而用EDTA代替即可。一般加工1 000枚鸭蛋，其用量为0.12～0.13千克。FWD是以微量元素镁、锰合成的一种物质，其用法是将0.5千克的FWD溶于75千克凉开水中，浸制1 500只鸭蛋，其他辅料配方与加工方法，均与使用氧化铅时相同。

②加工方法

a. 熬料。首先将锅洗刷干净，然后按配方比例，把事先称量准确的纯碱、食盐、茶叶、松柏枝、清水倒入锅中加热煮沸。

b. 冲料。将生石灰称好放入预先准备好的缸或桶中，后将黄丹粉、草木灰等放在生石灰的上面，再将上述煮沸的料液趁沸倒入缸中。此时，生石灰遇到料液，即自行化开，同时放出热量，产生高温。待缸中蒸发力渐弱后，用铁锹或木棍不断翻动搅拌均匀，并用铁丝网捞出料液中的石块（生石灰中不易溶化的石块）。为保证料液浓度，须按捞出的石块重量补足生石灰。等到缸中的各种材料充分溶解化开后，冷却静置，以备灌汤用。

c. 装缸与灌汤（料）。将检验合格的鸭蛋，放入清洁的缸内，在缸底铺一层清洁的麦秸，以免底层蛋接触缸底而碰破。放蛋入缸时要轻拿轻放，要放平稳，不要搭空，以防震碎蛋壳；一层一层地平放，切忌直立，以免蛋黄偏离一端。蛋面至缸口面10～18厘米时，加上花眼竹盖，并用木棍压住，以免灌汤以后鸭蛋飘浮起来。

鲜蛋装好后，将晾凉的料液搅匀，按需要量沿缸壁缓慢地倒入缸内，直到鸭蛋全部被汤料淹没为止。春秋季节料温应控制在15℃左右，冬季不能低于20℃，夏季料液的温度应掌握在20～22℃。料液灌好后，缸口一般都进行密封，也可不密封。

d. 技术管理。首先要严格掌握室内（缸房）的温度，一般要求21～24℃。春秋季节经5～7天，夏季经3～4天，冬季经7～10天的浸渍，蛋的内容物即开始发生变化，蛋白首先变稀，称为“作清时期”，随后约经3天，蛋白逐渐凝固。此时，将室内温度提高到25～27℃，以便加速碱液和其他配料向蛋内渗透。待浸渍15天左右，可将室温降至16～18℃，以便使配料缓缓地进入蛋内。浸泡过程中要勤观察，勤检查。一般鲜蛋下缸后要经过3次检查。第一次检查，夏季（25～30℃）在装缸后5～6天，冬天（15～20℃）在装缸后7～10天。第二次检查在装缸后15～20天，可少量打开观察。第三次检查在装缸后25～30天。

e. 出缸。在一般情况下，鸭蛋入缸后，约经45天左右，即可成熟变成松花蛋，夏天约需40天左右，冬天约需50～60天。由于条件和方法的区别，成熟期也不完全相同，北京松花蛋的成熟时间，夏季需20～25天，冬季需25～30天。浸料时间过久，会出现烂头及蛋白粘壳现象。成熟良好的松花蛋，振动时似有弹性，蛋白凝固光洁，不粘壳，呈棕褐色，有松针状的花纹，蛋黄呈青褐色。成熟后要及时出缸，即把蛋捞出，用凉开水把蛋外的碱液和污物冲洗干净，放竹篓内晾干。出缸时要注意轻拿轻放，防止损坏蛋壳导致变质。冲洗蛋一定要用凉开水，绝不能用生水。还要尽量避免料液粘在或溅到皮肤上对皮肤造成腐蚀。

f. 验质分级。出缸后的松花蛋，严格进行验质分级是保证松花蛋质量的一项重要工序。验质分级采用感官鉴定与照蛋相结合的方法。

一观：观看蛋壳是否完整，壳色是否正常（以青缸色为好），将破损蛋、裂纹蛋、黑壳蛋及比较严重的黑色斑块蛋等次劣蛋剔除。

二掂：将松花蛋放在手上，向上轻轻地抛接数次，试其内容物有无弹性，即为掂蛋。若感到手里有弹性，并有沉甸甸的感觉者为优质蛋；若微有弹性者，为无溏心（硬心）蛋；若弹性过大，则为大溏心蛋。若无弹性感觉时，则需进一步用手摇法鉴别其质量如何。

三摇：用手捏住松花蛋，在耳边上下左右摇动数次，听其有无水响声或撞击声。若无弹性，水响声大者，则为大糟头（烂头）蛋；若微有弹性，只有一端有水荡声音者，则为小糟头；若手摇时有水响声，则为水响蛋。

四照：在灯光透视时，若蛋内大部分呈黑色（深褐色），小部分呈黄色或浅红色者为优质蛋；若大部分或全部呈黄褐色透明体，则为未成熟的松花蛋；若内部呈黑色暗影，并有水泡影来回转动，则为水响蛋；若一端呈深红色，且蛋白有部分粘贴在蛋壳上，则为粘壳蛋；若在呈深红色部分，有云状黑色液体晃动，则为糟头（烂头）蛋。

经过上述一系列的鉴定方法，将鉴别出的优质蛋和合格蛋，按大小分级装篓，以备包泥。

g. 包泥和滚糠。将验质分级挑选出的优质蛋和合格蛋，进行包泥和滚糠。所用的包泥是用60%～70%的黄黏土与30%～40%的已腌渍过松花蛋的料液，调和成糊状。糊浆的稠度，以蛋置于糊浆上能浮于浆面上为宜。包泥时将蛋逐只用泥料包裹，然后在稻糠上滚动，使稻糠均匀地粘在包泥上。滚糠所用稻糠必须新鲜、无霉烂、无杂质，滚糠后可以适当喷一点食盐水，以使外观颜色好看。

h. 入缸、封口。把包泥滚糠后的蛋装入缸内或坛内，装满后用泥密封好缸口或坛口，即可入库贮存。

i. 贮存。松花蛋用缸贮存，可存 2～3 个月质量不变。包泥滚糠后可装缸贮存，也可装塑料袋后再用纸箱或竹篓包装贮存，贮存期可达 3～4 个月。夏季最好采用装缸贮存。贮存期与季节有关，一般冬、春季贮存期较长，夏、秋季贮存期较短。库房内的温度应控制在 10～20℃，且通风良好、干燥，要防止雨淋。

j. 松花蛋的质量鉴定。

质量指标：松花蛋主要用于拼盘作凉菜用，因此对它的外观、色泽及滋味的要求比较严格。评定松花蛋的质量包括：蛋壳（完整状况、清洁程度、色泽），气室高度、蛋白状况（色泽、松花多少、是否粘壳）、蛋黄状况（色泽、是否溏心）及滋味（或气味）等。

蛋壳状况：质量正常的松花蛋蛋壳完整，无裂纹，无破损，表面清洁，无斑点或斑点少。

气室大小：气室越小越好。

蛋白状况：蛋白应呈棕褐色或茶色，弹性大，表面有松针状花纹，蛋白不粘壳。

蛋黄状况：色泽多样，蛋黄外层呈黑绿色或蓝黑色，中层呈土黄色、灰绿色，中心为橙黄色。

气味和滋味：剥皮的松花蛋，气味清香浓郁，辛辣味淡，咸味适中。

(2) 滚粉法　滚粉法是在选好的鸭蛋表面滚上一层料粉，然后装缸进行腌制的一种松花蛋加工方法。

①料粉配方　按百分法配比，食盐 27%，纯碱 33%，石灰粉 40%。配粉量可按每枚鸭蛋需混合粉 2～2.5 克来计算，例如加工 100 枚鸭蛋，则需：

食盐　2.5×100×27%=67.5（克）

纯碱　2.5×100×33%=82.5（克）

石灰粉　2.5×100×40%=100（克）

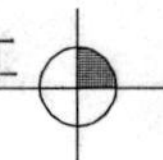

②辅料的配制

食盐：把食盐放在锅中烘干，用磨粉机加工成细粉，装入缸或塑料袋中封严，备用。

纯碱：应选用上好的纯碱粉，受潮结块的纯碱，需除去水分，使其成粉末。

生石灰：把生石灰放在缸中，喷洒适量的清水，使其化成粉，待冷却后过筛，除去灰渣和杂质烘干后装坛密封，备用。

③混合粉料和泥浆配制

混合粉料：根据鸭蛋数量按配方要求，称取经加工后的各种粉料，放在锅中加热拌匀，加工时一定要保持料粉呈灼热状态。

泥浆：用凉开水将新鲜黄土，配成15%～20%的稀泥浆。

④滚粉装缸　先把蛋放入泥浆中涂泥，涂后取出放在粉料锅中滚粉，必须将蛋壳表面涂匀，然后取出装缸封严，贮存，成熟。

⑤检验　25天左右开缸抽检，如成熟良好，即可出售。如继续保存，应逐个检验，除去次劣蛋，合格蛋仍应装缸密封。贮存期间，应经常进行抽检。

（3）氢氧化钠溶液浸泡法　这种方法加工松花蛋时，因形成较快，在短时间内蛋白的碱味较浓，所以必须经过适当时间的成熟后才能食用。

①溶液配制

氢氧化钠	36～40克
红茶末	25克
食盐	50～60克
水	1 000毫升

上述溶液可浸泡麻鸭蛋20枚。

②加工过程

a. 溶液调制方法。将红茶末加水煮沸，滤去茶叶，此时溶液量已减少，可加开水补足。待稍凉后，加入氢氧化钠及食盐，使其全部溶解，放凉待用。

b. 装坛。将鸭蛋洗净晾干后，放入坛中。放蛋必须摆平摆稳，不要搭空，防止震碎蛋壳。然后将凉后的溶液徐徐灌入，顶部用竹片盖住再用石头轻压住，使蛋全部浸入溶液中不露出液面。鸭蛋装坛并灌入溶液后，坛口必须用油纸或塑料布密封。在20～25℃温度下，经过15天左右即可成熟，这时可以进行抽样剥开检查。如蛋白凝固光洁，不粘壳，呈棕褐色，蛋黄呈青黑色，即可取出。如蛋内软化不坚实，应推迟几天取出。

c. 涂泥包糠。经过检查，松花蛋基本形成后，即可将蛋取出，用凉开水冲掉蛋壳上的溶液，然后取黄土和已经用过的溶液调匀，呈浓糨糊状，按传统方法包于蛋壳表面，厚约2毫米。包泥后，再放入坛中，密封坛口，20天后成熟，即可供食用。

二、咸蛋的加工

咸蛋又名腌蛋、盐蛋，是我国著名的传统食品。因其加工比较简单，费用低廉，风味特殊，食用方便，很受广大人民群众的欢迎。著名品牌江苏省的高邮咸鸭蛋，具有“鲜、细、嫩、松、沙、油”六大特点。其切面黄白分明，蛋白粉嫩洁白，蛋黄橘红油润，食之鲜美可口。用双黄蛋腌制的咸鸭蛋，则色彩美观，“日月同辉”，更是别具一格。

1. 加工原理　咸蛋主要用食盐腌制而成。食盐有一定的防腐能力，可以抑制蛋内微生物的繁殖，使蛋内容物的分解和变化速度延缓。因此，能延长蛋的保存期。

咸蛋的腌制过程，就是食盐通过蛋壳上的气孔、蛋壳膜、蛋白膜向蛋内进行渗透和扩散的过程。该作用的速度和食盐的温度及浓度有密切的关系。温度高，作用的速度加快；浓度大，渗透作用也快。食盐成分渗透到蛋内，再通过扩散作用，使食盐均匀渗透到蛋白蛋黄内。随着腌制天数的增加，蛋内容物的水分会越

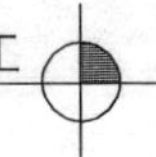

来越少，食盐的含量会逐渐增加，特别是蛋白更为明显。

2. 加工方法　原料蛋的选择、照蛋、敲蛋、分级同松花蛋加工方法相同。其加工方法有盐泥涂布法、盐水浸泡法和草灰法。

（1）盐泥涂布法

①泥料配方　鸭蛋 1 000 枚，食盐 6 千克～7.5 千克，黄土 6.5 千克，凉开水 4～4.5 千克。

②加工方法　把食盐放在容器内，加入凉开水使其溶解后，将捣碎的黄土倒入，用木棒或打浆机搅匀，使之成稀薄糊状。其黏稠度以蛋放入后，一半浮在泥浆上面，而另一半浸入泥浆中为好。将经选择后的鸭蛋放入泥浆中，使蛋壳上全部粘满泥浆，取出后放入缸内，装满后盖上一层泥浆，加盖封严。30～40 天可腌制成熟。如气温高时，腌制时间可缩短。出口咸蛋一律使用尼龙袋、纸箱、纸格包装，装蛋数视箱的大小而定，最多不能超过 160 枚。

③贮存　腌制成熟的咸蛋，最好及时投放市场，如需贮存，在贮存期间应经常检查其质量状况。在 25℃的条件下，其贮存期以 2～3 个月为宜。夏季最好组织鲜销，需要贮存时，温度要控制在 25℃以下，相对湿度要维持在 85%～90%，以防咸蛋风干。

（2）盐水浸泡法　家庭腌蛋多用此法，操作简单，成熟快，用过的盐水再加食盐后可重复使用。

盐水的配制及腌蛋：要用开水，10 千克盐加 40 千克水，配成 20%的盐水溶液。方法是先将水烧开，后加入食盐，并充分搅拌使其全部溶解，冷却至 20℃备用。然后将挑选合格的蛋放入，为防止蛋上浮，可用竹片压住，加盖。经 30～40 天便成。

盐水腌蛋的主要缺点是蛋壳上常生黑斑，而且贮存时间不宜太久。腌蛋时间以 2 个月较好，超过 3 个月蛋黄油反而减少。

(3) 草灰法

①配料　1 000 枚鸭蛋，草灰 20 千克，食盐 6 千克，清水 18 千克。

②打浆　准确称取水和食盐，将食盐溶于水中，草灰分几次加入打浆机内，先加 2/3 到 3/4，在打浆机内搅拌均匀，再逐渐加入剩余的部分，直到全部搅拌均匀为止。搅拌均匀的灰浆呈不稀不稠，粗细均匀的浓浆状。检验灰浆的方法：将手指放入浆内，取出后手上的灰浆黑色，发亮，灰浆不流、不成块，不成团下坠；灰浆放入盆内不起泡。然后放置一夜，次日即可使用。

③提浆裹灰　提浆就是将选好的蛋放入灰浆内，翻转几下，使蛋壳表面均匀的粘上灰浆，约 2 毫米厚为宜。然后再放入干草灰中进行滚灰。滚灰时注意干灰不要过厚或过薄，过厚会降低蛋壳外面灰料的水分，影响咸蛋腌制的成熟时间；过薄则蛋壳外面灰料湿，易造成蛋与蛋之间相互粘连。

④蛋的成熟　腌制时间受食盐浓度和温度影响，一般夏、秋季 15～20 天即可，春、秋季 30～40 天成熟。

⑤贮存　经提浆裹灰后的蛋，尽快装入缸内或箱内密封贮存。贮存温度不能超过 25℃，相对湿度在 85％～90％，贮存期一般 3 个月。

(4) 咸蛋质量鉴定　咸蛋的质量包括如下几个方面：

蛋壳状况：蛋壳应完整，无裂纹、无破损，表面清洁。

气室大小：越小越好。

蛋白状况：蛋白应纯白，无斑点，细嫩。

蛋黄状况：色泽红黄，蛋黄变圆且黏度增加，煮熟后黄中泛油，或有油流出。

滋味：咸味适中，无异味。

腌好的咸蛋，仍属于生蛋品，需煮熟后方可食用。目前市场上出售的产品，大多是经熟制后的成品。

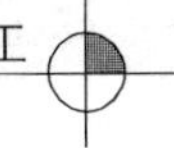

三、糟蛋的加工

糟蛋是用优质鸭蛋、糯米酒糟糟制而成的一种再制蛋。糟蛋的蛋白呈乳白胶冻状，蛋黄呈橘红色半凝固状态，气味芬芳，滋味鲜美，食时沙甜可口，食后余味绵绵不绝，具有独特的风味，为我国特有的著名的冷食佳品。比较出名的有浙江省的平湖糟蛋和四川省的叙府糟蛋。

1. 糟蛋加工基本原理　鸭蛋在糟制过程中，酒糟中的醇、酸和糖等，渗透到蛋内，使蛋内蛋白和蛋黄发生一系列的物理和化学变化，并发生凝固。酒糟中的糖分，使蛋带有轻微的甜味；酒精使蛋带有一定的醇味。而醇又可产生乙酸，可使蛋壳中的碳酸钙溶解，使蛋壳变薄形成软壳糟蛋。同时，一部分酸和醇可以形成芳香的酯类。加入一定量的食盐，通过渗透作用，不仅使蛋具有咸味，增加风味和适口性，并能使蛋黄变细腻、泛油和延长贮存时间。

2. 材料的选择

（1）糯米　糯米是制糟的原料，它的品质好坏直接影响酒糟的质量。糯米要求颗粒饱满，整齐，颜色洁白，无异味，淀粉含量多，脂肪和蛋白含量少，无霉变、无杂质。一般制 100 枚糟蛋需糯米 9～9.5 千克。

（2）酒药　酒药是酿糟的菌种，亦称酒曲。它主要起发酵和糖化作用，内含毛霉、根霉、酵母等菌类。加工糟蛋的酿糟酒药主要是绍药和甜药。

绍药是以糯米粉配合辣蓼粉及芦黍粉用辣蓼汁调和而成。绍药酿成的酒糟，香气浓郁，酒精含量高，糟味较浓，带辣味，所以不宜单一使用，需和甜药搭配，混合酿糟较好。甜药是以面粉或米粉配合草本植物一丈红的茎、叶制成的。

（3）食盐　要选用纯净的食盐。

3. 加工工艺　糟蛋加工季节性较强，主要在产鸭蛋的旺季，即3、4月份进行。5月份以后天气渐热，不宜加工。糟蛋加工工艺要掌握好三个环节，即酿制酒糟、选蛋击壳、装缸糟制。

（1）酿制酒糟

①浸米　目的是使米粒吸水膨胀，便于蒸煮糊化。将选好的糯米淘洗干净后，放入缸内用冷水浸泡。浸泡时间视气温的高低而定。10℃以下浸泡28小时，10～20℃浸泡24小时，20℃以上浸泡20小时。

②蒸饭和淋饭　把浸好的糯米捞出，用清洁的冷水冲洗干净后，放入蒸笼或蒸桶内上锅蒸。蒸好的饭粒要求松软而不粘，透而不烂。蒸好后用冷水浇饭，使米饭迅速冷却，当温度达到28～30℃即可。

③拌酒药和酿糟　淋水后的饭，沥去水分后，倒入专门容器中，撒上研成粉末的酒药，搅拌均匀，然后拍平拍紧，并在中间制成一个凹形圆窝。容器外面用草席或棉被保温，经过20～30小时发酵和糖化，就可出酒酿。当凹形圆窝内的液汁有3～4厘米深时，就应打开草席或棉被，让其降温，以防过高温度使酒糟发红变苦。待液汁流满时，每隔6小时左右将液汁用勺泼洒在糟面上及四周缸壁，使酒糟充分酿制。经7天后将酒糟灌人坛内，静置14天，待酿制成熟，性质稳定时，方可供制糟蛋用。酒药用量见表9-1。

表9-1　酒药用量和室温的关系

室温（℃）	5～6	8～10	10～14	14～18	18～22	22～24	24～26
绍药（克）	215	200	190	185	180	170	165
甜药（克）	100	95	85	80	70	65	60

（2）选蛋击壳　将选好的鲜蛋，逐个洗干净，除去蛋壳上的污物，并用清水漂洗，然后晾干。

为使酒糟中的醇、酸、糖、酯等成分，在糟蛋的腌制过程

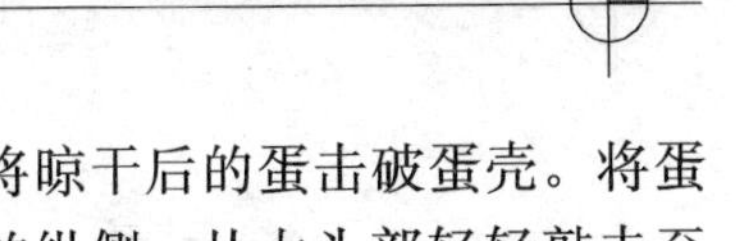

中易于渗入到蛋的内容物中，须将晾干后的蛋击破蛋壳。将蛋握在左手心，右手持竹片，在蛋的纵侧，从大头部轻轻敲击至小头，使蛋壳有轻微破裂，但不能打破蛋膜，必须保持蛋的完整。

（3）*装坛糟制* 将酿制成熟的酒糟，在事先消毒好的坛内放入一层，再放入适量纯净的食盐搅匀摊平。然后把击破的蛋，大头向上，直插入糟内，依次排齐，使蛋四周均有糟为宜。这样一层蛋一层糟，装好后最上层以糟料盖严，最后将坛口用牛皮纸2--3张密封。

配料比例为：蛋120枚，用糟14～17千克，食盐2千克。

糟蛋成熟一般要4.5～5个月。可存放在仓库里，并每月抽样检查，以便了解其质量情况和成熟度的变化。糟蛋在成熟过程中的变化情况如下：

第一个月：蛋内容物与鲜蛋相似，蛋壳带有蟹青色，蛋壳的裂缝较前明显。

第二个月：蛋壳裂缝扩大，壳和蛋壳膜及蛋白膜逐渐分离，蛋黄开始逐渐凝结，蛋白仍为液体状。

第三个月：壳和蛋壳膜及蛋白膜完全分离，蛋黄全部凝结，蛋白开始凝结。

第四个月：蛋壳和壳下膜脱开1/3，蛋黄呈微红色，蛋白呈乳白状。

第五个月：蛋壳大部分脱落或虽有少许附着，剥离极易脱，蛋黄呈橘红色的半凝固状态，蛋白呈乳白色的胶冻状。至此，蛋已糟制成熟。

（4）*质量要求* 成熟后的糟蛋需要进行外观、色泽、蛋白和蛋黄状况、风味等评定。

糟蛋的质量要求是，蛋壳和蛋壳膜完全分离，蛋壳全部或大部分脱落；蛋白乳白光洁，呈胶冻状；蛋黄橘红色，半凝固状，并和蛋白界限分明；具有浓郁的酒香味，略有甜味。

第二节　鸭肉的加工

鸭肉是人们最常见的肉类食品之一，具有很高的营养价值。与其他畜禽肉类相比，鸭肉的蛋白质含量较高，主要是肌浆蛋白和肌凝蛋白。鸭肉中含氮浸出物较多，所以味道鲜美。鸭肉中的脂肪含量较低，并且较均匀地分布于全身组织中。脂肪酸主要是不饱和脂肪酸和低碳饱和脂肪酸，因此熔点低，易于消化。鸭肉的碳水化合物含量较高，也是含B族维生素和维生素E较多的肉类。鸭肉还含有1%左右的无机物，与畜肉不同的是，鸭肉中钾的含量最高，100克可食部分达到近300毫克，此外，还含有较高的铁、铜、锌等微量元素。可以说，鸭肉属于营养全面的理想的保健型肉类食品。各种畜禽肉类的化学组成见表9-2。

表9-2　各种畜禽肉类的化学组成

肉类	含　量（%）				
	水分	蛋白质	脂肪	碳水化合物	灰分
牛肉	72.80	20.07	6.00	0.30	0.90
羊肉	75.00	16.00	7.70	0.30	1.00
肥猪肉	47.40	14.50	37.40	—	0.70
瘦猪肉	72.50	20.00	6.50	—	1.00
马肉	75.50	20.00	2.00	1.60	0.90
兔肉	73.00	24.00	1.90	0.10	1.00
鸡肉	71.70	19.00	7.50	0.40	0.90
鸭肉	71.00	23.50	2.50	2.00	1.00

鸭肉的加工，在各地十分普遍，拥有许多著名的传统特优品牌。

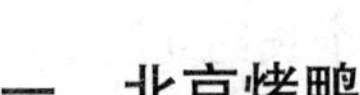

一、北京烤鸭

北京烤鸭是我国著名的传统风味特产。烤鸭在我国已有700多年的历史，早在宋朝就有烤鸭面世。至清朝同治年间，北京全聚德烤鸭店开业，以其“挂炉烤鸭”技术造就了北京烤鸭品牌，生意兴隆，驰名中外。

1. 产品特点 北京烤鸭无配料，只需往鸭身表皮上涂抹糖稀，送烤炉烤制即成。北京烤鸭的特点是：色泽红艳，鸭体丰满，皮脂酥脆，肉质细嫩，鲜香味美，肥而不腻，风味独特。

2. 选料 制作烤鸭的原料应选用经过人工填肥的北京鸭，以55～65日龄，每只活重2.5～3千克最为适宜。这种鸭的胸部肌肉发达，肌纤维间夹杂较多的脂肪，肌肉红白相间，肉质细嫩。

3. 鸭只处理

（1）打气 将选好的原料鸭从喉部宰杀放血，浸烫褪毛后，洗净放在木案上，从膝关节以下切去双腿，割断喉部食管和气管，从嘴里拉出鸭舌。从喉部刀口处拉出食管，使食管与周围的结缔组织发生分离，然后用右手把气嘴插入刀口，左手将颈部和气嘴一起握紧，打开气门，使气体充入皮下脂肪和结缔组织之间。当气体充到八分满时，取下气嘴，左手卡住鸭颈根部，防止跑气，拇指和中指握住鸭颈和右膀，右手握住鸭的右腿，使鸭的胸部向外侧卧。两手向中间一挤，使气体充满鸭身，鸭体呈膨胀的外形。

在操作过程中，要掌握好打气的程度，若打气过足，容易造成破口或跑气；若打气不足，则会使外形皱瘪。鸭只打气后，不能再用手拿胸脯，只能拿鸭的翅膀、腿及头颈。手指触及的充气部位，会留下凹陷的指印，影响烤鸭质量。

（2）掏膛 将打好气的鸭只背朝下放在案板上，左手紧握鸭颈和右膀，卡住颈根部防止跑气。右手食指插入肛门，勾住直肠拉出体外，然后再用右手在鸭的右腋下开一个长约5厘米，弯向背部的月牙形刀口。拇指伸入刀口，将鸭脊椎骨上附着的锯齿骨推倒，伸入食指掏出心脏，拉出食管和气管。再伸入剥离连接胃、肝周围的结缔组织，勾住鸭胃拉出体外。再将肝、肠掏出。最后，伸进食指沿脊骨把两肺剥离取出。

内脏全部取出后，选用高粱秆一节，一头削成三个面的锥形，另一头削成铲形，做成鸭撑。用右手拿着锥形的一端，从右腋下刀口处伸入胸膛，把铲形的一端先卡在刀口部的脊椎骨上，然后将鸭撑直立起来，把锥形的一端撑在胸部的三叉骨上，使鸭体胸部隆起，烤制时不致扁缩。最后，在鸭翅膀肘关节处割掉两翅。

（3）洗膛　左手握住鸭右膀，右手拿住鸭右腿，胸部朝上，将光鸭平放在4～8℃的清水池中，使水从右腋下刀口处进入体腔。注意不能将鸭体侧放，以免跑气。再用左手将鸭托起，使尾部向下，右手食指伸入肛门内勾出肛门端剩下的一小段直肠，把水从肛门放出。用同样方法将鸭体腔灌满清水，右手拇指伸入刀口，用手掌托起鸭背，头朝下，使水从鸭颈部刀口处流出。如此反复清洗，直至洗净为止。

（4）挂钩　挂钩的目的是便于烫皮、打糖、晾皮和烤制。左手握住鸭头将鸭提起，用右手拇指和食指把鸭颈皮肤捋舒展，再用右手食指伸进体侧刀口，挑着“鸭撑”，其余手指握住鸭右膀，使鸭体垂直。这时，左手下移，手掌握住鸭颈中部，拇指把鸭颈折弯，使鸭头朝下，其余手指紧握鸭颈。右手持鸭钩，横着钩尖，在离鸭肩约3厘米的颈中线上，紧贴颈骨右侧的肌肉穿入，沿鸭颈背侧穿进4厘米，使钩尖从左侧的肌肉内穿出，将鸭钩斜穿于鸭颈上。注意不要钩破颈骨或只穿过皮肤而没有穿上肌肉，以免颈折断而在烤制时掉下来。

（5）烫皮　烫皮是为了在烤制时减少从毛孔中流失脂肪，并使表层的蛋白质凝固，皮下气体最大限度地膨胀，烤制后保持皮

层酥脆。操作时，左手提起钩环，鸭脯向外，右手舀起100℃的沸水约12千克，先烫刀口处的侧面，将沸水由肩而下，使刀口面的皮肤紧缩，防止跑气。然后，再均匀地浇烫其他部位。一般用3勺水即可烫好一只鸭坯。

（6）打糖　打糖就是将糖水浇淋在鸭体的表皮上，目的是使烤制后的鸭体呈枣红色，并增强表皮的酥脆性。糖水是饴糖（即麦芽糖）、蜂蜜或白糖1份，加9份清水稀释而成。打糖的方法与烫皮一样，但须打糖2次。第一次在烫皮后进行，将糖水均匀地浇淋全身，然后沥净膛内血水，挂在通风处晾干。在即将入炉烤制前再进行第二次打糖，以弥补第一次打糖的不匀。若在夏季，进行第二次打糖时，糖水内要求多加1份糖。

（7）晾皮　经过第一次打糖后的鸭坯，要放在阴凉通风处，把鸭皮内外水分晾干，使鸭坯干燥，这样在烤制后更能增加皮层的脆性，保持胸脯不跑气，不下陷。晾皮的方法，因季节不同而有所差异。夏季温度较高，可在第一次打糖后先放入冷库内保存，在烤制前2小时左右取出晾干；冬季须挂在室内晾干；春秋两季，在8℃的室内晾10个小时即可。晾皮时注意不能让鸭体互相挤碰，以免破皮跑气，更不能让鸭体沾染油污，否则会在烤制时着色不匀，造成花皮。

4. 烤制

（1）烤炉温度　烤鸭一般使用挂炉，烤制时的正常温度应保持在230～250℃。炉温过高或过低都会影响烤鸭的质量和外形。炉温过高，会造成鸭体两肩部发黑；温度过低，会使鸭皮收缩，胸部塌陷。

（2）烤制时间　烤制时间因季节、鸭体大小和数量多少而不同。冬季烤制2千克左右的鸭子，一般需要45分钟，夏季只需35分钟；1.5千克重的鸭子，冬季需40分钟，夏季需30分钟。烤制时间过短，鸭子烤不透；过长则皮下脂肪会大量流失，使皮下形成空洞，皮如薄纸状，失去了烤鸭脆嫩的独特风味。此外，鸭体肥度与烤制时间也有密切关系，母鸭的肥度比公鸭较高，烤制时间也要比公鸭略长。

（3）烤制方法

①灌汤　在烤鸭入炉前，选用8厘米长的高粱秆一节塞住肛门，有节处一定要塞入肛门内，恰好卡在肛门括约肌处，防止灌入的开水外流。然后，从鸭体右腋下刀口处灌入100℃的开水70～100毫升，使鸭坯进炉后外烤里蒸，鸭肉外脆里嫩。同时也可补充在烤制时鸭肉的水分消耗。冬季如果鸭子体腔内结冰，可以先灌入热水烫1～2次，把冰融化后再堵塞灌水。

②烤制操作　鸭坯进炉后，先挂在炉膛的前梁上，使右背侧刀口向火，以利高温先从刀口进入体腔内，促使汤水汽化，达到快熟。经6～7分钟，鸭皮呈橘黄色时，再以左背侧向火，直至出现同样颜色为止。接着烤3～4分钟，并燎右裆半分钟；烤鸭背4～5分钟。再按上述程序烤制，直至烤到鸭的全身呈枣红色为止。

在烤制过程中，注意不要使胸脯直接对火烤，以免烤焦或裂缝起泡。两腿肉厚，最难烤熟，烤制时间要长一些。鸭裆不易上色，必须燎裆。方法是将鸭挑起，在火焰上微微晃动几下，使鸭裆烤燎上色。

5. 片削鸭肉　鸭烤好出炉后，先拔掉高粱节堵塞，放出腹中开水，再片削鸭肉。片鸭肉时，先割下鸭头，将鸭胸脯朝上，从胸脯突起的前端向颈根部斜片一刀，随后再将左胸侧和右胸侧各片3～4刀，然后切开锁骨与肉分离。再从右胸侧片起，待片完翅膀肉后，将翅膀骨拉起来，别在膀下腋窝中，接着往下片削，直到腿部和尾部。左侧的工序与右侧相同。片削鸭肉的要求是：手要灵活，刀要斜坡，大小均匀，皮肉不分，片片带皮。一般2千克重的烤鸭，可片90片左右。

6. 成品保存　烤鸭最好是随烤制随食用。在夏季室温条件下，不宜存放。在冬季室温10℃时，不用特殊设备可保存6天。如有冷冻设备，可进行短期保存，不致变质，但吃前必须回炉再

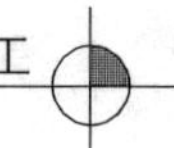

行短时间烤制。

二、南京板鸭

1. 产品特点　板鸭是用健康肥鸭经宰杀褪毛、净膛，然后进行腌制、复卤、晾晒而制成的腌制品。南京板鸭是江苏省的传统风味名特食品，其鸭体扁平，两腿直立，胸肉凸起，皮色洁白，肉质红润，清香味美，肌肉酥脆，鲜美可口。

板鸭腌制的最好季节是农历10～12月份，这时腌制的成品板鸭称为腊板鸭。特点是腌制的肉质细嫩，较耐贮藏，可保存4～5个月。从正月到二月腌制的成品板鸭称为春板鸭，保存的时间较短，为2～3个月。

2. 加工方法

（1）选料　腌制板鸭应选择体大丰满，胸腿肌肉发达，体重在1.75千克以上的活鸭为原料。

（2）宰杀与清洗　经过宰杀褪毛后的光鸭，放在冷水缸内泡洗3次。第一次浸泡10分钟，第二次约20分钟，第三次为1小时左右。浸泡的目的是为了洗去皮上残留的污垢，使皮肤洁白，残留的细毛在水中漂动，便于拔出，从刀口处浸出余血，降低体内温度。

（3）修整与取内脏　清洗后的光鸭，将两翅自桡、尺骨以下切去，两腿从股骨以下去掉。在右翅下开长6～7厘米的切口（因食管偏右侧，取出方便），将食管、嗉囊以及心、肺、肾、肠等全部摘除。

（4）拔血及整形　用清水洗去体内的残留碎物和污血，随后放入清水缸内浸泡3～4小时，以浸出体内血液，使肌肉洁白，口味纯正鲜美。取出后在下颚中央开一小孔，将鸭挂起沥干水分，然后将鸭体放在木案上，背部朝下，腹部向上，头朝里，尾向外，以手掌用力将胸前的三叉骨压扁，使鸭体呈长方形，显得肥大美观。

（5）腌制　分为擦盐、抠卤、复卤等步骤。

①擦盐　腌鸭用的食盐须炒干，将粗盐放入锅内，按每100千克粗盐加入200～300克大茴香，用火炒干，碾细。

擦盐的用量，一般为净鸭重的1/16，如2千克重的光鸭，用盐为125克，先取其3/4的盐，从右翅下的开口处放入体腔，反复转动鸭体，使盐在体腔内散布均匀。剩下的1/4盐用于体表涂擦。两条大腿上擦盐要由下向上擦抹，使肌肉受压，容易与盐接触，并能从肌肉与骨骼脱离处渗入。然后，擦抹胸部两侧肌肉，颈部刀口和口腔、肛门内，都要充分擦到。

②抠卤　把擦好盐的鸭体逐只叠放缸内，上面再敷上一层薄盐。约经12小时的腌制，肌肉中的一些水分和血液被盐拔出积于体腔内，为了排出体腔内的盐水，用左手提起鸭翅，右手的食指与中指撑开肛门，放出盐水，这一过程称为抠卤。如果气温偏低，抠卤不够充分，可将鸭体重新叠入缸内，再进行8小时腌制后抠卤，以期腌透，并彻底拔出肉中的血水，使肌肉洁白美观。

③复卤　将已经倒出血卤的鸭体，再用卤水重新腌制一次。复卤用的卤水，分为新卤和老卤两种。新卤是用清除内脏后，浸泡鸭体的淡红色血水加盐配制而成，每100千克血水加盐70～75克，放在锅内煮沸，使食盐溶解，撇去血沫，澄清后倒入缸内冷却，并按100千克盐卤配以生姜50克、大茴香15克、大葱75克加入缸内，使盐卤发生香味，即为新卤。

老卤是用新卤腌过鸭体以后，再经煮过就称老卤，老卤煮的次数越多越好。因为鸭体经卤水浸腌以后，一些营养物质便流失在卤中，每煮一次浓度就有所增加。为了保持老卤的质量，每次腌制后澄清，每腌鸭4～5次后，须煮卤1次，保持食盐浓度在22～25波美度范围，撇出浮油污血，才可以防止发酵变臭。

复卤的方法是将老卤（没有老卤就用新卤）从右翅下开口处灌满体腔，然后逐个叠入缸中，上面盖上竹筛子，并压上石头，将鸭体压于卤液以下。复卤腌制的时间，随鸭体大小及气候条件

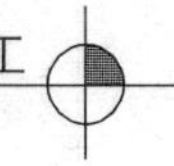

而定，一般中型鸭子（重 1.5～2.5 千克），复卤的时间为 16～18 小时。

④叠坯。将鸭体从卤缸内捞出，把体腔内的卤水倒入卤缸，沥净卤水后，将鸭体放在案板上，用手压成扁形。然后，再逐只头向缸心叠入缸内，称为叠坯。入缸叠坯 2～4 天后出缸。

⑤排坯。叠放在缸内的鸭坯取出，用清水洗净，沥干，挂在木档钉上，把颈部拉开，拍平胸部，挑起腹肌，理开两腿，将肛门挑成球形。用清水冲洗表面杂质，挂在通风干燥的阴凉处，等鸭体水净皮干之后，再进行复排并加盖印章，这一过程成为排坯。目的是使鸭体肥大美观，也利于内部通气。

⑥晾挂。将排坯盖印的鸭坯，转入仓库内晾挂，仓库四周要通风良好，不受日晒雨淋。吊挂时将大小一致的鸭坯挂在一起，并有一定的间隔，经过 2 周～3 周的晾挂，即为成品。

3. 成品质量检查 腌制好的板鸭，外观要求周身干燥，皮面光滑，无毛，无皱纹，胸肉凸起，腿部发硬，鸭体呈扁圆形。正常的板鸭，皮白，无霉斑，肌肉切开面平而紧密，呈玫瑰红色，嗅其外部及用竹签刺入腿肌和胸肌深部具有香味，无异味。味觉检查，具有特殊美味，无变质异味。

三、南京盐水鸭

1. 产品特点 南京盐水鸭是南京市的传统风味名食，相传已有 400 多年的历史。古籍中有所记载，称此鸭“清而脂，肥而不腻”。每年端午节前后，春鸭长大，盐水鸭也开始上市。南京盐水鸭，外白里红，肉质鲜嫩，鲜香味美，清淡爽口，风味独特。

2. 原料

主料：光嫩鸭一只，重约 2 千克。

辅料：炒盐 100 克，葱头 50 克，大茴香 1 粒，姜片少许，清卤适量。炒盐是由精盐、花椒、五香粉混合在一起，炒热即成。清卤制作：水2 500毫升，姜1～2片，葱头1个，大茴香1粒，黄酒少许，醋少许，精盐少许，味精少量，放在一起，烧沸后再文火熬煮即成。可循环使用，越陈越好。

3. 加工方法

（1）将选好的光鸭放在案板上，斩去翅尖、脚爪，在翅窝下开约10厘米长的刀口，从刀口处挖出内脏，拉出气管、食管和血管，放入清水中浸泡，洗去血水，沥干。

（2）用炒盐（50克）从翅窝刀口处塞入鸭腹，摇匀，另用炒盐（25克）擦遍鸭身，再用炒盐（25克）从颈部刀口和鸭嘴塞入鸭颈，然后将鸭体放入缸内腌制。夏季腌制1个小时，春秋腌1.5小时，冬季腌2小时。

（3）腌好的鸭体出缸，再放入清卤缸内浸渍。夏季浸渍2小时，春秋浸渍4小时，冬季浸渍6小时。

（4）浸渍好的鸭体出缸，挂在通风处吹干，再用13厘米长的空心芦管插入肛门。然后，从翅窝下刀口塞入姜片、葱头和大茴香。

（5）净锅放入鸭体，腿朝上，头朝下，加足清卤，没过鸭体，盖严，用大火烧开，撇去浮沫，再用小火焖煮20分钟，不要烧滚。然后开盖，提起鸭腿，将鸭腹中的卤汁控回锅内，再将鸭体放回锅中，使鸭腹灌满卤汁。如此反复3～4次，再盖上锅盖，继续焖煮约20分钟，不可烧滚，保持锅边有小泡即可。

（6）煮好的鸭体出锅，取出芦管，沥去卤汁，凉透，即为成品。

四、杭州酱鸭

1. 产品特点 杭州酱鸭是浙江省杭州市的传统风味特产，具有120多年的历史。杭州酱鸭为生制品，每年立冬至翌年立春是加工的最好季节。成品色泽红亮，油润有光，芳香味淡，咸中

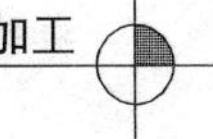

有鲜，富有回味。

2. 加工方法

（1）宰杀及整理　选择符合卫生质量要求的肥壮活鸭，宰杀褪毛，腹下开膛，摘出全部内脏，并取出食管、气管，沥净血水，斩去脚爪，洗净沥干。

（2）腌制　每只鸭用食盐50克左右，将一半的盐擦于体表，另一半盐擦于刀口和体腔。将鸭头向胸前扭转夹入右翅下，平整叠入腌制缸中，用竹箪子盖住，再用石块压实。在0℃左右气温下，腌制36小时后进行翻倒，继续腌制36小时取出，挂在通风处沥干。如果气温高于7℃时，则腌制时间可缩短为24小时。然后，再将鸭坯叠放缸中，加入本色酱油，放入竹架上，用石块压实，在0℃左右气温下，浸腌48小时后，将鸭坯翻身，再腌制48小时起缸。

（3）整形　将起缸的鸭坯在鼻孔内穿一条长10厘米的麻绳，两端打结，用0.5厘米×1.3厘米×53厘米的竹片弯成弓形，从腹下切口处塞入体腔内，弓背朝上，撑住鸭背，离腹部切口6～7厘米处，竹弓两端卡入切口，使鸭体腔向两侧伸开。这样显得鸭身饱满，形态美观。

（4）着色　按100千克酱油加0.3千克酱色的比例，加入酱色，煮沸后撇去浮沫，用煮沸的酱汁浇淋鸭坯约30分钟，至鸭体呈红色为止。沥干后在日光下暴晒2～3天，即为成品。挂晾在通风阴凉、干燥处保存。

五、上海香酥鸭

1. 产品特点　上海香酥鸭是具有四川风味的上海市传统名菜，至今已有60多年历史，最早原名叫“炸肥鸭”。其特点是，色泽金黄，外皮酥脆，肉质嫩烂，香味浓郁，爽口不腻，酒饭皆宜，风味独特。

2. 原料

主料：活鸭1只，净重1.5千克。

辅料：黄酒50克，姜1块，葱1根，桂皮、花椒盐各适量。

3. 加工方法

(1) 将选好的活鸭宰杀，放血，褪毛，洗净。

(2) 将洗净的鸭体，去掉鸭脚、内脏，再清洗干净，沥干，成鸭坯。

(3) 沥干的鸭坯，里外抹上花椒盐，放入盛器中，再加姜块(拍松)、葱头、桂皮、茴香和黄酒，上笼屉蒸至酥烂，取出，晾凉。

(4) 锅中加油，烧至八、九成热，放入晾凉的鸭体，炸至外皮金黄、酥脆时取出，沥油，装入盘中，边上围放发面荷叶夹，并随带椒盐、番茄酱上席即成。

六、啤酒鸭

啤酒鸭是将鸭肉与啤酒一同炖煮而成，鸭肉味道更加浓厚，不仅入口鲜香，还略带有一股啤酒的香味，风味独特。啤酒鸭是下饭佐酒佳肴，并兼有清热、开胃、利水、除湿之功效，很受人们的喜爱，在各地广为流行，制作方法有所差异。

1. 制作方法一

(1) 原料　鸭子1只，土豆1个，水发香菇6个，青椒1个，啤酒1瓶。八角1个，姜片3片，老姜一小块拍碎，酱油适量，蒜瓣2个，青葱1把，葱白儿切段，葱叶切末。

(2) 制作方法

①鸭子洗净剁块，沥去血水（冷冻鸭要先用冷水化开），土豆、香菇、青椒切块备用。

②上锅加满冷水，加入鸭肉块和拍碎的老姜，大火煮开后，将鸭块捞出沥水，挑出老姜，洗净锅，擦干。

③锅内放油烧热，放入蒜瓣、葱白儿段、八角、姜片炝锅，倒入鸭块并加少许酱油翻炒，然后倒入整瓶啤酒，加一点醋，盖

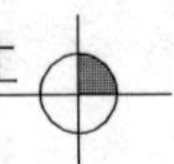

好锅盖，大火煮开，然后换小火慢炖。

④锅内汤剩一半时，加入土豆块、香菇，并放入适当酱油，翻炒至收汤，放鸡精起锅，装盘后撒上葱末，即为成品。

2. 制作方法二

（1）原料　鸭子1只约1千克，香菇400克，啤酒1瓶，老姜1块，泡姜1小块，泡辣椒2～3个，豆瓣酱1大匙，香叶5～6张，小茴香1咖啡匙，桂皮1小块，花椒1咖啡匙，酱油2大匙，白糖1咖啡匙，美极鲜味汁1匙，食盐适量。

（2）制作方法

①香菇去蒂洗净，对半切开；老姜切片；泡辣椒、泡姜剁粒；花椒、香叶、小茴香、桂皮等洗净后装入纱布袋做成香料包。

②将豆瓣酱、酱油、白糖、泡辣椒粒、老姜片放入同一碗内成滋汁。

③鸭子整理干净，斩成小块洗净，下入沸水锅中焯，去血沫后捞出，沥干水分。

④锅中放油（如果是土鸭可多放一点油，若是肉鸭可少放油），烧至七成热，下鸭块，用大火爆干水分至亮油，捞出鸭块留下油。

⑤将碗中的滋汁倒入锅内，用小火慢炒，至呈樱桃色；加入鸭块翻匀，倒入啤酒、加500克汤或水、香料包。

⑥加盖，用大火烧沸后，改小火，烧约40分钟；下香菇、盐，加盖继续烧约20分钟。

⑦改大火，收干汤汁，放入美极鲜味汁，铲匀后即可起锅装盘。

第三节　鸭的羽绒采集

鸭的羽绒是养鸭的重要副产品，具有柔软轻松、弹性好、保暖性强等特点，经过简单加工后即是一种天然的高级填充原料，是制作羽绒服、羽绒被等高档防寒服装和卧具的很好原料。长期以来，羽绒生产是水禽产品开发的一个重要组成部分。我国水禽饲养量居世界首位，目前鸭的年饲养量为30亿只左右，羽绒资源十分丰富，年产羽绒量达10万吨以上，是世界上最大的羽绒生产国和出口国。

随着人民生活水平的不断提高，国内、国际市场对羽绒的需求量逐年增长，优质产品供不应求。但是，我国的羽绒生产技术比较落后，以往人们采集鸭羽绒是将鸭子屠宰后，用热水浸烫，再进行拔毛。用这种方法采集羽绒，破坏了羽绒中原有的脂质，使羽绒的弹性降低，蓬松度降低，容易混入其他异色毛绒，而且在干燥过程中易出现结块，贮存过程中容易发霉变质，不便于分级分档，降低了羽绒的经济价值。近年来，我国开始推广鸭的活体拔毛技术。活体拔毛，是利用鸭羽毛新陈代谢的规律对成年健壮的鸭进行定期拔取毛绒。这项技术不仅能够提高羽绒的产量和质量，而且省工、省时，设备投资少，有利于水禽的综合利用，提高生产效益。

一、水禽羽毛的生长规律

羽毛是禽类动物身体上的表皮细胞，经过角质化而形成皮肤的衍生物。羽毛生长前先形成羽囊，产生羽根，羽根末端与真皮结合形成羽毛乳头，血管由此进入羽髓。羽髓里充满明胶状物质和丰富的血管，血管为羽毛生长提供营养物质，羽毛成熟后，血管从羽毛上部开始萎缩、干枯，一直后移至羽根。因此，成熟脱落的羽毛，羽根白色而坚硬；没有成熟的羽毛，羽根中充满带有血管的羽髓，呈现红色而且质地较软。

鸭的羽毛是在孵化过程中出现的。当鸭胚发育到10天左右时，羽毛开始萌发；到13～14天时，全部躯干出现绒毛；第16天时，全身布满绒毛；在孵化的后13天中，绒毛逐渐生长成熟。

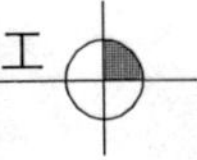

雏鸭出壳后全身长满金黄色绒毛，麻鸭品种背脊上有黑色的绒毛。这时的绒毛具有纤细的羽茎，顶端有小羽枝，保暖性好，能为出壳的雏鸭提供御寒屏障。随着日龄的增加，逐渐脱换为成年羽毛。

不同品种的鸭，羽毛的脱换时间有一定差异。羽毛的脱换变化情况，受到遗传、环境和营养条件的影响，其中饲料中蛋白质的含量和优劣对羽毛生长和脱换的影响很大，特别是含硫氨基酸的对羽毛生长影响更大。羽毛中的角蛋白，其主要成分为胱氨酸。蛋氨酸可以通过转化成为胱氨酸而参与羽毛角蛋白的合成。羽毛的生长发育与整个机体的发育和新陈代谢密切相关，在鸭的日粮中，既要注意羽毛的营养需要，又要注意整个机体的营养需要。

二、羽毛的形态结构与类型

各种羽毛的结构基本相同，主要是由成片状的毛片和半球状的绒子组成。根据羽毛的生长部位和形态的不同，结合收购、加工的习惯和要求，可分为四种类型。

1. 羽片　羽片是指羽毛中成片形的毛片，有大、中、小毛片之分，主要生长在鸭的颈、腹、背部和大翅、尾部。羽片的中间从上到下有一根轴形的硬梗，称为羽轴（羽茎）；羽轴的根部称为轴根，其下半部呈管状，称为轴管。轴管下部周围长着稀疏的毛丝，为羽丝。羽片上半部略带硬性的毛丝，为羽枝。整片羽片的总面积为羽面。

2. 羽绒　羽绒是主要生长在鸭的覆、背部类似绒毛的一种羽毛，呈半球形，中间有一个很小的核，称为绒核。绒核上长有纤细的毛丝，称为绒丝。每支绒丝上还长有毛茸茸的附丝，整体如树枝状形态。

羽绒又分为纯绒、部分绒、伞形绒、毛形绒和绒丝（飞绒）。

3. 大翅（硬梗）　大翅生长在鸭的两翼及尾部，包括翅羽

（飞羽）、尾羽和外复羽，其特征是羽毛硬直，羽轴粒状，轴管粗长。飞羽、尾羽、外复羽等，其经济价值较低，属于羽绒加工的副产品，除一部分可制作羽毛球、扇子、装饰用品外，只能作为饲料或肥料。

4. 亚型毛 亚型毛是指翼前毛、内形薄片、小硬梗、血管毛、游片毛、爪子片等，它们生长在鸭的翼肩内侧、外侧及尾部。各种亚型毛根据不同规格，可进行分级处理和利用。如鸭毛内型薄片在4.5厘米以下的作毛片；长度在4.5厘米以上者作薄片。游片毛两面平薄，羽丝丰密，不限长度，一律作为毛片利用。另外，生产中还有损伤毛、异色毛等。

5. 亚型绒 分为毛型绒和绒型毛两种。毛型绒，就是半绒羽，带有羽轴和羽管，下部绒毛丰密，上端呈丝状，其绒丝紊乱，羽轴纤细柔软，一般可作为绒子处理和利用。绒型毛，就是半绒毛，上端为不分丝的毛片，下部毛丝稀少，羽面较大，一般可作为毛片处理和利用。

三、商品羽绒的构成

商品羽绒是体表多种羽毛的混合物（除去翅膀和尾部大的羽翎），羽绒根据生长发育程度和形态的差异，又可分为以下几种类型。

1. 毛片 毛片是羽绒加工厂和羽绒制品厂能够利用的正羽。其特点是羽轴、羽片和羽根较柔软，两端相交后不折断。生长在胸、腹、肩、背、腿、颈部的正羽为毛片。毛片是鸭羽绒重要的组成部分，长度一般在6厘米以下。

2. 朵绒 朵绒又称纯绒，其特点是羽根或不发达的羽茎呈点状，为一绒核，从绒核放射出许多绒丝，形成朵状。朵绒是羽绒中品质最好的部分。

3. 伞形绒 伞形绒是指未成熟或未长全的朵绒，绒丝尚未放射状散开，呈伞形。

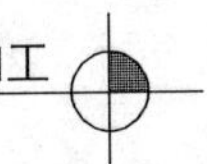

4. 毛型绒 毛型绒指羽茎细而柔软，羽枝细密，具有羽小枝，小枝无钩，梢端呈丝状而零乱。这种羽绒上部绒较稀，下部绒较密。

5. 部分绒 部分绒是指一个绒核放射出两根以上的绒丝，并连接在一起的绒羽。部分绒看上去就像是绒的一部分。

6. 劣质羽绒 生产上常见有以下几种劣质羽绒。

（1）黑头 黑头指白色羽绒中混入的异色毛绒，这将大大降低羽绒的质量和货价。出口时规定，在白色羽绒中黑头不得超过2%，故拔毛时黑头要单独存放，不能与白色羽绒混装。

（2）飞绒 飞绒就是每个绒朵上被拔断了的绒丝。出口规定，飞丝含量不得超过10%。飞丝率是衡量羽绒质量的重要指标。

（3）未成熟绒子 未成熟绒子指绒羽的羽管内虽已经没有血液，但绒朵尚未长成，绒丝呈放射状开放。未成熟绒子用手触摸无蓬松感，质量低于纯绒。

（4）血管毛 血管毛指没有成熟或没有完全成熟的羽毛。

四、鸭的羽绒采集

1. 羽绒生产季节 羽绒的产量和品质与季节有密切关系，由于季节的变化，可分为冬春羽绒和夏秋羽绒两种。

（1）冬春羽绒 北方各省（区）在10月下旬至翌年5月中旬，南方省（区）在11月中旬至翌年4月中旬，鸭的羽绒毛片大、绒朵厚而丰满、柔软蓬松、色泽良好、弹性强，血管毛少、含杂质少、产量高、纯绒多。

（2）夏秋羽绒 北方各省（区）在6～9月份，南方在5月中旬至10月份，鸭的羽绒毛片小、绒毛少、绒朵小、血管毛多、含杂质多、产量低、品质差。

鸭羽绒的生长与脱落随季节的变化而变化，冬春羽绒比夏秋羽绒好，冬毛含绒量比夏毛高出20%～40%。进行活体拔毛时，应注意这种季节变化。

2. 传统采集方法 传统的羽绒采集方法，是在鸭屠宰时进行拔毛，主要有手工干拔毛、手工湿拔毛和机器脱毛三种方法。

（1）手工干拔毛 在鸭子屠宰后，待血流尽还保持一定体温时，就立即开始拔毛。否则，体温消失，毛孔紧缩，羽毛很难拔下。在拔毛时，要先将毛、绒全部拔下，对比较难拔的翅翼及尾部的硬毛，可用热水浸烫后再拔。采用这种方法拔下来的羽毛，能保持原有毛型，色泽光洁，杂质少，质量较好。

（2）手工湿拔毛 这是普遍采用的一种拔毛方法，具体过程可参考屠宰加工的有关内容。这种方法比较简单，但一定要注意烫毛时的温度和浸烫时间。

（3）机器脱毛 机器脱毛效率高，有机器设备的屠宰场，一般都采用这种方法。其操作过程是，先把活鸭两脚夹住，头朝下，脚朝上，倒挂在机器转盘上，用刀通过口腔斜刺延脑，致死放血后，投入热水锅浸烫，再送入推毛机，把羽毛全部推打下来。

（4）注意事项

①无论采用哪种方法拔毛，应把鸭体上的所有羽毛都收集起来，鸭羽毛中的绒毛和片毛是最有价值的部分，要防止遗漏。

②要严格防止各种羽毛互相混杂，不同禽类羽毛的品质和用途不同，要分别存放。即使同一种家禽，羽毛中的毛绒、翅翼、尾毛等，最好也分别存放，以便销售和利用。

③在进行湿拔毛时，要注意将水中的片羽和绒毛捞净，以免造成浪费。捞毛时，不得将壳、内脏、粪便等混在一起，以保证羽毛质量。

（5）拔毛后的处理 对湿拔毛的羽毛，必须及时进行晾晒，首先要把水分榨干。家庭少量屠宰时，可用双手把湿毛攥紧，并用力挤出水分。屠宰量大时，可将湿毛放进榨毛机内，把水分榨

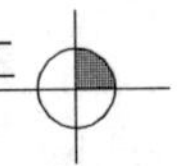

出来，也可以使用电动离心机进行脱水。

然后，将榨干水分的羽毛进行晾晒或烘干。利用阳光晾晒时，场地要干净，防止羽毛内沾上沙土。晾晒时要摊得薄而均匀，并按时翻动，也可以采用烘干法进行烘干，但要掌握好投料数量、温度和时间，以保证羽毛质量。

3. 活体拔毛技术　水禽的活体拔毛最早起源于欧洲，我国从1984年开始引进这项技术，并大力推广，成为我国水禽羽绒生产中的创新工程，对增加羽绒产量和提高羽绒品质发挥了很大的推动作用。

（1）活体拔毛的优点　活体拔毛技术合理利用了家禽的新陈代谢规律和羽绒的生长发育规律，具有以下几方面的优点。

①方法简单，容易操作　活体拔毛不需要复杂设备，只需准备拔毛人员坐的木凳，盛放羽绒的盆和布袋即可。活体拔毛操作简单易学，容易掌握，男女老少均可进行。

②周期短，见效快　鸭羽绒生长迅速，尤其在有水面的情况下，每隔40天左右即可拔毛1次，种鸭可利用停产换羽期间拔毛2～3次，有些专用拔毛的鸭品种，可以常年拔毛，每年可以拔5～7次，效益显著。

③提高羽绒的产量和质量　活体拔毛在不影响鸭体健康和不增加养鸭数量的情况下，比屠宰取毛法能增产2～3倍的优质羽绒。活拔毛绒无需经过热水浸烫和晒干，毛绒的弹性强，蓬松度好，柔软洁净，色泽一致，含绒量达20%～22%以上。

④提高综合经济效益　在自然资源较好的放牧条件下，利用青草茂盛季节对肉用仔鸭、停产的种鸭、后备种鸭和淘汰鸭进行活体拔毛。后备鸭和停产种鸭可拔毛3～4次，在不消耗大量饲料的情况下，可增产优质羽绒0.3～0.4千克，增加收入16～20元。

（2）活体拔毛前的准备工作

①人员准备　在拔毛前，要对参加拔毛工作的人员进行技术

培训，使他们了解羽绒的生长规律，掌握活体拔毛的正确操作技术。

②鸭的准备　选择适合活体拔毛的鸭群，并对鸭群进行检查，剔除发育不良、消瘦体弱的鸭子。拔毛前几天抽检几只鸭，检查有无血管毛，当发现绝大多数羽毛的毛根已经干枯，用手试拔容易脱落，表明已发育成熟，适于拔毛。若发现血管毛较多，而且不容易拔脱，就要推迟一段时间，等羽毛发育成熟后再拔。拔毛前一天晚上要停止喂料和饮水，以免在拔毛过程中排粪污染羽毛。如鸭体羽毛脏污，应在拔毛前几个小时让鸭子下水洗浴，羽毛干净后让其迅速离水，在清洁干燥的场地晾干后再拔毛。为消除初次被拔毛的鸭子的紧张情绪，可在拔毛前 10 分钟给每只鸭灌服 10～12 毫升的白酒，以使其皮肤松弛，毛囊扩张，易于拔毛。灌服时可用长 10 厘米左右的胶管，插入鸭的食管上部，注入白酒。

③场地和设施准备　拔毛必须在无灰尘、无杂物、地面平坦、干净的室内进行。拔毛过程中将门窗关闭，以免羽绒被风吹走和到处飞扬。若没有水泥地面，应在地上铺一层干净的塑料布。室内放上存放羽毛的木桶、木箱、纸箱或塑料袋以及存放羽绒用的布袋。备好镊子、酒精、脱脂棉球等，以备在拔破皮肤时消毒使用。另外，还要准备拔毛人员坐的凳子和工作服、帽子、口罩等。

(3) 活体拔毛的操作方法

①适于拔毛的年龄和部位　一般鸭在 3 月龄左右，若见翅羽全部长齐、并拢，毛绒丰满密布全身，此时可进行初次拔取。拔毛后经 1 周左右，新的毛绒开始长出。经过 30～35 天，重新长成毛绒。胸部、腹部、体侧和腰部是绒朵含量较高的部位，是主要的活体拔毛部位，其次为颈下部和背部，翼羽和尾羽不宜拔。

②活体拔毛的方法　拔毛要选择晴天在清洁的室内进行。操作人员坐在凳子上，用一只手抓住鸭的脖子，双腿夹紧身体，使

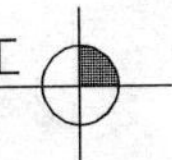

其腹部朝上，用另一只手的大拇指、食指和中指，捏住毛绒一起拔，也可以先拔毛片，后拔绒朵。每次手捏的毛绒宁少勿多，一把一把往下拔，并尽可能把毛绒拔除干净，不要东拔一下，西扯一下，用力要均匀，动作要利索。拔取时，以顺拔为主，有时也可倒着拔。一般先拔鸭的腹部，再转向两肋及胸部，然后是肩部和背部。技术熟练后，6～8分钟就能拔完一只。

如遇到较大毛片不好拔时，可避开毛片，只拔绒朵；若毛片很密不能避开时，可先将其剪断，然后再拔。剪毛片时，注意不要剪破皮肤和剪断绒朵。

③活拔毛绒注意事项

a. 拔毛时，若拔破皮肤要立即用消毒药水涂擦伤部，防止感染。对于活拔毛而损伤的鸭子，不要立即让其下水，应适当延长室内饲喂时间，等伤口基本长好后再下水。

b. 遇到有未成熟的血管毛，可避开不拔。否则，容易拔破皮肤，造成出血现象。

c. 少数鸭在拔毛时，若发现毛根部带有肉质，应放慢拔毛速度；若是大部分带有肉质，表明鸭体营养不良，应暂停拔毛。

d. 对整只出口的肉鸭，由于活拔毛有可能损伤某些部位皮肤，在屠体留下瘢痕而影响质量，一般不进行活拔毛。

4. 羽绒的包装和贮存

（1）羽绒的包装　收集起来的羽绒，一定要晒干、晾透后再进行包装贮存。活体拔下来的羽绒属于高档商品，尤其是绒朵，它决定着羽绒的质量和价格。绒朵是羽绒中质地最轻的部分，遇到微风就会飘飞散失，所以要特别注意，包装操作时禁止在有风处进行。包装袋以两层为好，内层用较厚的塑料袋，外层用塑料编织袋或布袋。先将拔下的羽绒放入内层带，装满后扎紧内袋口，然后放入外层袋内，再用细绳扎紧外袋口。

（2）羽绒的贮存　拔下的羽绒如果暂时不出售，必须放在干燥、通风的室内存放。由于羽绒本身的保温性很强，不容易散潮散热，若贮存不当，很容易发生结块、虫蛀、发霉。特别是白鸭绒受潮受热后，会使毛色变黄，影响质量。因此，在羽绒存放期间必须严格防潮、防霉、防热、防虫蛀。贮存羽绒的库房，要地势高燥，通风良好。贮存期间，要定期检查毛样，如发现异常，要及时采取措施。受潮的要晾晒，虫蛀的要杀虫。库房地面要放置木垫，以提高防潮效果。不同色泽的羽绒、毛片和绒朵，要分别标志，分区存放，以免混淆。

5. 羽绒的质量评定

（1）*千朵重、绒羽枝长度及粗细度*　这三项是影响羽绒的弹性和蓬松度的主要指标。千朵重越重，绒羽枝越长，羽枝越粗，羽绒的质量越高。

（2）*蓬松度*　蓬松度反映羽绒在一定压力下保持最大体积的能力，是羽绒制品保持特定风格和所具保暖性能的主要指标，是评定羽绒质量的综合指标之一。蓬松度越大，质量越高。

（3）*透明度和耗氧指数*　透明度和耗氧指数是反映羽绒清洁度及所含还原物质多少的指标。透明度越高的羽绒，清洁度越高，而耗氧指数越低。

（4）*含脂率*　含脂率是反映羽绒防水性能的重要指标，一般水禽羽毛的含脂率高于鸡。鸭羽绒的含脂率越高，品质越好。

（5）*含绒率*　羽绒收购一般按含绒率来确定价格。含绒率的测定方法为：从同一批出售羽绒中抽检有代表性的样品，称取其重量，然后分别挑出毛片和绒朵（纯绒），称出各自重量，计算含绒率。如羽绒合计重量为 100 克，其中绒朵 36 克，毛片 60 克，杂质（皮屑、异质纤维等）4 克，则计算出该批羽绒的含绒率为 36%，毛片含量为 60%。

附录一

动物防疫条件审查办法

中华人民共和国农业部令
2010 年第 7 号

第一章　总　　则

第一条　为了规范动物防疫条件审查，有效预防控制动物疫病，维护公共卫生安全，根据《中华人民共和国动物防疫法》，制定本办法。

第二条　动物饲养场、养殖小区、动物隔离场所、动物屠宰加工场所以及动物和动物产品无害化处理场所，应当符合本办法规定的动物防疫条件，并取得《动物防疫条件合格证》。

经营动物和动物产品的集贸市场应当符合本办法规定的动物防疫条件。

第三条　农业部主管全国动物防疫条件审查和监督管理工作。

县级以上地方人民政府兽医主管部门主管本行政区域内的动物防疫条件审查和监督管理工作。

县级以上地方人民政府设立的动物卫生监督机构负责本行政区域内的动物防疫条件监督执法工作。

第四条　动物防疫条件审查应当遵循公开、公正、公平、便民的原则。

第二章　饲养场、养殖小区动物防疫条件

第五条　动物饲养场、养殖小区选址应当符合下列条件：

（一）距离生活饮用水源地、动物屠宰加工场所、动物和动物产品集贸市场500米以上；距离种畜禽场1 000米以上；距离动物诊疗场所200米以上；动物饲养场（养殖小区）之间距离不少于500米；

（二）距离动物隔离场所、无害化处理场所3 000米以上；

（三）距离城镇居民区、文化教育科研等人口集中区域及公路、铁路等主要交通干线500米以上。

第六条　动物饲养场、养殖小区布局应当符合下列条件：

（一）场区周围建有围墙；

（二）场区出入口处设置与门同宽，长4米、深0.3米以上的消毒池；

（三）生产区与生活办公区分开，并有隔离设施；

（四）生产区入口处设置更衣消毒室，各养殖栋舍出入口设置消毒池或者消毒垫；

（五）生产区内清洁道、污染道分设；

（六）生产区内各养殖栋舍之间距离在5米以上或者有隔离设施。

禽类饲养场、养殖小区内的孵化间与养殖区之间应当设置隔离设施，并配备种蛋熏蒸消毒设施，孵化间的流程应当单向，不得交叉或者回流。

第七条　动物饲养场、养殖小区应当具有下列设施设备：

（一）场区入口处配置消毒设备；

（二）生产区有良好的采光、通风设施设备；

（三）圈舍地面和墙壁选用适宜材料，以便清洗消毒；

（四）配备疫苗冷冻（冷藏）设备、消毒和诊疗等防疫设备的兽医室，或者有兽医机构为其提供相应服务；

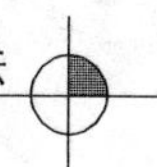

（五）有与生产规模相适应的无害化处理、污水污物处理设施设备；

（六）有相对独立的引入动物隔离舍和患病动物隔离舍。

第八条　动物饲养场、养殖小区应当有与其养殖规模相适应的执业兽医或者乡村兽医。

患有相关人畜共患传染病的人员不得从事动物饲养工作。

第九条　动物饲养场、养殖小区应当按规定建立免疫、用药、检疫申报、疫情报告、消毒、无害化处理、畜禽标识等制度及养殖档案。

第十条　种畜禽场除符合本办法第六条、第七条、第八条、第九条规定外，还应当符合下列条件：

（一）距离生活饮用水源地、动物饲养场、养殖小区和城镇居民区、文化教育科研等人口集中区域及公路、铁路等主要交通干线 1 000 米以上；

（二）距离动物隔离场所、无害化处理场所、动物屠宰加工场所、动物和动物产品集贸市场、动物诊疗场所 3 000 米以上；

（三）有必要的防鼠、防鸟、防虫设施或者措施；

（四）有国家规定的动物疫病的净化制度；

（五）根据需要，种畜场还应当设置单独的动物精液、卵、胚胎采集等区域。

第三章　屠宰加工场所动物防疫条件

第十一条　动物屠宰加工场所选址应当符合下列条件：

（一）距离生活饮用水源地、动物饲养场、养殖小区、动物集贸市场 500 米以上；距离种畜禽场 3 000 米以上；距离动物诊疗场所 200 米以上；

（二）距离动物隔离场所、无害化处理场所 3 000 米以上。

第十二条　动物屠宰加工场所布局应当符合下列条件：

（一）场区周围建有围墙；

（二）运输动物车辆出入口设置与门同宽，长 4 米、深 0.3 米以上的消毒池；

（三）生产区与生活办公区分开，并有隔离设施；

（四）入场动物卸载区域有固定的车辆消毒场地，并配有车辆清洗、消毒设备。

（五）动物入场口和动物产品出场口应当分别设置；

（六）屠宰加工间入口设置人员更衣消毒室；

（七）有与屠宰规模相适应的独立检疫室、办公室和休息室；

（八）有待宰圈、患病动物隔离观察圈、急宰间；加工原毛、生皮、绒、骨、角的，还应当设置封闭式熏蒸消毒间。

第十三条 动物屠宰加工场所应当具有下列设施设备：

（一）动物装卸台配备照度不小于 300 勒克斯的照明设备；

（二）生产区有良好的采光设备，地面、操作台、墙壁、天棚应当耐腐蚀、不吸潮、易清洗；

（三）屠宰间配备检疫操作台和照度不小于 500 勒克斯的照明设备；

（四）有与生产规模相适应的无害化处理、污水污物处理设施设备。

第十四条 动物屠宰加工场所应当建立动物入场和动物产品出场登记、检疫申报、疫情报告、消毒、无害化处理等制度。

第四章 隔离场所动物防疫条件

第十五条 动物隔离场所选址应当符合下列条件：

（一）距离动物饲养场、养殖小区、种畜禽场、动物屠宰加工场所、无害化处理场所、动物诊疗场所、动物和动物产品集贸市场以及其他动物隔离场所 3 000 米以上；

（二）距离城镇居民区、文化教育科研等人口集中区域及公路、铁路等主要交通干线、生活饮用水源地 500 米以上。

第十六条 动物隔离场所布局应当符合下列条件：

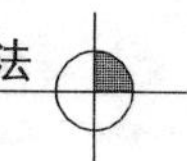

（一）场区周围有围墙；

（二）场区出入口处设置与门同宽，长 4 米、深 0.3 米以上的消毒池；

（三）饲养区与生活办公区分开，并有隔离设施；

（四）有配备消毒、诊疗和检测等防疫设备的兽医室；

（五）饲养区内清洁道、污染道分设；

（六）饲养区入口设置人员更衣消毒室。

第十七条　动物隔离场所应当具有下列设施设备：

（一）场区出入口处配置消毒设备；

（二）有无害化处理、污水污物处理设施设备。

第十八条　动物隔离场所应当配备与其规模相适应的执业兽医。

患有相关人畜共患传染病的人员不得从事动物饲养工作。

第十九条　动物隔离场所应当建立动物和动物产品进出登记、免疫、用药、消毒、疫情报告、无害化处理等制度。

第五章　无害化处理场所动物防疫条件

第二十条　动物和动物产品无害化处理场所选址应当符合下列条件：

（一）距离动物养殖场、养殖小区、种畜禽场、动物屠宰加工场所、动物隔离场所、动物诊疗场所、动物和动物产品集贸市场、生活饮用水源地 3 000 米以上；

（二）距离城镇居民区、文化教育科研等人口集中区域及公路、铁路等主要交通干线 500 米以上。

第二十一条　动物和动物产品无害化处理场所布局应当符合下列条件：

（一）场区周围建有围墙；

（二）场区出入口处设置与门同宽，长 4 米、深 0.3 米以上的消毒池，并设有单独的人员消毒通道；

（三）无害化处理区与生活办公区分开，并有隔离设施；

（四）无害化处理区内设置染疫动物扑杀间、无害化处理间、冷库等；

（五）动物扑杀间、无害化处理间入口处设置人员更衣室，出口处设置消毒室。

第二十二条 动物和动物产品无害化处理场所应当具有下列设施设备：

（一）配置机动消毒设备；

（二）动物扑杀间、无害化处理间等配备相应规模的无害化处理、污水污物处理设施设备；

（三）有运输动物和动物产品的专用密闭车辆。

第二十三条 动物和动物产品无害化处理场所应当建立病害动物和动物产品入场登记、消毒、无害化处理后的物品流向登记、人员防护等制度。

第六章 集贸市场动物防疫条件

第二十四条 专门经营动物的集贸市场应当符合下列条件：

（一）距离文化教育科研等人口集中区域、生活饮用水源地、动物饲养场和养殖小区、动物屠宰加工场所500米以上，距离种畜禽场、动物隔离场所、无害化处理场所3 000米以上，距离动物诊疗场所200米以上；

（二）市场周围有围墙，场区出入口处设置与门同宽，长4米、深0.3米以上的消毒池；

（三）场内设管理区、交易区、废弃物处理区，各区相对独立；

（四）交易区内不同种类动物交易场所相对独立；

（五）有清洗、消毒和污水污物处理设施设备；

（六）有定期休市和消毒制度；

（七）有专门的兽医工作室。

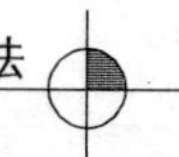

第二十五条　兼营动物和动物产品的集贸市场应当符合下列动物防疫条件：

（一）距离动物饲养场和养殖小区500米以上，距离种畜禽场、动物隔离场所、无害化处理场所3 000米以上，距离动物诊疗场所200米以上；

（二）动物和动物产品交易区与市场其他区域相对隔离；

（三）动物交易区与动物产品交易区相对隔离；

（四）不同种类动物交易区相对隔离；

（五）交易区地面、墙面（裙）和台面防水、易清洗；

（六）有消毒制度。

活禽交易市场除符合前款规定条件外，市场内的水禽与其他家禽还应当分开，宰杀间与活禽存放间应当隔离，宰杀间与出售场地应当分开，并有定期休市制度。

第七章　审查发证

第二十六条　兴办动物饲养场、养殖小区、动物屠宰加工场所、动物隔离场所、动物和动物产品无害化处理场所，应当按照本办法规定进行选址、工程设计和施工。

第二十七条　本办法第二条第一款规定场所建设竣工后，应当向所在地县级地方人民政府兽医主管部门提出申请，并提交以下材料：

（一）《动物防疫条件审查申请表》；

（二）场所地理位置图、各功能区布局平面图；

（三）设施设备清单；

（四）管理制度文本；

（五）人员情况。

申请材料不齐全或者不符合规定条件的，县级地方人民政府兽医主管部门应当自收到申请材料之日起5个工作日内，一次告知申请人需补正的内容。

第二十八条 兴办动物饲养场、养殖小区和动物屠宰加工场所的，县级地方人民政府兽医主管部门应当自收到申请之日起20个工作日内完成材料和现场审查，审查合格的，颁发《动物防疫条件合格证》；审查不合格的，应当书面通知申请人，并说明理由。

第二十九条 兴办动物隔离场所、动物和动物产品无害化处理场所的，县级地方人民政府兽医主管部门应当自收到申请之日起5个工作日内完成材料初审，并将初审意见和有关材料报省、自治区、直辖市人民政府兽医主管部门。省、自治区、直辖市人民政府兽医主管部门自收到初审意见和有关材料之日起15个工作日内完成材料和现场审查，审查合格的，颁发《动物防疫条件合格证》；审查不合格的，应当书面通知申请人，并说明理由。

第八章 监督管理

第三十条 动物卫生监督机构依照《中华人民共和国动物防疫法》和有关法律、法规的规定，对动物饲养场、养殖小区、动物隔离场所、动物屠宰加工场所、动物和动物产品无害化处理场所、动物和动物产品集贸市场的动物防疫条件实施监督检查，有关单位和个人应当予以配合，不得拒绝和阻碍。

第三十一条 本办法第二条第一款所列场所在取得《动物防疫条件合格证》后，变更场址或者经营范围的，应当重新申请办理《动物防疫条件合格证》，同时交回原《动物防疫条件合格证》，由原发证机关予以注销。

变更布局、设施设备和制度，可能引起动物防疫条件发生变化的，应当提前30日向原发证机关报告。发证机关应当在20日内完成审查，并将审查结果通知申请人。

变更单位名称或者其负责人的，应当在变更后15日内持有效证明申请变更《动物防疫条件合格证》。

第三十二条 本办法第二条第一款所列场所停业的，应当于

停业后30日内将《动物防疫条件合格证》交回原发证机关注销。

第三十三条　本办法第二条所列场所，应当在每年1月底前将上一年的动物防疫条件情况和防疫制度执行情况向发证机关报告。

第三十四条　禁止转让、伪造或者变造《动物防疫条件合格证》。

第三十五条　《动物防疫条件合格证》丢失或者损毁的，应当在15日内向发证机关申请补发。

第九章　罚　　则

第三十六条　违反本办法第三十一条第一款规定，变更场所地址或者经营范围，未按规定重新申请《动物防疫条件合格证》的，按照《中华人民共和国动物防疫法》第七十七条规定予以处罚。

违反本办法第三十一条第二款规定，未经审查擅自变更布局、设施设备和制度的，由动物卫生监督机构给予警告。对不符合动物防疫条件的，由动物卫生监督机构责令改正；拒不改正或者整改后仍不合格的，由发证机关收回并注销《动物防疫条件合格证》。

第三十七条　违反本办法第二十四条和第二十五条规定，经营动物和动物产品的集贸市场不符合动物防疫条件的，由动物卫生监督机构责令改正；拒不改正的，由动物卫生监督机构处五千元以上两万元以下的罚款，并通报同级工商行政管理部门依法处理。

第三十八条　违反本办法第三十四条规定，转让、伪造或者变造《动物防疫条件合格证》的，由动物卫生监督机构收缴《动物防疫条件合格证》，处两千元以上一万元以下的罚款。

使用转让、伪造或者变造《动物防疫条件合格证》的，由动物卫生监督机构按照《中华人民共和国动物防疫法》第七十七条规定予以处罚。

第三十九条　违反本办法规定，构成犯罪或者违反治安管理规定的，依法移送公安机关处理。

第十章　附　　则

第四十条　本办法所称动物饲养场、养殖小区是指《中华人民共和国畜牧法》第三十九条规定的畜禽养殖场、养殖小区。

饲养场、养殖小区内自用的隔离舍和屠宰加工场所内自用的患病动物隔离观察圈，饲养场、养殖小区、屠宰加工场所和动物隔离场内设置的自用无害化处理场所，不再另行办理《动物防疫条件合格证》。

第四十一条　本办法自 2010 年 5 月 1 日起施行。农业部 2002 年 5 月 24 日发布的《动物防疫条件审核管理办法》（农业部令第 15 号）同时废止。

本办法施行前已发放的《动物防疫合格证》在有效期内继续有效，有效期不满 1 年的，可沿用到 2011 年 5 月 1 日止。本办法施行前未取得《动物防疫合格证》的各类场所，应当在 2011 年 5 月 1 日前达到本办法规定的条件，取得《动物防疫条件合格证》。

附录二

畜禽标识和养殖档案管理办法

中华人民共和国农业部令（2006年）第67号

第一章 总 则

第一条 为了规范畜牧业生产经营行为，加强畜禽标识和养殖档案管理，建立畜禽及畜禽产品可追溯制度，有效防控重大动物疫病，保障畜禽产品质量安全，依据《中华人民共和国畜牧法》、《中华人民共和国动物防疫法》和《中华人民共和国农产品质量安全法》，制定本办法。

第二条 本办法所称畜禽标识是指经农业部批准使用的耳标、电子标签、脚环以及其他承载畜禽信息的标识物。

第三条 在中华人民共和国境内从事畜禽及畜禽产品生产、经营、运输等活动，应当遵守本办法。

第四条 农业部负责全国畜禽标识和养殖档案的监督管理工作。

县级以上地方人民政府畜牧兽医行政主管部门负责本行政区域内畜禽标识和养殖档案的监督管理工作。

第五条 畜禽标识制度应当坚持统一规划、分类指导、分步实施、稳步推进的原则。

第六条 畜禽标识所需费用列入省级人民政府财政预算。

第二章　畜禽标识管理

第七条　畜禽标识实行一畜一标，编码应当具有唯一性。

第八条　畜禽标识编码由畜禽种类代码、县级行政区域代码、标识顺序号共15位数字及专用条码组成。

猪、牛、羊的畜禽种类代码分别为1、2、3。

编码形式为：×（种类代码）—××××××（县级行政区域代码）—××××××××（标识顺序号）。

第九条　农业部制定并公布畜禽标识技术规范，生产企业生产的畜禽标识应当符合该规范规定。

省级动物疫病预防控制机构统一采购畜禽标识，逐级供应。

第十条　畜禽标识生产企业不得向省级动物疫病预防控制机构以外的单位和个人提供畜禽标识。

第十一条　畜禽养殖者应当向当地县级动物疫病预防控制机构申领畜禽标识，并按照下列规定对畜禽加施畜禽标识：

（一）新出生畜禽，在出生后30天内加施畜禽标识；30天内离开饲养地的，在离开饲养地前加施畜禽标识；从国外引进畜禽，在畜禽到达目的地10天内加施畜禽标识。

（二）猪、牛、羊在左耳中部加施畜禽标识，需要再次加施畜禽标识的，在右耳中部加施。

第十二条　畜禽标识严重磨损、破损、脱落后，应当及时加施新的标识，并在养殖档案中记录新标识编码。

第十三条　动物卫生监督机构实施产地检疫时，应当查验畜禽标识。没有加施畜禽标识的，不得出具检疫合格证明。

第十四条　动物卫生监督机构应当在畜禽屠宰前，查验、登记畜禽标识。

畜禽屠宰经营者应当在畜禽屠宰时回收畜禽标识，由动物卫生监督机构保存、销毁。

第十五条　畜禽经屠宰检疫合格后，动物卫生监督机构应当

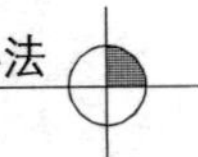

在畜禽产品检疫标志中注明畜禽标识编码。

第十六条　省级人民政府畜牧兽医行政主管部门应当建立畜禽标识及所需配套设备的采购、保管、发放、使用、登记、回收、销毁等制度。

第十七条　畜禽标识不得重复使用。

第三章　养殖档案管理

第十八条　畜禽养殖场应当建立养殖档案，载明以下内容：

（一）畜禽的品种、数量、繁殖记录、标识情况、来源和进出场日期；

（二）饲料、饲料添加剂等投入品和兽药的来源、名称、使用对象、时间和用量等有关情况；

（三）检疫、免疫、监测、消毒情况；

（四）畜禽发病、诊疗、死亡和无害化处理情况；

（五）畜禽养殖代码；

（六）农业部规定的其他内容。

第十九条　县级动物疫病预防控制机构应当建立畜禽防疫档案，载明以下内容：

（一）畜禽养殖场：名称、地址、畜禽种类、数量、免疫日期、疫苗名称、畜禽养殖代码、畜禽标识顺序号、免疫人员以及用药记录等。

（二）畜禽散养户：户主姓名、地址、畜禽种类、数量、免疫日期、疫苗名称、畜禽标识顺序号、免疫人员以及用药记录等。

第二十条　畜禽养殖场、养殖小区应当依法向所在地县级人民政府畜牧兽医行政主管部门备案，取得畜禽养殖代码。

畜禽养殖代码由县级人民政府畜牧兽医行政主管部门按照备案顺序统一编号，每个畜禽养殖场、养殖小区只有一个畜禽养殖代码。

畜禽养殖代码由6位县级行政区域代码和4位顺序号组成，作为养殖档案编号。

第二十一条 饲养种畜应当建立个体养殖档案，注明标识编码、性别、出生日期、父系和母系品种类型、母本的标识编码等信息。

种畜调运时应当在个体养殖档案上注明调出和调入地，个体养殖档案应当随同调运。

第二十二条 养殖档案和防疫档案保存时间：商品猪、禽为2年，牛为20年，羊为10年，种畜禽长期保存。

第二十三条 从事畜禽经营的销售者和购买者应当向所在地县级动物疫病预防控制机构报告更新防疫档案相关内容。

销售者或购买者属于养殖场的，应及时在畜禽养殖档案中登记畜禽标识编码及相关信息变化情况。

第二十四条 畜禽养殖场养殖档案及种畜个体养殖档案格式由农业部统一制定。

第四章 信息管理

第二十五条 国家实施畜禽标识及养殖档案信息化管理，实现畜禽及畜禽产品可追溯。

第二十六条 农业部建立包括国家畜禽标识信息中央数据库在内的国家畜禽标识信息管理系统。

省级人民政府畜牧兽医行政主管部门建立本行政区域畜禽标识信息数据库，并成为国家畜禽标识信息中央数据库的子数据库。

第二十七条 县级以上人民政府畜牧兽医行政主管部门根据数据采集要求，组织畜禽养殖相关信息的录入、上传和更新工作。

第五章 监督管理

第二十八条 县级以上地方人民政府畜牧兽医行政主管部门

所属动物卫生监督机构具体承担本行政区域内畜禽标识的监督管理工作。

第二十九条　畜禽标识和养殖档案记载的信息应当连续、完整、真实。

第三十条　有下列情形之一的，应当对畜禽、畜禽产品实施追溯：

（一）标识与畜禽、畜禽产品不符；

（二）畜禽、畜禽产品染疫；

（三）畜禽、畜禽产品没有检疫证明；

（四）违规使用兽药及其他有毒、有害物质；

（五）发生重大动物卫生安全事件；

（六）其他应当实施追溯的情形。

第三十一条　县级以上人民政府畜牧兽医行政主管部门应当根据畜禽标识、养殖档案等信息对畜禽及畜禽产品实施追溯和处理。

第三十二条　国外引进的畜禽在国内发生重大动物疫情，由农业部会同有关部门进行追溯。

第三十三条　任何单位和个人不得销售、收购、运输、屠宰应当加施标识而没有标识的畜禽。

第六章　附　　则

第三十四条　违反本办法规定的，按照《中华人民共和国畜牧法》、《中华人民共和国动物防疫法》和《中华人民共和国农产品质量安全法》的有关规定处罚。

第三十五条　本办法自 2006 年 7 月 1 日起施行，2002 年 5 月 24 日农业部发布的《动物免疫标识管理办法》（农业部令第 13 号）同时废止。

猪、牛、羊以外其他畜禽标识实施时间和具体措施由农业部另行规定。

参 考 文 献

陈默君，等．1999．牧草与粗饲料．北京：中国农业大学出版社．
刁有祥主编．2008．禽病学．北京：中国农业科学技术出版社．
何家惠，等．2000．鸭鹅生产关键技术．南京：江苏科学技术出版社．
黄世仪，等．1996．鸡鸭鹅的饲养管理．第2版．北京：金盾出版社．
姜加华主编．2009．无公害鸭标准化生产．北京：中国农业出版社．
林其騄主编．2008．高效养鸭新技术．北京：中国农业出版社．
刘健主编．2010．生态养鸭实用技术．郑州：河南科学技术出版社．
宁中华．2001．肉鸭快速饲养．北京：科学技术文献出版社．
邱祥聘主编．1994．家禽学．第3版．成都：四川科学技术出版社．
王卫国主编．2003．无公害蛋品加工综合技术．北京：中国农业出版社．
杨宁主编．2002．家禽生产学．北京：中国农业出版社．
岳永生主编．2005．养鸭手册．第2版．北京：中国农业大学出版社．
曾凡同，等．1999．养鸭全书．第2版．成都：四川科学技术出版社．